WOLFGANG SCHAD

Physik und Chemie in ihrem Bildungswert

Gesammelte Schriften 7
Physik und Chemie

WOLFGANG SCHAD

Physik und Chemie
in ihrem Bildungswert

Verlag Freies Geistesleben

1. Auflage 2026

Verlag Freies Geistesleben
Landhausstraße 82, 70190 Stuttgart
www.geistesleben.com

ISBN 978-3-7725-2337-3

Bei Fragen zur Produktsicherheit wenden Sie sich bitte an info@geistesleben.com
Umschlag: Walter Schneider unter Verwendung einer Grafik von Hermann Kirchner
Gesamtherstellung: GPS Group

FSC www.fsc.org MIX Papier | Fördert gute Waldnutzung FSC® C118234

Inhalt

Vorwort

Physik, Chemie und Biologie sind die klassischen Naturwissenschaften. Fühlen sich noch viele zur Biologie hingezogen, so gilt das schon weniger für die beiden anderen Felder. Die Physik betrachtet die Stoffe vor allem in ihrem räumlichen Verhalten und prinzipiellen Wechselwirkungen. Hier hat die kausal-analytische Erklärung ihre Anwendung. Die Chemie hingegen wendet sich den Stoffen in ihren Verwandlungen zu. Kann man die anorganische Chemie kausalanalytisch noch gut erklären, so ist die Vorhersage von Reaktionen in der organischen Chemie schon schwieriger. Das Lebendige greift ein. Die Chemie steht damit zwischen der toten, physischen Welt und der Welt des Lebens, der Biologie.

Wolfgang Schad hat sowohl Biologie als auch Chemie und Physik studiert und sich mit diesen Feldern lebenslang beschäftigt. Als Naturwissenschaftler und Anthroposoph war es ihm ein Anliegen, das jeweils Charakteristische von allen drei Weltbereichen herauszuarbeiten und zwischen ihnen Brücken zu schlagen, so z.B. beim Thema Radioaktivität und Leben oder bei geologischen Themen und ihrem Bezug zur Evolution. Im Hintergrund stand stets die Überzeugung, dass die Stoffe, das Leben und der ganze Kosmos Ausdruck eines fortschreitenden, evolutiven Geschehens sind und insofern ein Ganzes bilden – auch in Zukunft.

Wir danken Dr. rer. nat. Peter Endres für seine bewährte Umsicht und Sorgfalt bei der fachlichen Lektorierung dieses Buches, dem Verlag Freies Geistesleben für die Herausgabe der Gesammelten Schriften und der Mahle-Stiftung für die Unterstützung dieses Vorhabens.

Stuttgart und Berlin, Juni 2026 *Albrecht Schad und Friedemann Schad*

Chemie

Was alles ist Chemie? – Eine pädagogische Aufgabe (1971/2006)

«Alles ist aus dem Wasser entstanden», vertrat um 600 v. Chr. der frühe griechische Naturphilosoph Thales von Milet. Sein Schüler Anaximander sagte noch allgemeiner: «Alles ist aus dem Unerfahrbaren entstanden», dem *Apeiron*. Dessen Schüler Anaximenes vertrat stattdessen die Luft als den Ursprung aller Dinge. Pherekydes von Syros sah als Ursprung aller Dinge das Gute (*agathon*), Heraklit von Ephesos den Krieg (*polemos*). Allen diesen Denkern war gemeinsam, dass sie die Überfülle der Welterscheinungen auf ein einziges Grundprinzip zurückführen, reduzieren wollten. Sie entdeckten das Prinzip der Verallgemeinerung: das begriffliche Denken. Alle Begriffe sind Reduktionismen, weil sie verallgemeinern. Der Verstand erwacht an den Generalisierungen. Er schenkt das erhebende Herrschaftsgefühl, sich mit den Begriffen dem Wirklichkeitsdruck der Weltfülle entziehen zu können. Man hat die ganze Welt mit einem Begriff (z. B. Welt) in der Tasche. Über diesen noch heutigen Traum der Wissenschaftsgilde, alles auf eine einzige Formel bringen zu können, spottete schon Nietzsche.[1]

Und doch hat der junge Mensch als Schüler in der Oberstufe das berechtigte Bedürfnis, die Begriffsfreude in der gedanklichen Beherrschung eines Sachverhaltes auszukosten, auch wenn bei ihm dabei oft noch die Sache teilweise auf der Strecke bleibt. Gerade die frisch erwachende eigenständige Urteilskraft in der 9. Klasse erhält vom Lehrplan her – besonders in der Mathematik, Physik, Biologie, Technologie und Geschichte – dafür gezielte Nahrung. Hier gilt es mit klar entwickelten Begriffen das Seelenleben mit einem zunehmenden seelischen *Skelett* für das geistig selbstständige Bewusstsein zu festigen.

Umso mehr wird es jedoch in den obersten Klassen, wenn die seelische Pubertät ausklingt und die Zeit der eigentlichen Adoleszenz mit ihren ersten Mündigkeitsanzeichen anhebt, darum gehen, die Begriffe nun auch zu verflüssigen, sie geschmeidiger und damit weltläufiger zu machen. Auf das Denkskelett der Begriffe wird man nicht verzichten wollen, aber nun kommt es auf die Beweglichkeit in der Ausbildung gut durchbluteter geistiger *Muskulatur* für das Denken an.

Der Schüler lerne, in Metamorphosen zu denken. Darin besteht die Kernangabe Rudolf Steiners für die Chemie der 12. Klasse. Man soll dem Schüler nicht unisono einen einfachen, sondern einen vierfachen Begriff der Chemie und ihrer Stoffe vermitteln: «Man müsste eine anorganische, eine organische, eine animalische und eine menschliche Chemie haben.»[2] Es gibt also viele Chemien. Wie können wir uns dieser Aufgabe nähern? Durch qualitative Beobachtungen, nämlich besonders der prozessualen, zeitlichen Dynamik.

Zeitgestalt und chemische Prozesse

Für jedes Naturgebilde ist die Zeitgestalt so charakteristisch wie die Raumgestalt: Im anorganischen Bereich wächst der Kristall in einem geometrischen Raummuster. Klar und starr wie seine Form verhält er sich auch in der Zeit; er verändert sich nicht, sofern keine äußeren Einflüsse auf ihn einwirken. Er ist in seinem Zeitverhalten lediglich ein faktorielles Glied der Außenwelt.

Die Pflanzen entwickeln sich und ziehen sich wieder in ihre Samen zurück. Ihre Zeitgestalt ist ein Zusammenspiel endogener Eigenrhythmik und exogener Umweltperiodizitäten. Jede Pflanze verzweigt sich in Wurzeln sowie Sprossen und dehnt sich mit den Blättern flächig in die Umwelt hinein – hingegeben an den Boden, die Feuchtigkeit, die Atmosphäre und das Sonnenlicht. Genügen die vorhandenen Blätter nicht, so werden in rhythmischer Stufenfolge neue gebildet. Die Pflanzengestalt ist somit ihr räumlich sichtbar gewordenes Zeitverhalten.

Das Tier wächst anders. Was die Pflanze höchstens am Ende ihres Wachstums als Höhlungen im Blüten- und Fruchtbereich bildet, entsteht beim Tier von vornherein als Körperinnenraum, in den die ernährenden und sonstigen lebenssichernden Organe hineinwachsen. Reicht die bisherige Leber nicht aus, so wird – anders als beim pflanzlichen Blatt – kein neues, vielleicht größeres Organ gebildet und das kleinere, kindliche abgestoßen, sondern die bisherige Leber wird allenthalben eingeschmolzen und an jeder Stelle zur künftigen umgebaut. Mit der Neubildung wird zugleich der Abbau aktiv vollzogen. So wächst das Tier in nahezu allen seinen Organen; es vernichtet seine früheren

Gestaltungen meist selbst. Nur Haare, Hautschuppen und Milchzahnkronen werden abgeworfen, weil das Blut sie nicht mehr erreicht.

Die Pflanze wächst, indem lediglich Aufbau vollzogen wird; erst die Umgebung wirkt abtötend, auflösend, verrottend. Die Sterbeprozesse greifen in die Pflanze von *außen* her ein. Das Tier hingegen beherrscht den bei jeder Erneuerung notwendigen Absterbeprozess aktiv von *innen* her. «Das Tier wird gerade dadurch Tier, dass es das Absterbende in seine Organisation mit aufnimmt.»[3] Fragen wir nun hier nach den Substanzen, so interessiert nicht allein das Stofflich-Gegebene, sondern mehr noch ihre Wandlungsfähigkeit in der Zeit, ihre Chemie.

In der anorganischen Chemie begegnen uns Salze, Säuren und Laugen als die charakteristischsten Stoffgruppen. Ihr typisches Zeitverhalten zeichnet sich dadurch aus, dass chemische Reaktionen unmessbar rasch verlaufen: Säuren und Laugen setzen sich schlagartig zu Salzen und Wasser um. Solche Stoffe mit momentaner Reaktionsfähigkeit besitzen elektrische Eigenschaften; so lässt sich mit ihnen Elektrizität erzeugen – etwa in der Taschenlampenbatterie oder dem Bleiakkumulator, in denen sich immer Salze und Säuren befinden. Alle Salze, Säuren und Laugen, zusammenfassend als Elektrolyte bezeichnet, bestehen aus elektrisch geladener Stofflichkeit, den Ionen. Diese Ionen reagieren von sich aus gleichsam zeitlos – unmessbar rasch.

Auch jede Pflanze enthält Ionen, rein mengenmäßig stehen sie jedoch im Hintergrund. Die Hauptmasse des Pflanzenleibes besteht aus der Stoffgruppe der Kohlenhydrate. Ihr Chemismus braucht Zeit. Und nicht nur im lebendigen Zusammenhang, sondern auch außerhalb desselben setzen sich organische Substanzen stets nur langsam um. Jedes Stück Holz im Walde müsste sich sonst mit dem Sauerstoff der Atmosphäre überall schlagartig entzünden und verbrennen. Kein Leben wäre möglich, würde die Einstellung stabiler chemischer Gleichgewichte nicht fortwährend durch die Eigenart des organischen Chemismus gebremst. Alle organischen Stoffe sind weder labil noch stabil, sondern *metastabil.* Sie reagieren in ruhiger Langsamkeit aufeinander. Dadurch kann sich in ihnen das Leben in seinem Werden und Vergehen zeitlich in Ruhe entfalten.

Gerade weil die endgültigen chemischen Gleichgewichte nun in vielen Zwischenstufen – und im Lebenszusammenhang sogar *nie* – erreicht werden, bleibt die organische Substanz immer reaktionsfähig. Ob Zucker, Stärke oder die Zellulose des Holzes: Alle Kohlenhydrate sind weder sauer noch laugenhaft, sondern neutrale, nur gemächlich wandelbare Stoffe.

Was aber ist beseelte Substanz? Seelisches erfahren wir in einem Bereich, der so ganz anders ist als die Welt der Stoffe. Und doch fragen wir, ob und wie sich die Stofflichkeit seelisch begabter Wesen darstellt. Was finden wir bei den Tieren vor? Ihr Leib enthält – wie der der Pflanzen – Mineral-Ionen und vor allem Kohlenhydrate, Fette und Eiweiße, allesamt vom unersetzlichen Wasser durchdrungen. Von Letzterem abgesehen, übertrifft jedoch der Eiweißanteil bei Weitem alle anderen Stoffgruppen. Der tierische Leib besteht neben seinem mineralisierten Skelett zuallermeist aus mehr oder weniger wässrigen bis halbflüssigen Eiweißen. Das Wesentliche ihres Chemismus zeigt der Vergleich mit den Kohlenhydraten:

Erhitzt man die verbreitete Pflanzensubstanz Zucker, so wird sie flüssig, und bald beginnt sie mit blütenhaftem Karamellgeruch zu duften. Angenehm, ja ästhetisch erfrischend ist die «sinnlich-sittliche» Wahrnehmung. Verschmort man den Zucker schließlich, so beginnen die Zerfallsstoffe stechend zu riechen und zeigen leichte Ionenwirkung: Schwach saure Dämpfe steigen auf (Ameisensäure, Essigsäure), während der Rückstand sich eher basisch verhält.

Wie aber verhält sich das bei den Tieren vorherrschende Eiweiß? Flüssig – etwa als Eiklar dem Hühnerei entnommen – gerinnt es sogleich beim Erhitzen und verhärtet. Rasch wird der Geruch penetrant unangenehm, ja beleidigend ekelhaft: Es stinkt. Ob wir Muskulatur, Leber, Haare, Federn oder Hufe, Gehirn, Blut oder Lymphe eines noch so schönen Tieres untersuchen – die Substanz ist von demselben widrig-abstoßenden Charakter durchzogen, sobald sie sich zersetzt. Verschmort man sie, treten basische Dämpfe (Ammoniak) und saure Rückstände auf. Wir treffen qualitätsmäßig auf einen auffällig polaren Chemismus.

Man braucht nicht einmal zu experimentieren, sondern rieche im Wald den reinen Duft des Holzes frisch gefällter Bäume und vergleiche ihn im Dorf auf dem Schlachtfest mit dem merkwürdigen, emotional anrührenden Geruch frischer tierischer Innereien. So erfährt man den diametralen Unterschied zwischen rein lebender Substanz und durchseelter Stofflichkeit in elementarer Weise. Es ist, als hätte das Seelische des Tieres die lebendige Stofflichkeit ein wenig *verdorben*. Hat hier etwa wieder ein Abbau stattgefunden? Wir erinnern uns, dass die gesamte Tierwelt letztlich von den am Licht gewachsenen Pflanzen lebt, indem sie deren Substanz in der eigenen Verdauung und Atmung abbaut. In der Pflanze herrscht der organische Aufbau vor, im Tier ihr Abbau.

Auch das Zeitverhalten des Tieres ist anders. Die pflanzenhafte Langsamkeit im fast unsichtbaren Wachsen und Ausdehnen wird abgestreift; die eigenaktive, oft rasche Bewegung wird charakteristisch. Muss nicht auch deshalb die tierische Substanz wiederum Anklänge an die Chemie der mineralischen Stoffe aufweisen?

So unübersehbar die Vielfalt verschiedenartigster Eiweiße in der Natur auch ist, so verbleiben beim Abbau nur etwa zwanzig Grundstoffe von gerade noch eiweißverwandter Natur, die alle die folgende Grundstruktur im Molekülbau aufweisen:

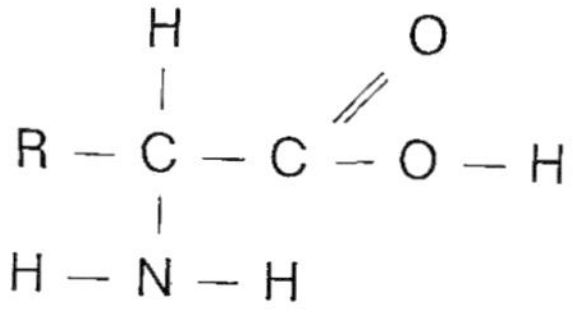

Zwar ist jede chemische Strukturformel stark von der Wirklichkeit der betreffenden Stoffe abstrahiert, doch wollen wir hier ebenso fragen, was sie für unsere Betrachtung aussagen kann. Selbst Goethe hat weniger am lebenden Tier, als vielmehr an deren Skeletten goetheanisiert. – Eine solche einfachste eiweißnahe Verbindung ist am sauerstoffreichen Ende, der sogenannten «Carboxylgruppe» (-COOH), sauer und gibt in wässriger Lösung den Wasserstoff als Ion leicht ab. Dieser wird wiederum leicht an der basisch reagierenden stickstoffhaltigen «Aminogruppe» ($-NH_2$) angelagert:

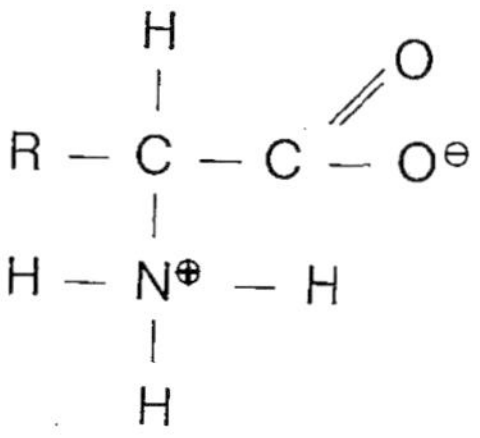

Diese sogenannten «Aminosäuren» zeigen also im gleichen Molekül basische und saure Eigenschaften; im Zusammenhang damit treten auch wieder elektrische Ladungen auf. Im Gegensatz zu den Kohlenhydraten finden sich hier deutliche Anklänge an die Ionenchemie des anorganischen Bereiches.

Pflanzen und Tiere sind Lebewesen. Der vorherrschende Gegensatz zwischen ihnen aber beruht auf der verschiedenen Gewichtung der Todesprozesse. Bei der Pflanze wirken sie vornehmlich von außen, etwa durch den Jahreslauf der Umwelt; im Tier hingegen selbstgeordnet von innen her. So trägt jedes Eiweißmolekül den das Leben verkürzenden Ionencharakter in sich. Davon ist das Tier beherrscht. Kein Tier wird so alt wie ein großer Baum.

Diese Eigentümlichkeiten können wir also bis in die chemischen Feinstrukturen verfolgen. So sehr die im Pflanzenleib vorherrschenden Kohlenhydrate jeglichen anorganischen Ionencharakter vermeiden, so wird gerade dieser konstitutiv in die Eiweisssubstanz aufgenommen, jedoch in geordneter Weise: Die Aminosäure ist nicht wie eine Minerallauge oder -säure entweder das eine oder das andere, sondern beide Eigenschaften sind gleichwertig eingebaut; die volle Einseitigkeit wird vermieden. Zwar sind die Aminosäuren besonders *mineralisierte*, kristallisierfähige Restprodukte des Eiweißes, aus dem sie ja vom Chemiker gerade durch Mineralsäuren oder Minerallaugen herausgekocht werden. Indem bei der Verknüpfung vieler Aminosäuren zu Eiweiß sich immer die Carboxyl- und Aminogruppen unter Wasseraustritt gegenseitig abbinden (Peptidbindung), tritt der Elektrolytcharakter stufenweise wieder zurück:

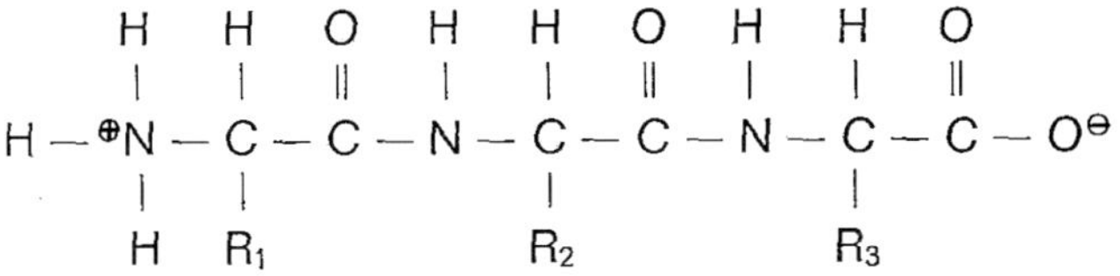

Über solche Peptide werden die eigentlichen, vollwertigen Eiweiße aufgebaut. Doch verbleiben an den Endgruppen weiterhin Ladungen, besonders bei der Beteiligung verzweigter Aminosäuren. Ja, dies trifft in abgeschwächtem Maße auch für die abgebundenen Gruppen selbst noch zu, indem sich zwischen den Sauerstoffanteilen der ehemaligen Carboxylgruppen einerseits und den Wasserstoffanteilen der vorherigen Aminogruppen andererseits immer noch leichte Anziehungskräfte bemerkbar machen (Wasserstoffbrückenbindungen), welche parallele Ketten miteinander locker verknüpfen. Diese fein abgestuften Ladungseigenarten sind besonders im Eiweiß der Tiere bis in die sterische Feinstruktur ausdifferenziert und hängen mit der größeren Reaktionsgeschwindigkeit ihrer Substanz zusammen – eine unumgängliche Voraussetzung des schnellen tierischen Bewegungsvermögens.

Die makroskopischen Lebensformen unmittelbar zu betrachten, ist etwas anderes als die molekulare Analyse. Und doch schließen sie einander nicht aus. Letztere schärft, sofern sie nicht naiv betrieben wird, das Bewusstsein für das Anstehende. Vielfach wird heute versucht, alle Erscheinungen aus dem Molekül zu erklären. Dass jedoch das Umgekehrte ebenfalls möglich ist, sollte hier gezeigt werden. Die aus sich heraus verstandene Erscheinung sagt qualitativ bereits unmittelbar dasjenige aus, was letztlich erst die kleinsten Bruchstücke der Substanz verständlich werden lässt. Wir finden so geradezu empirisch eine Methodik, die Goethe schon entdeckte: «Bedeutend hab ich immer die Betrachtung gefunden, die uns das makro-mikromegische Verfahren der Natur einzusehen fähig macht: denn diese tut nichts im großen, was sie nicht im kleinen täte, bewirkt nichts im Verborgenen, was sie nicht auch im Tageslicht offenbarte.»[4]

Zur menschlichen Chemie

Abschließend gilt es, der Frage nachzugehen, wie sich die beseelte Leibessubstanz des Menschen darstellt: Erschöpft sie sich gänzlich in der Beschreibung der tierischen oder an welchen Stellen nicht? Uns bewegt diese Frage, weil sie das Verhältnis des Menschen zu seiner eigenen Natur betrifft. Können wir doch als einziges Naturwesen unsere angestammte Naturorganisation zur Frage machen und gerade dadurch erleben, dass wir im bloßen Naturdasein nicht aufgehen. Erst im Handeln, das nicht durch Triebzwänge determiniert ist, erfahren wir den spezifisch menschlichen Freiheitsgrad.

Der wirkungsvollste Vorgang menschlicher Substanzbildung vollzieht sich in der Embryonalentwicklung. Besonders das neugeborene Kind lässt uns andeutungsweise miterleben, was in ihm bis in die Stofflichkeit hinein vorgeht. Die Nahrung, von der es sich weiter aufbaut, ist zuerst die Muttermilch. Sie enthält alle hier angeführten Stoffgruppen. Das Bedeutungsvolle ist nun, dass ihre Zusammensetzung anders komponiert ist als bei vergleichbaren Tieren, wozu wir je ein Nagetier, Raubtier und Huftier herausgreifen:

in Prozenten:	Mineralien	Zucker	Eiweiß	Fett	Wasser
Kaninchen	2,56	2,0	11,2	17—21	69,5
Hund	0,91	3,11	9,7	9—15	77
Kuh	0,7	4,4	3,1—3,5	3,6	88
Mensch	0,21	7,5	0,7—1,5	4	88,5

Im Vergleich zum Tierreich erweist sich die menschliche Milch als ärmer an Proteinen und Mineralien und dafür reicher an Kohlenhydraten und Wasser. In der Abnahme an Mineralien und Eiweiß drückt sich der verminderte Ionencharakter aus, mit der besonderen Zunahme des Zuckeranteils ist die menschliche Milch in ihrem Chemismus für den Lebensaufbau gleichsam ruhiger und besonnener. Das mit dem Tier Gemeinsame wird so etwas zurückgenommen, ohne dass es verdrängt würde.

Mutter und Vater erfahren in der unmittelbaren Wahrnehmung den unbeschreibbaren, weil unvergleichbaren zarten Duft, den ein gesunder Säugling ausströmt. Der Kinderarzt Wilhelm zur Linden schrieb: «Einen köstlicheren Duft gibt es auf der ganzen Erde nicht, er ist höchstens annähernd vergleichbar mit edelstem Rosenduft oder dem Aroma eines hochwertigen Pfirsichs.»[5] Und doch ist es mehr als Blütenduft. In ihm haben sich die Eigenarten der belebten und der beseelten Substanz zur vollkommenen Ausgewogenheit vereinigt. Dieser Duft «verschwindet bei einer Krankheit und er kommt wieder bei der Genesung. Brustkinder haben ihn in viel höherem Maße als Flaschenkinder. Mit dem Durchbrechen der Zähne verschwindet er endgültig, um einem erdenfesten Geruch Platz zu machen.»

Im weiteren Leben sind wir niemals wieder so Mensch, wie wir es anfangs natürlicherweise waren. Dadurch erst wird uns die Welt unverständlich. Wir beginnen, nach dem Verlorenen zu fragen und es als ein Zukünftiges zu suchen. Im Erkennen finden wir anfangsweise den neuen Zusammenklang mit der Welt wieder und heilen auch damit aus, an was es uns gebricht. Eine solche Heilkraft des Denkens sollte der junge Mensch in den oberen Klassen gerade in einem sinnvollen naturwissenschaftlichen Unterricht finden und erfahren.[6]

Substanzordnungen als Zeitenordnung – eine erweiterte Betrachtungsweise des periodischen Systems der Elemente (1973) (Referat eines Vortrags)

Zu Beginn seiner Betrachtungen räumte der Referent ein, dass sein Thema scheinbar nicht direkt zum Tagungsthema gehöre. Es gehe ihm darum, die Berührungspunkte aufzuzeigen, die zwischen der chemischen und geisteswissenschaftlichen Betrachtungsweise der Stoffeswelt bestehen. Es scheine leichter, biologischen als chemischen Gesetzen auf die Spur zu kommen. Es sei notwendig und möglich, die Substanz, die Materie auch geisteswissenschaftlich zu durchleuchten. Dadurch würde ein neuer Zugang zu Altbekanntem, wie eben auch dem periodischen System, möglich sein.

Nach einem geschichtlichen Überblick über die Entwicklung des periodischen Systems von der Triadenregel (Ähnlichkeit chemischer Elemente) im Jahre 1829, von der sich der alte Goethe in Privatvorlesungen von ihrem Entdecker Johann Döbereiner unterrichten ließ, über Lothar Meyer und Dmitri Mendelejew bis hin zu Henry Moseley, der die Reihenfolge physikalisch bestätigen konnte, ging der Referent auf eine alternative Möglichkeit der Einordnung der Elemente ein. Er ging dabei von der Grunderfahrung aus, dass wohl Totes aus Lebendigem, aber niemals Lebendiges aus Totem entstehe. Schad stellte fest, dass die Priorität dem Lebendigen zukomme. Die Gesetze, die aus dem Materiellen abgeleitet seien, stellten lediglich erstarrte Naturgesetze dar. Der Schlüssel zu den wahren Naturgesetze sei in den von Rudolf Steiner herausgegebenen «Einleitungen zu den Naturwissenschaftlichen Schriften Goethes» und Steiners Schrift «Grundlinien einer Erkenntnistheorie der Goetheschen Weltanschauung» zu finden.

In Fortführung der von Rudolf Steiner entwickelten goetheanistischen Naturwissenschaft sind von anthroposophischen Forschern – Friedrich Kipp,

Ernst Bindel, Arnold Blickle – Grundlagen der organischen Wissenschaften vorgelegt worden, die die Frage der Qualität der Substanz aufzuhellen in der Lage sind. Dabei sei man, wie Schad ausführte, zu einer Reihe bemerkenswerter Beobachtungen und Ergebnisse gekommen:

- Es gibt keine scharfen Grenzen zwischen den Gruppen der Elemente, sondern stufenweisen Übergang.
- Zwischen verschiedenen Elementengruppen ist polarisches Verhalten festzustellen.
- Die zentrale Stellung des Kohlenstoffs. Ihm am nächsten kommt Silicium. Kohlenstoff ist für das Einzelwesen von lebenswichtiger Bedeutung, Silicium für die Erde und das ihr am meisten zugeordnete Lebewesen: Die Pflanze. Sie ist das Lebenselement der Erde, die einst ein lebendiger Organismus war.

Aus dem Vergleich des evolutiv älteren *Siliciumorganismus* Erde und der jüngeren *Kohlenstofforganismen* lasse sich entnehmen, dass zwischen Kohlenstoff und Silicium nicht nur eine räumliche, sondern auch zeitliche Beziehung bestehe. Im Einzelorganismus sind mehr die nichtmetallischen, leichteren Elemente – Kohlenstoff, Wasserstoff, Sauerstoff, Stickstoff im Eiweiß –, in der Erdrinde mehr die metallischen, schwereren Elemente zu finden. Aus dieser Feststellung ergebe sich der Hinweis, dass dem ganzen Periodensystem nicht nur eine räumliche Anordnung, sondern eine sich entwickelnde Substanzordnung in der Zeit zu Grunde liege. Die schwersten Elemente zersetzen sich im radioaktiven Zerfall in leichtere und stellen so den überalterten Anteil im Periodensystem dar. Das leichteste Element, der Wasserstoff, ist die chemische Grundlage des Wassers und so allen heutigen Lebens, es habe eine Funktion der Zukunft, etwas Keimhaftes. Anhand späterer Erscheinungen wurde der Versuch gemacht, das periodische System evolutiv zu interpretieren. Darauf deutet gerade auch die Tatsache, dass das Periodensystem am Ende und am Anfang unvollständig ist.

Von der vorfindbaren Gruppierung der Elemente in mehrfachen Doppelperioden (bei zahlenmäßiger Vollständigkeit insgesamt vier) ausgehend, stellte Schad abschließend fest, dass dort, wo in der Natur eine Viergliedrigkeit sich zeige, sie immer auf ein Zeitliches hinweise. Wenn man in diesem Zusammenhang die von Rudolf Steiner aufgezeigte Viergliedrigkeit des Menschen mit einbeziehe, könne deutlich werden, welche Fragen sich für das pharmazeutische Verständnis ergeben würden. Eine solche Frage stelle sich bei der radioaktiven Behandlung von Krebsgeschwülsten. Denn die schwersten, ältesten, lebensfeindlichsten Elemente stellten in der heutigen Substanzordnung einen überalterten Anachronismus dar. Mit diesem Ausblick auf die Einbeziehung der qualitativen Substanzordnung wurde deutlich, dass das Referat durchaus in die Thematik der Fachtagung hineinpasste.

Vom Wesen der Substanzen in den Naturreichen (1981)

Es ist eine merkwürdige Erscheinung bei kleinen Kindern, dass sie die Zeit anders erleben als wir Erwachsenen. Uns rennt ständig die Zeit fort. Beim kleinen Kind ist das Zeiterleben ganz anders. Ein Jahr – das hört gar nicht mehr auf, ja es gibt sogar Zeiten in der frühen Kindheit, wo ein einziger Tag kein Ende zu finden scheint. Es ist schon so lange Tag und noch immer Mittag; was wird der Nachmittag erst noch alles bringen? Und sein Ende, der Abend, ist gar nicht abzusehen. – Erst am Stundenplan in der Schule lernt das kleine Schulkind, die Woche zu erfassen, innerlich zu umgreifen, dann langsam den Monat, noch langsamer das Jahr. Aber weil gerade das Jahr gar so lange dauert, können Sie oft erleben, dass kleinere Kinder schon um Johanni plötzlich Weihnachtslieder zu singen beginnen. Und so erlauben Sie auch mir, dass ich auf einer Johannitagung Weihnachtsvorträge von Rudolf Steiner heranziehe, und zwar aus dem Jahre 1920.[1]

Er schildert in diesen Vorträgen, wie zwei Menschheitsströmungen um die Zeitenwende in Palästina zusammengetroffen sind und sich vereinigt haben. In einem Falle kamen die Könige, im anderen die Hirten. Die Könige sind die Repräsentanten jener Strömung, die ihre Weisheit schon immer im Aufblick aus dem Sternenkosmos geholt hat; sie sind die Sternkundigen. Die Hirten hingegen sind die Repräsentanten jener Menschheitsströmung, die in Herzensinnigkeit, Bescheidenheit und Demut innere Läuterungsfähigkeiten entwickelt hat; das ist die Hirtenhaftigkeit. Nun aber verwandelten sich diese beiden Strömungen, indem sie sich vereinigten. Dann spricht Rudolf Steiner davon, was aus diesen Strömungen der Zeitenwende bis in unsere Zeit hinein geworden ist. Die Sternenweisheitsströmung, sie hat sich so verwandelt, dass sie nicht mehr den Blick nach außen, sondern nun auch nach innen richtet. Die Weisheitsströmung geht zu einem gedankenklaren Erfassen innerseelischer Vorgänge über. Sie betätigt sich am Aufbau eines eigenen Gedankenkosmos in der

Menschenseele; insbesondere mit alledem, was heute zur Mathematik geworden ist. Diese ist die ins Innerseelische verwandelte, einst dem Menschen aus dem Kosmos geoffenbarte Sternenweisheit. – Was aber ist mit der Hirtenströmung geschehen? Was früher an hingabevoller, herzwarmer Fähigkeit nach innen gepflegt wurde, es kann heute nach außen der Natur entgegengebracht werden. Die Verwandlung durch den Einschlag des Christentums hat bewirkt, dass zwar nicht mehr jene alte Hirtenströmung vorhanden ist, sondern diese zu einer herzens-offenen Fähigkeit gefunden hat, die äußere Natur neu erleben zu können. Das ist nun nicht der Weg, den die übliche Naturwissenschaft gegangen ist. Bei dieser ist die sinnliche Hinwendung zur Natur geradezu kurzschlusshaft mit der mathematisierenden Behandlung zusammengeschlossen: Ihr gilt nur dasjenige als Wissenschaft, was mathematisierbar ist; siehe Kant und alle seine Nachfolger.

Rudolf Steiner aber forderte[2], dass eine künftige Naturwissenschaft gerade sauber trennen sollte, was einerseits als Arbeit in gedanklicher Klarheit nach innen zu üben ist und was andererseits an Zuwendung und liebevoller Hingabe an die Naturerscheinungen zu pflegen ist, damit beide Fähigkeiten nicht in automatenhafter, sondern in freier Weise dann auch vereinigt werden können. Die Wahrnehmungen, die wir von der Pflanzenwelt haben, die wir in der Landschaft, an den Bächen und Flüssen, im Wetter und an den Steinen gewinnen, sind es heute, die in uns Erfahrungen freilegen können, die nicht nur die üblichen kalten, *äußeren* Erlebnisse sind, sondern worin zugleich mit der Sinneswahrnehmung ein Höheres aufleuchtet. Wenn wir nun danach fragen, wo wir eine solche Fähigkeit in uneingeschränkter Weise vorgelebt finden, dann treffen wir auf Goethe: «Sinnlich-sittlich» zugleich werden die Erscheinungen der Natur.

Goethe als Vater der künftigen Naturwissenschaft

Goethe, wenn man ihn biographisch daraufhin ansieht, war nicht sogleich dieser Goetheanist, jedenfalls nicht sogleich als solcher erkennbar. Das Kind wuchs recht naturfern auf. – Rudolf Steiner hingegen hatte als Kind intensiv die Natur in engster Verbindung erleben können: wenn er – wie er im «Lebensgang»[3] beschreibt – frühmorgens zum Sauerbrunnen im nächsten Ort ging, um das Tischwasser für die Familie an der Quelle zu holen, oder wenn er auf das Rosalien-Gebirge stieg und dort seinen einsamen Wanderungen als Kind und

Jugendlicher nachging. Vom achten bis zum achtzehnten Lebensjahr lebte er in dieser Landschaft um Neudörfl. Tiefe Naturverbundenheit, auch früher schon in Pottschach, erfuhr der Knabe. – Das Kind Goethe hatte es ganz anders. Es sah, in Rokoko-Galauniform mit Degen und gepudertem Haar aufgestutzt, von den Stadtmauern Frankfurts aus nur von Ferne die Wälder des Taunus. Es baute zwar dann seinen Naturaltar, still und heimlich für sich. «Jedermann sah darin nur eine wohl aufgeputzte Naturaliensammlung; der Knabe hingegen wusste besser, was er verschwieg», so schrieb Goethe davon in «Dichtung und Wahrheit».[4]

Wann aber bricht die neue Zuwendung zur Natur in ihm ganz auf? – Er kam mit 26 Jahren nach Weimar und hatte bald den engen Freundschaftskontakt mit dem jungen Herzog. Als dieser wieder einmal winters eine Jagd auf Wildschweine unternahm, ging Goethe zwar mit; aber bald beurlaubte er sich und sagte nur dem Herzog, dass er inkognito auf den Harz reisen möchte. Im November/Dezember 1777 fand so seine erste Harzreise statt.[5] Er hatte dafür zwei Motive: Das eine war, dass er einen jungen Mann am Nordrand des Harzes besuchen wollte, der ihm herzzerreißende Briefe geschrieben hatte, die Goethe jedes Mal unangenehm gewesen waren. Aber er fühlte sich doch diesem jungen Mann verpflichtet und hat ihn unerkannt in Wernigerode besucht. Dieser wollte nun von ihm wissen, was jener Goethe für ein Mensch sei, und bemerkte gar nicht, dass dieser leibhaftig vor ihm stand. Goethe versuchte inkognito, ihm Lebensratschläge zu geben. Er gab sich nämlich als Landschaftsmaler aus und erzählte ihm, wie herrlich die Harznatur sei. Der junge Mann hingegen wollte davon nichts hören. Goethe zog nun zu seinem zweiten Ziel: den Harzer Bergwerken. Er sollte ja den Ilmenauer Bergbau in Thüringen wieder in Gang bringen.

Goethe hatte in einem Bergwerk in der Grube Dorothea bei Clausthal-Zellerfeld ein schwerwiegendes Erlebnis: er kommt an den Rand des Todes. Mit einem «Berggeschworenen» ist er einige hundert Meter unter Tage. Kurz bevor er an die Stelle kommt, wo der Bergmann schon stehen bleibt, um ihm etwas zu zeigen, fällt die Gesteinsdecke herab auf den Mann vor ihm. Weil dieser eine robuste, kräftige Gestalt hat, geht er nur in die Knie, aber überlebt es. Goethe schreibt davon an Frau von Stein: «und meine schwanke Person hätt es gleich niedergedrückt, und mit der völligen Last gequetscht».[6] Er reitet danach weiter nach Altenau – dort «unendlich geschlafen» – und dann zum Torfhaus. Tief verschneit ist alles. Er bittet den Förster, mit ihm auf den Brockengipfel zu gehen. Der Förster lehnt ab, hat es doch noch nie ein Mensch im Winter versucht. Goethe bittet ihn inständigst. Das Wetter ist nebelig. Plötzlich reißen die Wolken auf, die Sonne bricht durch. Da sagt der Förster zu. Goethe kommen stille Freudentränen, und beide steigen über die hart gefrorenen Sümpfe hinauf.

Was er oben erlebt hat, darüber gibt es nur wenige Andeutungen in den Reisebriefen an Frau von Stein: «und ich war oben heut und habe auf dem Teufelsaltar meinem Gott den liebsten Dank geopfert.»[7] – Als sie herabsteigen, bevor die Sonne untergeht, taucht sie die gesamte Schneelandschaft in purpurnes Rot. Und nun bemerkt Goethe, dass alle dunklen Schatten, die die Fichten und Felsen werfen, gar nicht schwarz sind, sondern smaragdgrün leuchten. Er entdeckt die farbigen Schatten. Dies ist das auslösende Erlebnis für seine Farbenlehre gewesen. Das Brockenerlebnis wird aber auch Auslöser für seine ganze Geologie, die er von nun an betreibt, – ja, man kann sagen, für alle seine Naturbetrachtungen. Was sich ihm auf den Granitklippen des Brockens erschlossen hat, das wird man nur ahnen können. Es muss nach der durchgestandenen Todesnähe wie eine Natureinweihung gewesen sein. Dadurch wurde Goethe zum Goetheanisten.

Auf der dritten Harzreise schrieb Goethe ein Gedicht, von dem kaum bekannt ist, dass es mit dem ersten Brockenerlebnis zusammenhängt, die «Zueignung»:

«Der Morgen kam; es scheuchten seine Tritte
Den leisen Schlaf, der mich gelind umfing,
Dass ich, erwacht, aus meiner stillen Hütte
Den Berg hinauf mit frischer Seele ging;»[8]

Darin schilderte er seine eigenste Mission. Er hat es später immer an den Anfang aller seiner Gedicht-Ausgaben gestellt:

«Aus Morgenduft gewebt und Sonnenklarheit,
Der Dichtung Schleier aus der Hand der Wahrheit.»

In Weimar gab es einen heute wenig bekannten Zeitgenossen Goethes: Johann Daniel Falk. Falk stammte aus Ostpreußen und war ein geistig recht selbständiger Mensch, der nirgends Kompromisse machte, aber zugleich von tiefer Religiosität erfüllt war. Er fand seine Aufgabe, als er nach den napoleonischen Kriegen verwahrloste Jugendliche in sein Haus in Weimar aufnahm und unterrichtete. Was Pestalozzi für die Kindererziehung war, das war Falk – das ist wenig bekannt – für die Anfänge der Jugendpädagogik. Aus seinen Gesprächen mit Goethe geht hervor, dass dieser sich wohl kaum einem anderen Menschen mit seinen geheimsten Überzeugungen so geöffnet hat wie ihm. Man lese die klare Stellungnahme Goethes zur Wiederverkörperung im Gespräch nach Wielands Beerdigung.[9] Falk berichtet so auch, dass ihn Goethe einmal an seinen Mineralienschrank mitnahm und ihm dort einen Stein in die Hand legte. Es war ein Granitstück. Und Goethe sagte zu ihm:

«Da, nehmen Sie den alten Stein zum Andenken von mir! Wenn ich je ein älteres Gesetz in der Natur auffinde, als das ist, welches sich in diesem Produkte darlegt, so will ich Ihnen auch ein Exemplar davon verehren und dieses hier zurücknehmen. Bis jetzt kenne ich keins, bezweifle auch sehr, dass mir je etwas Ähnliches, geschweige denn Besseres von dieser Art zu Gesichte kommen wird. Betrachten Sie mir ja fleißig diese Übergänge, worauf am Ende alles in der Natur ankommt. Etwas, wie Sie sehen, ist da, was einander aufsucht, durchdringt und, wenn es eins ist, wieder einem Dritten die Entstehung gibt. Glauben Sie nur: hier ist ein Stück von der ältesten Urkunde des Menschengeschlechts.»[10]

Als Teil einer Aufzeichnung über ein Gespräch mit Johann Gottfried Herder vom 6. November 1796 hielt Karl August Böttiger fest, wie spöttisch man im Weimarer Kreis auf die Phase der Wiederbelebung der Bergwerke in Ilmenau zurückblickte: «Eine der lächerlichsten Genieperioden war die bergmännische in Weimar, als die Bergwerke in Ilmenau wieder gangbar gemacht werden sollten. Da war der Mensch gar nichts, der Stein alles. Goethe fand in der Organisation des Granits eine göttliche Dreieinigkeit, die nur durch ein Mysterium erläutert werden könne.»[11]

Zwischen der zweiten und der dritten Harzreise schrieb Goethe im Januar 1784 seinen Aufsatz über den Granit: «So einsam, sage ich zu mir selber, indem ich diesen ganz nackten Gipfel hinabsehe und kaum in der Ferne am Fuße ein geringwachsendes Moos erblicke, so einsam, sage ich, wird es dem Menschen zumute, der nur den ältesten, ersten, tiefsten Gefühlen der Wahrheit seine Seele eröffnen will. […] Ich fühle die ersten, festesten Anfänge unsers Daseins, ich überschaue die Welt, ihre schrofferen und gelinderen Täler und ihre fernen fruchtbaren Weiden, meine Seele wird über sich selbst klar und über alles erhaben und sehnt sich nach dem nähern Himmel.»[12]

Von den anorganischen zu den organischen Naturreichen

Oft hat Rudolf Steiner auf den obigen Aufsatz hingewiesen: «In dieser Beziehung könnte man jedem Pädagogen raten, *Goethes* Abhandlung über den Granit ja recht mitfühlend einmal durchzunehmen, um zu sehen, wie eine nicht bloß mit dem Vorstellungsleben, sondern mit dem ganzen Menschen in die Natur sich hineinversetzende Persönlichkeit mit dem Urvater, dem uralt-heiligen Granit, in ein menschliches Verhältnis kommt.»[13]

Feldspat, Quarz und Glimmer,
Die drei vergess' ich nimmer.

So erzählt man in der Schule den Schülern davon. In den meisten Graniten finden sich zwei verschiedene Feldspäte, die zum Wesen und zur Erscheinung dieses besonderen Gesteines dazugehören. Zwischen dem lichtdurchlässigen Quarz und dem nur das Licht spiegelnden Glimmer bilden die farbig aufscheinenden Feldspäte die gesteigerte Mitte. Aber jede echte Mitte ist nicht ein bloßes ausgeglichenes Unisono, sondern immer dual da: so hier in dem den rechten Winkel an sich tragenden Orthoklas, dem Kalifeldspat, und in dem mehr mit schrägen Winkeln gebauten Plagioklas, dem Natrium-Calciumfeldspat. Diese beiden nahest miteinander verwandten Mineralien sind zugleich zart verschieden. Der Orthoklas neigt mehr zur Verhärtung. Er ist auch zumeist nachweislich eher hart geworden als der Plagioklas; so bildet er gerne größere Einzelkristalle. Der meist feinkörniger ausfallende Plagioklas umkleidete ihn dann beim Auskristallisieren; er ist der plastischere, einst länger kolloidal gebliebene Bruder.

Der Granit trägt in den Feldspäten ein wirkliches Urbild der Mitte in sich. Mitte im Sinne der Dreigliederung ist nämlich nicht die austarierte Mittellage zwischen den Polaritäten, nicht das halbe Stehenbleiben zwischen Ein- und Ausatmung – dann erstickten wir –, sondern das volle Ausatmen und das volle Einatmen, also die Beherrschung der vollen Gegensätze, die sich aber ergänzen und nicht mehr widerstreiten. Haben wir nicht auch im Herzen des menschlichen Organismus die Gegensätze des arteriellen und des venösen Blutes strikt getrennt konzentriert wie in keinem anderen Organ? Bilden nicht Lunge und Herz selbst die aufeinander angewiesenen Polaritäten in der Rhythmik der Mitte? Davon ist in der Dreigliederung des Granites selbst etwas sichtbar: Er besteht aus den Polaritäten von Quarz und Glimmer und der gesteigerten Mitte der die Polaritäten in sich aufeinander abstimmenden Feldspäte.

Gehen wir von der Betrachtung der Mineralien über zur Substanzwelt des Lebendigen. Sie unterscheidet sich erheblich von den für die anorganische Chemie so charakteristischen Salzen. Der Chemiker nennt solche Substanzen Salze, die ionenbindig sind. Die klassisch ionenbindigen Substanzen sind Kochsalz, Soda usw., die auch in ihren chemischen Reaktionen – und das ist das Charakteristische für alle ionenbindigen Substanzen – schlagartig reagieren. Gießt man Salzsäure und Natronlauge zusammen, entsteht augenblicklich das Kochsalz. Bereits die Silikate sind nur sehr schwach ionenbindig, sonst wären sie sofort in Wasser löslich, und das sind sie ja nur in der seltenen Form der Kieselgallerte. Die chemischen Umsetzungen organischer Stoffe verlaufen immer langsam. Würde für das Organische die Ionenreaktion typisch sein, dann wäre der Organismus in einem Augenblick am Ende seiner Tätigkeiten angelangt. Dann gäbe es den Zeitleib des Organismus gar nicht. Es ist das Charakteristische, dass die organischen Substanzen langsam reagieren. Recht gemächlich geht es vonstatten, bis sich Stärke verzuckert oder bis eine Fehlingsche Probe bei Zimmertemperatur abläuft. Man erhitzt ja, damit man nicht zu lange warten muss. Der Vorgang gelingt auch ohne Erhitzen – man muss dann nur einen Tag lang warten, um den gleichen Effekt zu erzielen.

Mit diesen langatmigeren Prozessen haben wir es bei der organischen Substanz, insbesondere bei der pflanzlichen Substanz, primär zu tun. Sie verdichtet sich im Leben zumeist zu metastabilen Verbindungen, die immer reaktionslangsamer werden: von den Zuckern über die Stärken und Hemizellulosen bis hin zur Zellulose, die im Holz noch mit Lignin durchsetzt und stabilisiert wird. Was draußen im Walde an abgestorbenem Holz, umspült von 21%igem Sauerstoff, liegt, müsste im Grunde sofort brennen können. Es oxidiert aber nicht von selbst, obgleich es auf einem höheren Energieniveau, chemisch gesprochen, steht. Da haben wir einen wesentlichen Unterschied zur Salzchemie, wenn wir jetzt nicht nur auf die Raumkonfiguration achten, sondern auf die Zeitkonfiguration der Substanzwelt. Die typischsten Substanzen der toten Welt – Säuren und Basen – reagieren sofort bis zum stabilen Gleichgewicht; sie finden in der Salzbildung sogleich ihre niedrigste chemische Energielage, sobald der entsprechende Reaktionspartner vorhanden ist. Jede organische Substanz hingegen reagiert, auch aus dem Organismus herausgelöst, langsam und bleibt allein schon dadurch im Leben immer energiereich. Gedehnte Zeit ist hier offensichtlich ein qualitativer Wert, der notwendig ist, damit Lebensprozesse überwiegen können. Könnte damit nicht auch das besondere Zeiterleben des noch wachsenden, sich leiblich aufbauenden Kindes zusammenhängen?

Was geschieht mit der Zeitkonfiguration, wenn wir von der Pflanzenwelt zur Tierwelt übergehen? Je mehr sich die Tierwelt beseelt, desto rascher kann sie reagieren. Eine Pflanze steht still da. Wenn der Wind kommt, weht sie nur mit. Das Tier verhält sich anders. Beobachten wir zum Beispiel einen Laubfrosch. Er sitzt im Terrarium und regt sich stundenlang nicht. Sobald man einige Fliegen hineinlässt, rutscht er etwas in Zielrichtung, und mit einer Schnelligkeit, die man mit bloßem Auge nicht verfolgen kann, geschieht der Sprung, und schon hat der Frosch geschluckt. Man kann gar nicht sehen, dass er das Maul aufmacht, so unwahrnehmbar schnell vollzieht sich der Vorgang. Wir bemerken, dass dort, wo nun das Astralische in Lust oder Unlust eingreift, offensichtlich bis in die leiblich-substanziellen Vorgänge hinein der Stoff wieder stärker reagibel wird. Das lässt sich auch an dem Grundstoff, den der tierische Leib quantitativ hauptsächlich besitzt, eben am Eiweiß, feststellen. In seinen Aminosäuren treffen wir auf einen stärkeren Ionencharakter. In der Aminogruppe haben wir die basische, in der Carboxylgruppe die saure Komponente. Vieles, was sich auch im Elektrolythaushalt der Lymphe, des Blutes, des Gehirnwassers vollzieht, was sich im Natrium-Kalium-Stoffwechsel an den Membranen der Nerven- und Muskelzellen abspielt, ist ja der Aufbau von Reaktionsfähigkeiten, die in der Sinneswahrnehmung und in der motorischen Reaktion darauf sprungartig ansprechen können. Die vom Seelischen durchdrungene Substanz wird offensichtlich wieder näher an den Versalzungsprozess herangebracht, an den mineralischen Stoff. Ganz so weit darf das zwar nicht geschehen, sonst würden wir durch den entvitalisierenden Astralleib zur Salzsäule werden. Im Leben ist das rechte Gleichmaß zwischen dem Ätherischen und Astralen beim Tier und noch mehr beim Menschen notwendig, damit sich nicht das eine Prinzip gegen das andere nur einseitig durchsetzt.

Rudolf Steiner gab einmal für die Chemie-Epoche der letzten Klasse der Waldorfschule, der 12. Klasse, als zentrales Motiv an: «Man müsste eine anorganische, eine organische, eine animalische und eine menschliche Chemie haben.»[14] Vier verschiedene Substanzbegriffe sollen als Krönung des gesamten Lehrplanes der Chemie in der Waldorfschule herausgearbeitet werden. Mit der Beachtung der Zeitsignaturen haben wir damit nun schon begonnen. Nehmen wir den Gestaltungsaspekt hinzu.

Ein Salz, wenn es fest wird, nimmt gewöhnlich die Kristallform an. Im Wiener Naturhistorischen Museum kann man Steinsalzstufen aus Galizien in selten großer und klarer, naturgewachsener Ausbildung sehen. Wie beginnt solch ein Kristallwachstum? Legt man einen Tropfen Kochsalzlösung auf einem Objektträger unter das Mikroskop, so kristallisiert der Stoff von Anfang an in kubischer Gestalt aus – schon das kleinste Sichtbare ist ein fertiger Würfel. Der Kristall ist im ersten Erhärten gestaltmäßig von vornherein vollendet ausgeprägt. Die Idealgestalt steht nicht erst am Ziel, sondern schon am Anfang fertig vor uns. Das Kristallwachstum ist das Vermögen – und das ist es, was uns letztlich immer wieder an der Welt der Kristalle sinnlich-sittlich erfreut –, auf jeder Stufe gestaltlich vollendet zu sein.

Ein solches Vermögen treffen wir im Bereich des Lebens nicht an. Im 18. Jahrhundert hatte man noch geglaubt, dass auch der Organismus im Grunde schon im Kleinen fertig sei und nur ausgewickelt werde. In diesem Sinne sprach man von «Evolution» = «Auswicklung, Ent-wicklung». Goethe hingegen stimmte seinem Zeitgenossen Kaspar Friedrich Wolff[15] zu, der als Erster davon sprach, dass in der Embryonalentwicklung jedes Lebewesens nicht der fertige Organismus im Kleinen vorliegt, sondern dass sich erst aus einer ungegliederten Frühform die Gestalt herausbildet. Nicht «Präformation», sondern «Epigenese» war der neue Begriff. Weil er nicht in das damalige Lehrgebäude passte, bekam Wolff zeitlebens keine Professur in Mitteleuropa, sondern erst weitab in Petersburg. Heute ist seit dem Aufschwung der Entwicklungsphysiologie die gestaltliche Epigenese eine Selbstverständlichkeit. Jeder Organismus entwickelt sich so, dass er alle seine endgültigen Möglichkeiten nie zugleich in Vollendung zeigen kann, sondern immer nur einen Teil davon. Er ist immer unvollendet. Er kann nie alles, was er als Same, dann als Keim, als Jungpflanze, im Blühen, im Fruchten ist, auf einmal darstellen. Aber diese Unvollkommenheit ist seine *Vollkommenheit*. Denn dadurch lebt er, d.h. dadurch ist er das sich wandelnde, in aktiver Zeitgestalt existierende Wesen. Es zeigt seine Ganzheit erst, wenn man seinen Zeitzyklus so beachtet, wie beim Kristall den Raum. Im Räumlichen aber bleibt jeder Organismus unvollkommen. Das, was er im Augenblick zeigt, ist immer nur ein Ausschnitt all dessen, was er der Anlage nach vermag.

Auch der Übergang der pflanzlichen Substanz zur tierischen besteht darin, dass die tierische Substanz eigentlich unvollkommener ist als die pflanzliche. Das ist biochemisch leicht zu zeigen, denn die Pflanze ist bekanntlich sowohl für ihren Kohlenstoffwechsel wie auch für ihren Eiweißstoffwechsel autotroph; sie kann ja alle ihre Substanzen selbst assimilieren. Sie ist z. B. auf keine Zufuhr von essentiellen Aminosäuren angewiesen. Das Tier vermag an biochemischen Synthesen nicht mehr so viel. Es geht z. B. – und davon gibt es keine Ausnahme – die prinzipielle Fähigkeit der Photosynthese verloren, also der großartigste biochemische Vorgang, den es auf der Erde gibt: anorganische

Substanz auf das Niveau organischer Substanz zu heben, ohne schon organische Substanz als Nahrung aufzunehmen. Das Tier muss Pflanzen oder andere Tiere als Nahrung zu sich nehmen. Von Salzen, Wasser, Luft und Licht alleine kann es nicht leben. Wir sehen, der tierische Stoffwechsel ist in diesem Sinne durchaus eine Rückentwicklung gegenüber dem pflanzlichen. Dieser Mangel bewirkt aber offensichtlich, dass die Substanz seines Leibes an manchen Stellen, insbesondere eben in den Sinnesorganen und dem Nervensystem, empfindsame Substanz wird. Gerade diese Organe besitzen immer eine auffällig eingeschränkte Vitalität. Der Verlust an vitaler Leistung ist eben die Voraussetzung der empfindenden Substanz. Wiederum treffen wir auf das Merkwürdige, dass qualitative Höherentwicklung vom naturwissenschaftlichen Standpunkt aus gesehen mit physischer Rückentwicklung verbunden ist.

Der Zusammenhang der Naturreiche untereinander

Damit stehen wir vor der drängenden Frage: Gilt das auch für den Übergang vom Tier zum Menschen? Morphologisch ist in der Anthropologie davon viel geschildert worden: der Mensch als «Mängelwesen».[16] Aber gilt das Motiv auch bis ins Substanzielle hinein? Ich darf diese Frage noch aufschieben und einen anderen Aspekt aufgreifen. In der Entwicklung der Naturreiche bemerken wir nämlich, dass die frühen Zustände auf der Erde gar nicht so sehr die Salzbildung zeigen, sondern die Granitbildung. Die älteren Gesteine sind jene Urgesteine, die wir als Silikate bezeichnen. Aus ihnen besteht der größte Teil der uns zugänglichen Erdrinde. Es sind der Quarz und dieser verbunden mit Aluminium, Alkali und Erdalkali (Na, K, Ca, Mg) oder auch mit Schwermetallen (Fe). Der Geologe nennt deshalb die obere Erdrinde die Sial-Schicht, weil Silicium und Aluminium neben dem Sauerstoff die häufigsten Elemente darin sind. Diese Sial-Schicht bildet die Kontinentalblöcke. So ist z. B. fast ganz Afrika gleichsam ein Granitblock.

Granite sind zu allen Zeiten der Erdgeschichte immer wieder neu gebildet worden. Es stimmt durchaus nicht, dass alle Granite Urgesteine in dem Sinne sind, dass sie die ältesten Gesteine sind. Gerade in Europa sind die meisten Granite relativ junge Gesteine. Die Alpengranite stammen größtenteils erst aus der Erdneuzeit, dem Tertiär. Die Granite z. B. vom Harz, Schwarzwald oder Odenwald sind dem Erdaltertum zuzuordnen. Sucht man die ältesten Granite in Europa, dann muss man bis Finnland reisen. Dort trifft man in ihnen auf eine merkwürdige geologische Erscheinung: auf Kugelgranite.[17] Hier sind an wenigen Orten die Anteile des Granits in sphärischen Formen auskristallisiert, und zwar recht regelmäßig, im Durchschnitt kindskopfgroß. Die Kugeln erscheinen teilweise aneinandergedrückt, und solche Druckverformungen reichen bis ins Innere der Kugeln hinein, vielfach ohne Brüche zu verursachen. Das Innere dieser Kugeln war also lange gallertig-plastisch. Diese sphärischen Bildungen, die hauptsächlich aus Feldspäten mit Anteilen von Glimmer oder Hornblende bestehen – der Quarz bleibt meist außerhalb –, sind sichtlich aus einem kolloidalen Zustand heraus entstanden. Das betrifft besonders den Plagioklas-Anteil, während die abschließende Orthoklasschale oft erste Bruchstrukturen zeigt, die auf seine leichtere Verfestigung hinweisen.

Die Mehrzahl der Funde sind Gletscherblöcke. Es gibt dort nur vier Stellen, an denen sie direkt im Fels entstehen. Vor Ort hat man den Eindruck, als ob man über ein Pflanzengewebe in makroskopischem Ausmaß liefe, so wie sich Pflanzengewebe unter dem Mikroskop zeigen: Kugel neben Kugel von etwa gleicher Größe und regelmäßigem Bau. Hier ist der Granit noch von Spuren einst rhythmisierender Vorgänge durchsetzt, die für den Organismus in seiner zellulären Gliederung konstitutiv sind, und die einst hier im Erdleibe auch vorhanden waren. Dass die Kieselsäure noch heute als Gallerte vom Chemiker darstellbar ist, ist ein Anzeichen dafür, dass gerade diese Substanz eine tiefe Verwandtschaft zum Lebendigen bewahrt hat – manche Pflanzen nutzen sie noch heute als Gerüstsubstanz (Schachtelhalm). Wir treffen auf das Merkwürdige, dass in den frühen Repräsentanten der Erdgeschichte die tote Substanz noch Anzeichen eines ehemaligen Lebens zeigt. Sie ist aus einer Lebenssphäre herausgefallen, die nicht auf Kohlenstoff-, sondern Siliciumbasis vorhanden gewesen war: aus dem Leben der Erde als einem früheren Organismus.

Gehen wir über zur pflanzlichen Substanz. Da werden wir entdecken können, dass sie viele Anklänge an die tierische Substanz besitzt. Denn ohne Eiweiß kommt auch keine Pflanze aus, ja sie bildet letztlich in diesem ihre quantitativ so reichen Kohlenhydrate. Nun zeigen gerade die niederen Pflanzen einen relativ hohen Eiweißgehalt. Die Algen sind weniger mit zelluloseartiger Gerüstsubstanz durchsetzt als vielmehr mit Schleimstoffen und Ähnlichem, die vermehrt stickstoffhaltig sind; man denke auch an die Pilze. Bei fast allen niederen Pflanzen geht die Nähe zum Tier morphologisch so weit, dass die Befruchtung durch bewegliche männliche Samenzellen (Spermatozoiden) geschieht; so etwa bei den Algen, Moosen und Farnen. Sogar der Ginkgo, jener merkwürdige Übergangsbaum zwischen den Farnen und Nadelbäumen, zeigt an seinen Spermatozoiden noch Anzeichen einer Begeißelung. Erst wenn wir in den Bereich der echten Nadelbäume und Blütenpflanzen kommen, findet die *Enttierung* der Pflanzenwelt statt. Das Pflanzenreich entwickelte sich offenbar erst von der Tierverwandtschaft hinweg. Bei manchen höchstentwickelten Pflanzen findet selbst ein Befruchtungsvorgang nicht mehr statt, so bei vielen Kompositen, speziell bei vielen Habichtskräutern und Löwenzahnarten. Unser Löwenzahn auf jeder Wiese wird zwar gerne von Bienen beflogen und gibt Blütenstaub und Honig ab. Eine Befruchtung findet aber nicht mehr statt, und doch werden entwicklungsfähige Samen an den kleinen Fallschirmen der Pusteblumen gebildet. So sehen wir auf dem Gipfel des Pflanzenreiches das rein ätherische Pflanzenleben verwirklicht, während an dessen Basis noch die evolutive Nähe zum Tier da ist. Aus der Tiernähe entstammt das Pflanzenreich und entwickelt sich erst zum Pflanzenhaften im höheren Sinne.

Gehen wir zum Tierreich über, so zeigt sich, dass das höhere Tier in seiner ontogenetischen Entwicklung nun wiederum zuerst viel menschlichere Züge trägt als im ausgewachsenen Zustand. Wie viele Lernmöglichkeiten hat noch ein junges Säugetier! Auf dem Schoß des Dompteurs aufgezogen, wird selbst ein Raubtier zähmbar und lernt Dinge, die ein erwachsener Tiger nie mehr lernen würde. Wann geht das Lernvermögen, diese urmenschliche Fähigkeit, dem Tier verloren? Mit der Geschlechtsreife. Mit ihr findet die endgültige Tierwerdung statt, und das Verhalten wird auf die bloße Sicherung der Eigen- und Artexistenz beschränkt. Fast nur noch die Nahrungssuche und Fortpflanzung interessieren das ausgewachsene Tier – von wenigen Ausnahmen abgesehen (Kolkrabe, Delphine, Elefanten). Aus einem Bereich, in dem Tier und Mensch noch eins waren, hat sich das Tier herausentwickelt. Wir sehen auch hier, dass an den Quellen des darunter stehenden Reiches etwas von dem nächsthöheren Reich aufklingt.

Das lässt sich bis in die Substanz hinein verfolgen. Wir haben davon gesprochen, wie die Substanzen der frühen Erde in den Silikaten kolloidal waren, ähnlich wie die Eiweiße im heutigen Organismus. Metastabile Gleichgewichte langsamer Umsetzungen bestimmen das chemische Milieu in der Kolloidchemie – und ebenso die frühe Bildung der Gesteine. Das wird in den organoiden Formen von Bergleder, von verspinnbarer Bergwolle (Asbest) oder bei speckartigem Bergtalk und Serpentin ebenso sichtbar.

Kehren wir von der Lebenssignatur der Erde zur menschlichen Signatur der Tiere zurück. Können wir auch hierbei den Zugang zu den Substanzprozessen finden? Betrachten wir z. B. den wärmebildenden organischen Chemismus. Dem Vogel und dem Säugetier gelingt es wie dem Menschen, einen eigenständigen Wärmehaushalt zu entwickeln, was in einer besonderen Art des Stoffwechsels mündet. Laubfrösche überleben ungefüttert drei bis vier Wochen, selbst im Sommer. Sie reduzieren ihren Stoffwechsel für diese Zeit auf ein Minimum und überdauern so. Das ist mit einem Kaninchen nicht möglich, denn hier wird unentwegt der gesamte biochemische Zustand auf einem hohen Aktivitätsniveau gehalten. Es benötigt fortwährend Nahrung und scheidet diese auch fortwährend aus, da beständig Wärme gebildet wird. Nur wenige Säugetiere können ihren Stoffwechsel minimieren, z. B. im Winterschlaf (Fledermäuse, Igel, Schläfer, Murmeltiere). Ansonsten aber finden unentwegt Auf- und Abbauprozesse statt, und damit ununterbrochen endotherme und exotherme Vorgänge, die nun nicht, wie bei den Wechselwarmen durch die Umwelt, etwa den Temperaturwechsel im Jahreslauf, sondern von der leiblichen Innenwelt reguliert werden. Da ist eine Kraft vorhanden, die im Substanzstrom für Gleichmaß sorgt. Bei den wechselwarmen Krokodilen wird der gesamte Stoffwechsel erst dann plötzlich auf Touren gebracht, wenn sie ihr Futter sehen und dadurch in seelische Erregung geraten: Ein Muskelzittern beginnt, und sie können rasant zuschlagen. Es dauert jedoch einige Sekunden, bis sie derart reagieren können. Beim Maikäfer dauert es noch länger, bis er sich *aufgepumpt* hat und losfliegen kann, woraufhin in der Ruhe die Flugtemperatur wieder sinkt. Beim Menschen jedoch – und den ihm nächststehenden Tieren – wird der leibliche Chemismus in eine solche Regelmäßigkeit und Gleichlage gebracht (relativ unabhängig von der emotionalen Lage), dass wir auch bei diesen Tieren von einer ich-ähnlichen Fähigkeit sprechen können.

Das Besondere der menschlichen Substanz

Was aber ist mit der menschlichen Substanz selbst gegeben? Wie können wir das Besondere der menschlichen Substanz erfassen? Es gibt dazu einige Schilderungen Rudolf Steiners, in denen er betont, wie wichtig es sei, uns ins Bewusstsein zu heben, dass das, was der Mensch als Geistwesen im Leibe schafft, nicht irgendwo nur in der Transzendenz verbleibt, sondern bis in die Substantialität seines Leibes hinein Wirkungen hat. Jeder Mensch hinterlässt beim Sterben einen Leib, der Träger des Geistigen war. So spricht Rudolf Steiner von der Bedeutung der menschlichen Leichname. Sie sind in ihrer Substanz etwas, was die Erde braucht. Ja, sie sind jener *Sauerteig*, ohne den die Erdenevolution schon lange nicht mehr stattgefunden hätte.[18] Das ist eine bemerkenswerte Aussage, weil konträr zu allem, was heute zumeist an Vorstellungen über den menschlichen Leib besteht. Der an sich dankenswerte zweite Bericht von Mesarović und Pestel[19] an den «Club of Rome» trägt als Motto über dem ersten Kapitel: «Die Welt hat Krebs, und der Krebs ist der Mensch.» Dann wird im ganzen Buch abgehandelt, wie die «schlimme» Menschheit zu retten sei. Was soll dann diese heute weit verbreitete mottohafte Menschenverachtung? Was hingegen bedeutet eine Anschauung, dass der menschliche Leib, wenn er abgelegt wird, der Sauerteig der Erde sei, weil er bis in die Substanz hinein verwandelt wurde? Kann man an eine solche Aussage erkenntnismäßig herankommen? Ich möchte es an einer anderen Stelle des menschlichen Lebens versuchen, nämlich am Lebensanfang. Dazu muss jedoch noch einmal etwas weiter ausgeholt werden.

Wer einmal dabei war, wie Holzfäller darangingen, einen gefällten Baum zu spalten, und nun in das frisch gespaltene Holz hineingerochen hat, erinnert sich an jenen wunderbaren Duft, der so zart ist, dass er uns keineswegs emotional anrührt und doch erfrischt.

Wie anders bei einem Tier! Nehmen wir zum Beispiel ein Schlachtfest in einem Dorf. Ein Schwein wird geschlachtet; dann wird das Schwein ausgenommen. Wie riecht so eine frisch eröffnete Bauchhöhle? Welcher Gegensatz! Das ist beim Tier etwas, was unausweichlich emotional anrührt. Eine völlig andere Qualität! Da springt einem duftmäßig die Astralität in die Nase.

Zum dritten Vergleich nehmen wir den Geruch eines gesunden menschlichen Säuglings. Beim ersten Kind ist es für die Eltern oft geradezu eine Überraschung, wie der Säugling duftet. Wilhelm zur Linden schreibt: «Einen köstlicheren Duft gibt es auf der ganzen Erde nicht, er ist höchstens annähernd vergleichbar mit edelstem Rosenduft oder dem Aroma eines hochwertigen Pfirsichs.»[20] Dieser Duft «verschwindet bei einer Krankheit und er kommt wieder bei der Genesung. Brustkinder haben ihn in viel höherem Maße als Flaschenkinder. Mit dem Durchbrechen der Zähne verschwindet er endgültig, um einem erdenfesten Geruch Platz zu machen.»

Da ist etwas, bei dem wir bis in die Substanz hinein ein sinnlich-sittliches Erlebnis haben können, das mit dem pflanzlichen und dem tierhaften Geruch nicht mehr vergleichbar ist, sondern weit darüber hinausgeht. Was hat an dieser Substanz gewirkt, dass sie so zustande kam? Das führt uns zu einer letzten Betrachtung: einem Vergleich der menschlichen Muttermilch mit verschiedenen tierischen Milchen. Wenn wir uns die Anteile ansehen, können wir die Mineralien (die Aschenbestandteile), die Kohlenhydrate (insbesondere den Milchzucker), die Proteine (Eiweiße), den Fettanteil und den Wasseranteil unterscheiden. Vergleichen wir dabei den Menschen mit drei typischen Säugetieren – einem Nagetier, einem Raubtier und einem Huftier:

in Prozenten:	Mineralien	Zucker	Eiweiß	Fett	Wasser
Kaninchen	2,56	2,0	11,2	17—21	69,5
Hund	0,91	3,11	9,7	9—15	77
Kuh	0,7	4,4	3,1—3,5	3,6	88
Mensch	0,21	7,5	0,7—1,5	4	88,5

Ein Kaninchen ist gegenüber einer Kuh ein sehr sinnesbetontes, nervöses Tier. Bei einer Maus wären die Werte wahrscheinlich noch ausgeprägter. Doch auch das Kaninchen ist ein Tier, das durch den Nerven-Sinnes-Prozess eine solch empfindsame Substanz entwickelt hat, dass die Wachstumskräfte nicht allzu weit reichen. Es bleibt klein. Die astralisierenden Kräfte sind offensichtlich stark. – Bei der Kuh hat man zwar den Eindruck, dass sie einen kräftigen Astralleib hat, aber mit diesem kann ihr Ätherleib vollauf mithalten. Sie trägt eine gewaltige Vitalität in sich. Diese schießt so über, dass selbst der ausgeschiedene Mist für den Acker immer noch etwas besonders Gutes ist. Ohne das Rind hätten sich die menschlichen Kulturen nicht entwickeln können. Denn das Rind hat immer an den Menschen ätherische Kräfte weitergeschenkt, bis hin zur Versorgung mit Nahrung.

Bei welchen dieser beiden Tieren müssten wir den höheren Mineralienanteil erwarten? Tatsächlich beim Kaninchen mit 2,5%. Bei der Kuh beträgt der Aschenanteil hingegen nur 0,7% und beim Hund liegt er bei 0,9%.

Gehen wir jetzt zum Kohlenhydrat, zu der Substanz, die besonders eng mit dem Ätherischen zusammenhängt: beim Kaninchen ist der Milchzucker 2,0%; beim Hund 3,1%; bei der Kuh 4,4%. So ist die jeweilige Milch ganz dem Wesen der Tiere gemäß komponiert.

Wie verhält es sich mit dem Eiweiß, dem Substanzträger des Astralischen durch den Stickstoffprozess? Bei der Kuhmilch liegt der Eiweißgehalt, aus dem z. B. der Quark und Käse hergestellt wird, bei 3,3%; beim Hund steigt er schon auf 9,7% und beim Kaninchen sogar auf 11,2%! Eine hohe Astralität wird dem jungen Kaninchen also schon von Beginn an mitgegeben.

Auch der Fettgehalt ist beim Kaninchen sehr hoch. Es braucht kalorienreiche Milch. Denn nur mit einer besonders energiereichen Nahrung kann diesem vitalschwachen Wesen überhaupt auf die Beine geholfen werden. Bei der Kuh genügt dem Kalb bereits der geringe Fettgehalt, um groß zu werden.

Der Wassergehalt, jener Urstoff des Lebens, steigt vom Kaninchen bis zur Kuh an. Wie ist nun der Mensch im Vergleich zu den Tieren in seinen Wesensgliedern konstituiert? Was wird beim Menschen vermutlich zurückgehen? Der Eiweißgehalt; er liegt nur bei 0,7–1,5%. Die astralisierende Substanz wird also sehr stark zurückgenommen. Auch der Mineralienanteil liegt nur bei 0,2%; die menschliche Milch ist eine vergleichsweise *unirdische* Substanz, die kaum physische Aschenbestandteile enthält. Was tritt dafür stärker in den Vordergrund als bei allen Tieren? Es ist die das Ätherische vermittelnde Substanz. Die menschliche Milch besitzt mit 7,5% einen sehr hohen Milchzuckeranteil. Es ist etwas Entemotionalisiertes, was dem menschlichen Kind als erste Nahrung geboten wird. Fettgehalt und Wassergehalt liegen ähnlich wie bei der Kuh, letzterer sogar etwas höher. In der menschlichen Milch finden wir ein kompositorisches Gleichgewicht vor, das der unmittelbare Ausdruck des Zusammenhanges der menschlichen Wesensglieder ist. Wir beginnen so, bis in den Bereich der messbaren Quantitäten hinein die Qualität dessen zu erfassen, was Rudolf Steiner uns als Aufgabe gab: auch die *menschliche Substanz* als ein *eigenes* Substanzreich zu entdecken.

So wird die Frage nach dem Wesen der Substanzen in den Naturreichen zum Anlass, die Substanzwelt zu einer solch begreifenden Anschauung zu führen, die das Sinnliche und Geistige nicht mehr dualistisch geschieden hält, sondern beides monistisch vereinigt.

Erfahrungen und Vorschläge zum Chemieunterricht in der Waldorfschule (1998/2004)

Bekanntlich beauftragte Rudolf Steiner Eugen Kolisko, den ersten Schularzt der Stuttgarter Mutterschule, mit der Ausarbeitung des Chemielehrplans für die Mittel- und Oberstufe der Waldorfschule. Kolisko legte 1929 seinen Entwurf und seine damit gemachten Erfahrungen in dem Essay «Vom ersten Unterricht in der Chemie» nieder, den er 1932 als eigene Broschüre herausbrachte.[1] Um diesen heute noch klassischen Entwurf, an den später insbesondere Frits Julius[2] anschloss, entspann sich 1934 eine heftige interne Diskussion innerhalb des ersten Lehrerkollegiums, ob das wohl das Angemessene für die Schüler sei, wenn darin zu lesen ist: «Die Metalle stammen eigentlich nicht aus der Erde, sondern sind aus dem Kosmos hereingestrahlt.» Kolisko zog die Schrift daraufhin aus dem öffentlichen Vertrieb. Die «Koliskosche Chemie» war damals auch deshalb so umstritten, weil der staatliche Schulrevisor sie nicht goutiert hatte. Im Jahre 1934 war die Furcht vor staatlichen Repressalien natürlich bereits groß.

Rudolf Steiner schätzte die – wie er sie nannte – «Koliskosche Chemie». Nach dem gemeinsamen «Anthroposophischen Hochschulkurs» in Den Haag, zollte er Koliskos naturwissenschaftlichen Phänomenalismus hohe Anerkennung.[3] Andererseits lehnte Steiner die von Eugen Kolisko[4], Hans Theberath[5] und Franz Halla[6] geführte Debatte[7] in den ersten Jahrgängen der 1921 neu gegründeten Zeitschrift «Die Drei» darüber, ob es nun Atome gäbe oder nicht, vehement ab. Man solle damit nur rasch aufhören, um dem Ansehen der Anthroposophie nicht Schaden zuzufügen, «und unter Umständen mit dem Wichtigsten sogar der sogenannte Gegner noch Recht hat». Steiner betonte, «dass gerade zum Beispiel die physikalische Wissenschaft in ihren Tatsachen – wenn man sie nimmt, wie sie ist, ohne dass man wider sie polemisiert – gerade die allerwichtigste Grundlage gibt für die anthroposophische Auffassung, während das Polemisieren […] eben auf ein totes Gleis führt».[8]

In den Konferenzen mit den ersten Waldorflehrern äußerte Steiner 1923 auf die Frage nach den Formeln im Chemieunterricht: «Nicht wahr, wenn man wenigstens stereometrische Formeln verwenden würde, dann würde man Sinn damit verbinden können. Zumeist werden ganz in der Ebene geschriebene Formeln verwendet, die sinnlos sind.»[9]

Ähnlich wie Rudolf Steiner für die Astronomie der 9. Klasse die Behandlung der Tiefendimension des Kosmos anhand des Doppler-Prinzips nahelegte[10] und in der Geographie auf die Horizontalbewegungen der Kontinente im Sinne Alfred Wegeners[11] zu sprechen kam[12], so war er darauf aus, dass Waldorfschüler in der Oberstufe den modernsten Stand der Naturwissenschaft vermittelt bekommen. Steiner sprach mit großer Hochachtung von der besonderen Bedeutung der atomaren Struktur der Materie: Im Atom ruhe – wie in einem Samenkorn – der künftige Jupiterzustand der Erde.[13]

Kolisko hielt auf dem ersten Anthroposophischen Hochschulkurs am Goetheanum vom 4. bis 6.10.1920 drei Vorträge, in welchen er den Satz des Avogadro und jegliche Atomistik in komplizierten Argumentationsketten für wertlos erklärte. Steiner war mit diesen und anderen Beiträgen durchaus nicht einverstanden; er empfand sie als einen Missklang zu den Bauformen des Goetheanum.[14] Er wandte sich hier gegen die gleichen Argumentationsweisen, wie schon in den genannten ersten Heften der «Die Drei». Die 1922 erschienenen Dornacher Vortragsreferate wurden auch nie wieder nachgedruckt.

Schon aus diesen ersten Zeiten der *Waldorfchemie* ist die Dissensfigur da, und die damit verbundenen Meinungsverschiedenheiten haben bis heute nicht nachgelassen. Nun ist gegen eine positive Streitkultur nicht nur nichts einzuwenden, sondern sie ist zu begrüßen. Nur war sie im Laufe der Jahrzehnte wohl nicht so fruchtbar, wie man es sich gewünscht hätte. Man nenne mir einen ehemaligen Waldorfschüler aus den vergangenen neunziger Jahren, der aus Begeisterung für das schulische Fach anschließend Chemie im Hauptfach studiert hat und dann in eben diesem Fach als ehemaliger Waldorfschüler ein pädagogisch fruchtbarer Waldorflehrer geworden ist. Ich kenne wenige Namen (man kann sie an den Fingern einer Hand abzählen). Das ist ein erstes Fazit: Die Waldorfchemie – was man auch immer darunter versteht – ist nicht fruchtbar geworden.

Dieser Befund wirft die Ursachenfrage auf. Sie ist auf drei Ebenen anzugehen: auf der wissenschaftsgeschichtlichen, auf der waldorfgeschichtlichen und auf der Ebene der besonderen Natur der Chemie an sich.

Die wissenschaftsgeschichtliche Ebene besagt, dass die Chemie – wie die

Abb. 1: Johann Wolfgang Döbereiner (1780-1849), 1810 von Goethe zum Professor für Chemie nach Jena berufen, war mit seiner Entdeckung der Triadenregel der Wegbereiter des Periodensystems.

Abb. 2: Jacobus Henricus van't Hoff (1852-1911) als Student in Bonn, wo er 21-jährig die Grundlagen der Stereoisomerie entdeckte und damit den Weg zur Biochemie bahnte.

Botanik aus der Heilkräuterkunde – aus der praktischen Metallurgie und der Alchemie des Mittelalters hervorgegangen ist. Im Übergang vom 18. zum 19. Jahrhundert führte die messende Methode zur Entdeckung der Stöchiometrie und ihrer Deutung durch den Atomismus. In der zweiten Hälfte des 19. Jahrhunderts wurden Analyse und Synthese so weit vorangetrieben, dass zwei große, echt goetheanistische Entdeckungen gelangen: das Periodensystem (Abb. 1) und die Stereoisomerie (Abb. 2). Bei ersterem kommen nicht nur Polarität, Steigerung, Siebenstufigkeit und Stoffverwandtschaften zum Ausdruck; es werden darin auch die vier Schritte der Weltenevolution sichtbar, wie Bindel und Blickle aufgezeigt haben[15], wobei ich vorschlage deren Interpretation in der Zeitrichtung umgekehrt zu lesen.

Die Stereoisomerie eröffnete ihrerseits den Blick dafür, dass die Qualitäten der Verbindungen nicht nur vom *Was* und *Wie viel* der darin eingegangenen Elemente, sondern vom *Wie* ihrer Raumgestaltung abhängen: Die Gestalt kann wichtiger sein als die bloße Menge der beteiligten Elemente – genau das besagt diese Entdeckung. Die hohe physiologische Bedeutung der Asymmetrien für

Abb. 3: Rechtsdrehender Drehquarz (Gwindel) vom Grimsel/Schweiz.

die Chemie des Lebens wurde erst dadurch zugänglich. An den Drehquarzen (Gwindeln) kann man die ursprünglich theoretisch erschlossene Stereoisomerie chiraler Substanzen mit bloßen Augen sehen und buchstäblich in den Händen halten (Abb. 3). Es ist nicht so, als ob mit der Stereoformel der reale Stoff umfänglich gegeben wäre – so wenig wie mit der Landkarte von Italien das Land Italien. Aber mit der Kartierung weiß ich besser im Voraus, wann ich bei Genua das Meer sehen werde, als ohne sie. Und dass Italien eine Stiefelform hat, daran hat niemand gezweifelt, noch bevor Satellitenfotos uns die bestätigenden Bilder lieferten.

Raumstrukturformeln sind nicht die Wirklichkeit der Stoffe selbst, aber es hilft nicht, sie als künstliche Konstrukte abzutun, die rein gar nichts mit deren Wirklichkeit zu tun hätten – zumal sich die bisher indirekt erschlossenen Raumgestalten von Makromolekülen mit neueren Bildverfahren inzwischen charakteristisch abbilden lassen (Abb. 4, 5 und 6). Sie sind *Skelettbilder der Stoffe*. Selbst Goethe hat mehr an der Osteologie der Tiere goetheanisiert als

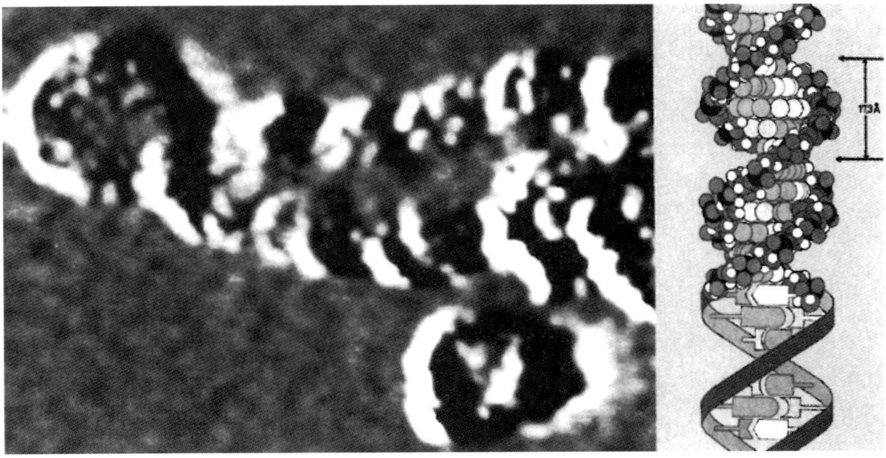

Abb. 4: Doppelhelix der Desoxyribonukleinsäure, 10^6x. Rastertunnelmikroskopische Aufnahme und Modell 1989.

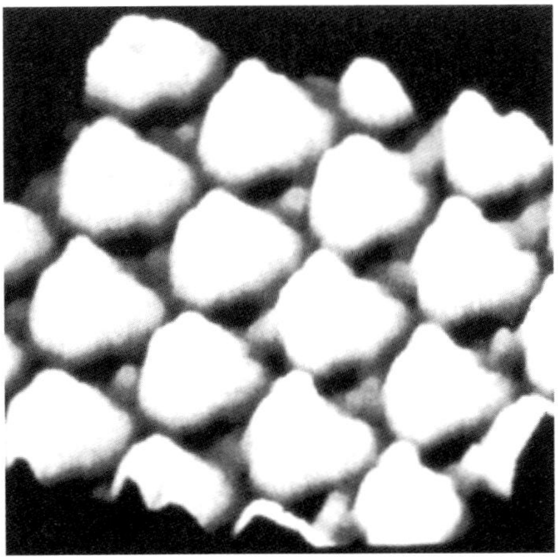

Abb. 5: Die ersten Bilder von Benzolringen.

am lebenden Tier. Er hat seine Reisen zumeist auf dem Pferderücken (500 Kilometer auf der ersten Harzreise!) oder in der Pferdekutsche (so die Italienreise) zugebracht, aber nie findet sich eine Erwähnung einer eigenen Zuwendung zum lebenden Tier, das ihn trug oder zog. Erst das reduzierte Phänomen, sein Knochenbau, gab ihm hierbei die erkennende Distanz. Wie sich gerade im Materiellsten das Leben und der Geist ausgeformt haben, interessierte ihn mehr als die Frage, wo sich das Übersinnliche vom Sinnlichen abtrennen lässt. Wir haben Goethe zu sehr als reinen Synthetiker und Holisten festgelegt und zu

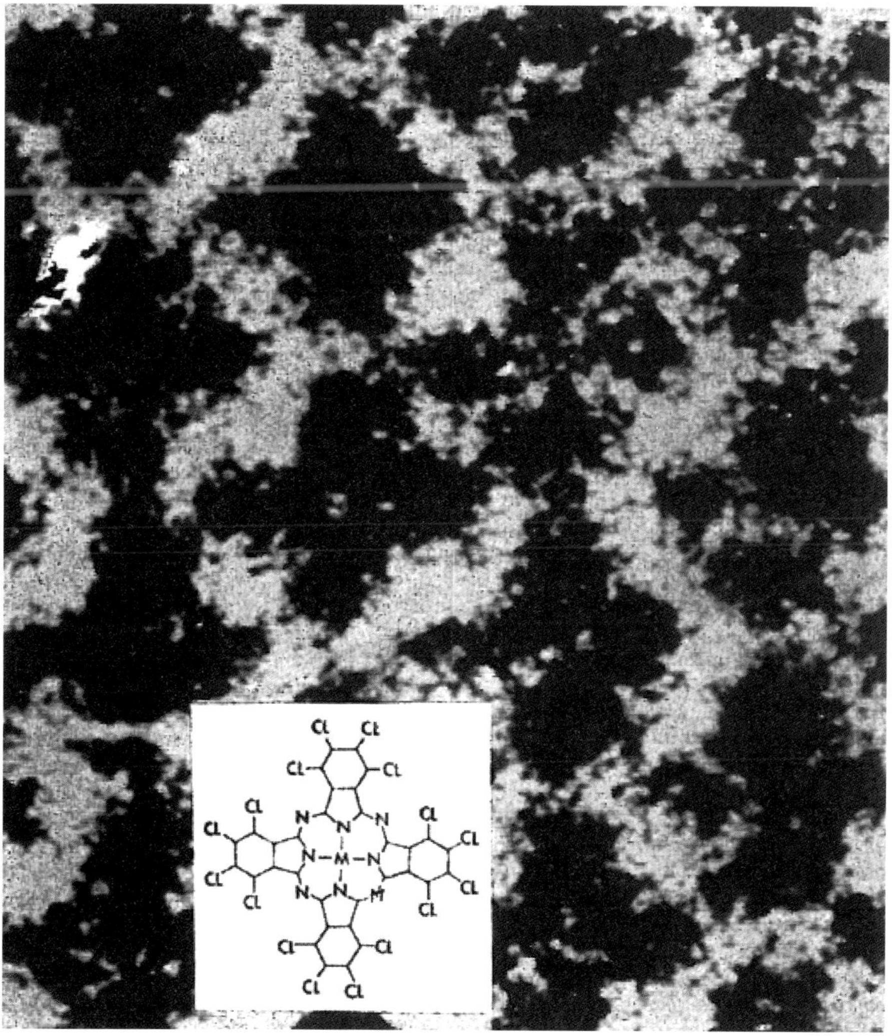

Abb. 6: Kupfer-Hexadecachlorphthalocyanin. Elektronenmikroskopische Aufnahme 1970.

wenig bemerkt, dass er der Analyse wie der Synthese gleiche Beteiligung am Forschen zuerkannt hat. Seine Stellungnahme zum Pariser Akademiestreit aus seinem letzten Lebensjahr ist dafür ein reifes Beispiel.[16]

Im 20. Jahrhundert kamen die Atommodelle mit zunehmender Entmaterialisierung hinzu – vom Kügelchenmodell über das Quantenwolkenmodell bis hin zu den Wellengleichungen – und bereiteten den Weg für die Bindungslehre und die Reaktionskinetik. Auch aus dieser zunehmend mathematisierenden *Skelettmorphologie* lässt sich viel Goetheanistisches ablesen.

*

Im anthroposophisch orientierten Wissenschaftsraum versuchte man, die ätherischen Bildekräfte mit physikalischen und chemischen Mitteln zu erfassen – so die Steigbildmethode, ausgehend von Lili Kolisko, die Kupferchloridkristallisation, ausgehend von Ehrenfried Pfeiffer, und die Tropfenbildmethode, ausgehend von Theodor Schwenk. Sieht man sich die Ergebnisse über die Jahrzehnte hinweg an, so ist eines klar geworden: Diese bildschaffenden Methoden sind kein Reagenz auf die ätherischen Bildekräfte, sondern Reagenzien auf die stofflichen Strukturen – eben jene chemischen Gestaltungen, die die Bildekräfte schon vorher ausgestaltet haben. Was im Labortest erfasst wird, ist schon Werkwelt. Das ist eine Abklärung, die man sich schon eingangs hätte klarmachen können: Geistiges kann nur mit geistigen, nicht mit materiellen Mitteln gefasst werden. Rudolf Steiner charakterisierte Letzteres als die Gefahr der Spiritisten: das Geistige materiell zur Rede bringen zu wollen.[17] Aus dieser labormäßigen «Bildekräfteforschung» sind auch in 60 Jahren keine Schulversuche hervorgegangen, die sich sattelfest eingebürgert hätten, da sie schon der natürlichen Kritik unserer Oberstufenschüler nicht standhalten. Dazu müssten sie ebenso urphänomenal wie reproduzierbar sein.

Die heutige Landschaft der Waldorfschulchemie ist von verschiedenartigen Methodiker-Schulen bestimmt. Deren Vielfalt an sich müsste kein Nachteil sein, aber sie alle können sich untereinander kaum verständigen. Am leichtesten hat es noch die Chemie der Mittelstufe. Es ist bedeutsam, dass der Lehrplan in der 4. Klasse die Menschen- und Tierkunde, in der 5. die Pflanzenkunde, in der 6. die Gesteinskunde sowie die Physik und erst in der 7. Klasse den ersten Chemieunterricht vorsieht. Deutlich begleiten diese naturkundlichen Fächer den Hereinstieg des Kindes aus der vorgeburtlichen Welt in die Erdenverhältnisse – über die Stufen der Naturreiche, die *Scala naturae*, herab bis ins Materielle. Ist Physik noch die Wissenschaft vom Verhalten der Stoffe und Energien im Raum, so leitet die Chemie über zur Prozesskunde in der Zeit sowie zur Stoffqualität selbst, zu der auch deren Quantitäten gehören.

Wie soll man menschenbildend, also geistvoll, mit dem Rätsel der Materie vor den Schülern umgehen? In der Mittelstufe gibt es noch einen weitgehenden Konsens, sich an die didaktischen und methodischen Vorgaben von Eugen Kolisko und Frits Julius zu halten. Man betreibt sinnvoll besinnliche Phänomenologie, charakterisiert lebensvoll – wie im Geschichtsunterricht herausragende

Persönlichkeiten – nun den Schwefel oder das Eisen und lässt die gewonnenen Bilder in die tägliche Lebenspraxis einmünden. Für den zumeist chemisch nicht speziell vorgebildeten Klassenlehrer ist das eine größere Anforderung als für die Schüler – und gerade deshalb zündet es bei diesen oft umso mehr.

Mit der Oberstufe erwacht das kausale Denkbedürfnis vollends und soll gerade in der Waldorfschule eher durch den naturwissenschaftlichen als durch den altsprachlichen Unterricht ausgebildet werden.[18] Aber hier beginnt der Dissens. Je nach Lehrerpersönlichkeit erfährt der Waldorfschüler in der einen Schule durch die gesamte Oberstufe mehr oder weniger durchgängig eine methodische Fortsetzung der Mittelstufenchemie: Die Phänomenologie eindrucksvoll bunter, riechender, dampfender, knallender Experimente soll ihn faszinieren, alles humorvoll erläutert und der Anknüpfung an die Alltagspraxis dienend.[19] Das Kausalbedürfnis sowie das korrelative Verständnisbedürfnis bleiben unversorgt und gehen eigene Wege. Bestenfalls der Finalismus «Wozu kann man das Wissen anwenden?» wird gepflegt. Der interessierte Schüler sieht bald in populären Chemiebüchern nach, liest dort von Atomen und Molekülen, lässt sich einen Kosmos-Experimentierkasten schenken oder greift direkt zum gymnasialen Chemiebuch. Diese Form von Waldorfchemie wird in der Oberstufe mit recht ambivalenten Gefühlen begleitet.

In der nächsten Waldorfschule unterrichtet – wegen eigenen Lehrermangels – ein Nichtwaldorflehrer Staatsschulchemie. Die Versuche klappen, der Unterricht zeigt einen systematischen Aufbau. Aber alle Reduktionen auf kleinste Teilchen wirken so abstrakt wie Pappmaché, sodass der Schüler eine *Kreidechemie* an der Tafel hinzudenken soll, die bei näherem Nachfragen auch die Mehrzahl dieser Lehrer nicht verstanden hat. Woher kommt denn das «Oktettbestreben» oder das «Pauli-Prinzip»? Quantenchemie lernt selbst der Schulchemiker im Studium nicht zu beherrschen, sondern nur zu glauben.

Glaubensbereitschaften finden sich natürlich auch beim Waldorflehrer, denn davor ist niemand gefeit. Anthroposophisches Ideal aber ist es, nicht das zu glauben, was ich noch nicht erkannt habe, sondern das, was ich erkannt habe, auch mit der Glaubenskraft des Herzens existenziell anzunehmen – eben für das Erkannte auch einzustehen.[20] Erst dann verschwindet der Zwiespalt von Wissen und Glauben.

Was vermag ein Waldorfschüler mit den Darstellungen seines Chemielehrers anzufangen, wenn dieser ihm die Existenz von Materie ausredet? Als Bezug dient dabei oft der Satz Rudolf Steiners aus seinem Erstling: «*Das sinnenfällige Weltbild ist die Summe sich metamorphosierender Wahrnehmungsinhalte ohne eine zugrundeliegende Materie.*»[21] Diesen Satz verabsolutiert derjenige gerne in einem von Steiner gar nicht gemeinten Ausmaß, der nicht einige Zeilen weiterliest, wo es heißt: «Mit der obigen Ausführung ist natürlich nur jener Begriff der Materie getroffen, den die Physik [1890, W.S.] ihren Betrachtungen zugrunde legt und den sie mit dem alten, ebenfalls unrichtigen Substanzbegriff der Metaphysik [gemeint ist wohl Spinoza, W.S.] identifiziert. Etwas anderes ist die Materie als das den Erscheinungen zugrunde liegende eigentlich Reale, etwas anderes die Materie als Phänomen, als Erscheinung.» Diese tastbare, handgreifliche Materieauffassung, die ja die des unbefangenen Schülers ist, spricht Steiner der Materie nie ab. Eine solche Leugnung der Materie findet sich heute meines Wissens nur noch in den Schriften der Mary Baker Eddy (Christian Science). So wird das obige erste Zitat missbräuchlich für die Begründung eines Chemieunterrichts verwendet, der als extremer Phänomenalismus keine Generalisierungen zulassen will. Alle Begriffe sind aber Generalisierungen, und der Schüler möchte ab der 9. Klasse berechtigterweise auch begrifflich begreifen.

Wieder eine andere *Schule* besteht in dem Ansatz, die Chemie wesentlich an die vornaturwissenschaftliche Antike und das Mittelalter anzuknüpfen. Wenn schon Begrifflichkeit, dann die Elementenlehre des Aristoteles aus *Feucht*, *Trocken*, *Warm* und *Kalt* und deren Kombination in den Aggregatzuständen des *Festen*, *Flüssigen*, *Gasförmigen* und *Feurig-Energetischen*. Oder die Verständnishilfe wird aus den *tria principia* der paracelsischen Medizin geholt. Für beides gibt es hilfreiche Brückenbildungen Steiners. Nur hat Steiner nicht von daher sein Weltverständnis geholt, sondern aus seinem selbständigen Weltzugang umgekehrt die antiken und mittelalterlichen Denkmuster erst aufgeschlossen. Wir sollten mit den Schülern nicht anders verfahren. Der Oberstufenschüler ist sonst rasch allergisiert und entwickelt die bekannten Abwehrreaktionen.

Natürlich gibt es auch die umgekehrte Schule, die aber – Gott sei Dank – am wenigsten Schule macht. Man sieht und hört auf niemanden sonst, sondern sucht sich seine Verständnisbrücken für die Chemie aus seinem ganz persönlichen, subjektiven, privaten Seeleninneren. Da wird aus dem *Wesen* des Kohlenstoffs und des Sauerstoffs vorhergesagt, dass ihre Verbindungen nur gasförmig sein können, und aus dem *Wesen* des Siliciums, dass seine Sauerstoffverbindung fest sein muss. Man tritt dann zwar als beeindruckend selbständiges Original hervor, aber es bleibt eine für niemanden nachvollziehbare Rhetorik. Sie richtet zwar akut Schaden an, aber sie geht auch mit dem Betreffenden vorbei.

Lehrplan und Unterricht gerade der Waldorfpädagogik lassen jedem Lehrer einen außerordentlichen Freiraum. Das ist wichtig, wenn nur die innere Substanz stimmt, und wird auch dann noch als Prinzip mit Recht vertreten, wenn subjektiver Missbrauch nicht auszuschließen ist; denn die Spuren gleichmacherischer Reglementierung in jeglicher pädagogischen Praxis schrecken noch mehr. Also ein uneingeschränktes Ja zur Vielfalt – aber nicht mehr dann, wenn die Verhältnisse zu heterogen und unfruchtbar werden. Und das ist im Fach Chemie an Waldorfschulen schon zu lange der Fall. Es ist wahrzunehmen, dass in keinem an den Waldorfschulen unterrichteten wissenschaftlichen Fach der Dissens darüber, was und wie zu unterrichten ist, so groß ausfällt wie in der Chemie der Oberstufe.

Das muss als Faktum ohne Emotion, Zwiespältigkeit und Verdrängung erst einmal wahrgenommen und akzeptiert werden. Dann wird dieses Faktum im anthroposophischen Anschauen sogar zum beachtenswerten Phänomen. Was spricht sich darin aus? Es kann doch nicht am Problem etwaiger besonders seltsamer Persönlichkeitsstrukturen gerade der Chemielehrer liegen. Die Ursachen liegen weitaus mehr im Überpersönlichen. Damit kommen wir zur dritten Ebene: der Frage nach der besonderen Natur der Chemie als solcher.

*

Die Physik betrachtet die physischen Stoffe in ihrem räumlichen Verhalten und ihren räumlichen Wechselwirkungen, die Chemie hingegen in ihren Verwandlungen: wie ein Stoff zu einem anderen wird, was immer mit Energieumsetzungen einhergeht. Demnach gehört z. B. auch die Betrachtung des Wechsels der Aggregatzustände genau genommen in die Chemie, sind doch auch hier die chemischen Bindungskräfte mit Wärmetönungen daran beteiligt. Natürlich kennt die Physik auch zeitliche Veränderungen, z. B. Bewegungen von Massen oder Ladungen. Aber es geschieht dabei eine räumliche Veränderung, nicht eine stoffliche Veränderung selbst; diese hingegen beinhaltet noch ein anderes Verhältnis zur Zeit. Wenn wir so Physik als den Raumaspekt der physischen Entitäten charakterisieren und die Chemie als deren Betrachtung im Prozess, also in der qualitätsverwandelnden Zeit, so bleibt eigentlich noch ein *tertium comparationis* übrig: der Stoff selbst ohne seine räumlichen und zeitlichen Veränderungen. Eigentlich müsste es noch ein drittes Fachgebiet der physischen Welt geben: eine reine Stoffkunde. Da nun aber das Goethewort heute jedem einleuchtet: «Natur- und Kunstwerke lernt man nicht kennen wenn sie fertig sind; man muss sie im Entstehen aufhaschen, um sie einigermaßen zu begreifen.»[22], wird seit eh und je die Stoffkunde zur Prozesskunde hinzugenommen, also in die Chemie einbezogen. Sie umwandert das Rätsel der Materie in ihrem mannigfaltigen So-Sein und in all ihren Abwandlungen.

Wer Physik und Chemie im Studium gleichermaßen betrieben hat, kennt den auffälligen Unterschied beim Lernen. Die physikalischen Vorgänge lassen sich in weitem Umfang auf wenige Grundgesetzmäßigkeiten zurückführen, ja aus ihnen ableiten, was sich in ihrer weitreichenden Mathematisierung niederschlägt. In der Chemie gibt es hingegen sehr viel weniger bis gar nichts zu rechnen, wenn man etwa ableiten möchte, warum unter Normalbedingungen Calciumcarbonat in wässriger Umgebung fest bleibt, Calciumchlorid hingegen löslich ist – oder warum Silberphosphat leuchtend gelb und Kupferaquo-Komplexe blau aussehen. Das hat man eben zu lernen, und so muss sich der Chemiker weitaus mehr Faktenwissen unabgeleitet merken als der Physiker.

Da die Physik schon aus diesem Grunde als die exaktere Wissenschaft gilt, lässt man bis heute nicht davon ab, die Chemie zur Physik zu machen – als Physikalische Chemie. Solange man nicht mit Quanteneffekten zu tun hat, kann man so die Stoffeswelt in Teilchenmodellen innerhalb des euklidischen Raumes und der newtonschen Zeit nachmodellieren.

Sieht man hingegen auf die besondere Affinität der Prozesschemie zur Zeit, so wird sie erst vollends interessant, wenn der Stoff- und Energiewechsel in lebendigen Zeitgestalten betrachtet werden. Als Rudolf Steiner einmal lapidar charakterisierte, dass es letztlich nur vier Wissenschaften geben kann, nämlich Pneumatologie, Psychologie, Chemie und Physik, fasste er als Zentrum der Chemie alle Lebenswissenschaften auf, verstand sie also als synonym mit der Biologie.[23]

Behalten wir zur derzeitigen Verständigung die Bezeichnung *Biologie* für die Welt der Lebenserscheinungen bei, ebenso die *Chemie* für die Stoffkunde und Stoffumsetzungen. Mit genau diesen hat es ja auch der Chemielehrer im Schulunterricht zu tun. Was liegt der Chemie nun erkenntnisproblematisch zugrunde?

Der Urvorgang des Erkennens wird durch die Fremdartigkeit der Wahrnehmung ausgelöst. «Das Erkennen wäre schlechterdings ein nutzloser Prozess, wenn in der Sinnenerfahrung uns ein Vollendetes überliefert würde.»[24] Für das reduktionistische Bewusstsein scheint die mineralisch tote Welt am leichtesten begreifbar, schon schwerer das pflanzliche Leben oder gar die tierische Subjekthaftigkeit, und am rätselhaftesten bleibt ihm der Mensch. Für die unbefangene Unmittelbarkeit aber gilt genau das Umgekehrte. Echtes Verständnis ist für uns Menschen am leichtesten in jeder offenen menschlichen Begegnung zu vollziehen. Wie viel mehr kann der andere Mensch mir von sich mitteilen – sprachlos und durch die Sprache – als jedes andere Naturwesen! Schon Tiere, selbst hochstehende Tiere, sind uns fremder. Um mit einer Tierart wie der *Gemse* ein ähnliches Vertrauensverhältnis aufzubauen, muss man lange mit ihr zu tun haben – und doch bleibt immer noch ein kaum überbrückbarer Abgrund zum Eigensein selbst des vertrautesten Familienhundes bestehen. Sein Ich, sein Gruppen-Ich, ist nicht in ihm individualisiert da, sondern auf dem übersinnlichen Astralplan, der Welt der Artenweisheit. Und erst die Pflanzenwelt: Der Charakter der Wesensanonymität ist hier noch weitaus größer. Zwar wird das Mangelerlebnis eines Subjektiv-Persönlichen, das noch manche Tiere ausstrahlen, in der Pflanzenbegegnung als einer Welt des Überpersönlichen oft dankbar erlebt, aber die Pflanzen-Iche sind uns in ihrer Distanz noch ferner. Ein Hund kann sich noch mit mir freuen; eine Pflanze steht ganz neutral, wie unberührt davon, da.

Fällt nun der die Begegnung suchende Blick in die Welt der Gesteine, der Mineralien, der Substanzen und der Stoffe, so kulminiert die empathische Unzugänglichkeit in ungeheurem Ausmaß. Wer spricht schon mit seinen Chemikalien? Wem erzählen die Gesteine tatsächlich von sich aus etwas? Von *Montanus* fällt in Goethes «Wilhelm Meister» das Wort: «Die Gebirge sind stumme Meister und machen schweigsame Schüler.»[25] Und so heißt es auch dort in «Makariens Archiv»: «Steine sind stumme Lehrer, sie machen den Beobachter stumm, und das Beste, was man von ihnen lernt, ist nicht mitzuteilen.»[26] Also erfinden wir uns selbst eine wie auch immer geartete Sprache, um über Chemie überhaupt reden zu können. In keinem Wissenschaftsgebiet ist die Kluft zwischen den unmittelbar wahrgenommenen Erscheinungen und den daran angeschlossenen Gedanken- und Sprachgebäuden so gigantisch wie in der Chemie. Das eben liegt in der Natur der Stoffeswelt selbst.

Gleiches kann am besten von Gleichem erkannt werden. Öffnet sich uns ein anderer Mensch, so lässt er uns Einblick in seinen Wesensraum nehmen, wie es kein anderes Naturwesen vermag. Ich und Ich begegnen sich im Hier und Jetzt in der Du-Erfahrung. Den Ort der Gruppen-Iche der Tiere deutet Rudolf Steiner im atmosphärischen Umkreis der Erde an – schon weit weg und doch noch nah. Als Ort der Pflanzen-Iche kennzeichnet er den Mittelpunkt der Erde – eine Welt größter Unzugänglichkeit und doch noch zur Erde gehörig. Die Ichwesenhaftigkeit der Mineralien aber sei im Fixsternhimmel zu Hause: Lichtjahre weit von uns entfernt.[27]

Was in einer solchen Schilderung noch wie eine Metapher klingt, nimmt seine volle geistige Realität an, wenn die Anthroposophie den Schleier räumlicher Metaphern hinter sich lässt und die inneren Fragen an die Welt der hierarchischen Geistwesen richtet. Daraus deutet sie an, dass ein volles Verständnis der Tiere erst der über dem Menschen stehenden 3. Hierarchie zugänglich ist; entsprechend das Verständnis der Pflanzenwesenheiten den Geistwesen der 2. Hierarchie. Und das Geheimnis der Materie ist nur den höchsten Engeln, den Seraphim und Cherubim, offenbar.

Die Stoffeserkenntnis ist das Schwerste für den Menschen. Damit hängt wohl zusammen, dass wir bereits eine gut vermittelbare Methodologie der anthroposophisch erweiterten Biologie haben. Selbst Physik und Mathematik sind in neuer Weise lehrbar geworden. Aber am schwierigsten erweist sich eine weitergebbare Erneuerung in der Chemie. Wir können anthroposophisch einsehen, warum dem so ist und warum wir uns rasch geistig übernehmen, wenn wir leichthin die Überzeugung pflegen, wir könnten diese Erneuerung heute einfach mit den uns direkt zugänglichen Methoden leisten.

Die etablierte Chemie hat rein pragmatisch – mehr noch als die Physik – die Wesensfrage hintangestellt. Philosophierende Physiker gab und gibt es viele (Gustav Theodor Fechner, Max Planck, Werner Heisenberg, Carl Friedrich von Weizsäcker, Hans-Peter Dürr), aber philosophisch produktive Chemiker sind immer äußerst rar gewesen. Vielleicht kann man zu Rudolf Steiners Zeiten Wilhelm Ostwald nennen – aber seine Philosopheme reichten nicht weit. So ist die Beschränkung auf die Erklärungssurrogate, sprich Modelle in der Chemie besonders groß. Gilt das nicht auch für die eigenen Reihen? Soweit man sich nicht auf einen agnostischen Phänomenalismus verabredet hat – «wir freuen uns an den Stofferscheinungen mit allen Sinnen und gehen möglichst praktisch damit um» –, haben die Denkangebote unserer Chemiker ihrerseits modellhafte Strukturen. Das liegt in der Natur des Problems selber.

Wenn das Ziel so unerreichbar weit entfernt ist, soll man sich dann nicht mit Goethe einfach in «positiver Resignation» üben? Ist der Chemieunterricht einfach nicht verbesserbar? Lässt sich nicht doch etwas tun? Zuvorderst gilt die Lehrertugend, nichts vor den Schülern vorzubringen, von dem man sich nicht in redlicher Weise selbst überzeugen konnte. Das gilt zwar für jedes Unterrichtsfach, muss aber für die Chemie ganz besonders im Bewusstsein gehalten werden.

Da das geistgerechte Verständnis der Materie erst künftigen Bewusstseinsformen der Menschheit näherstehen wird, steht man – anthroposophisch gesprochen – hier immer auf dem Boden der Aufgabe, die Zukunft vorwegzunehmen. Das allerdings rührt an den eigentlichen Nerv der Pädagogik. Der Lehrer, wenn er seinen Beruf vollumfänglich nimmt, hat ja nicht nur die Schätze der Vergangenheit und den Stand der Gegenwart zu vermitteln, sondern auch innerlich darauf zu achten, welche Zukunft in seinen vor ihm sitzenden Schülern schon geheime Gegenwart ist und wie er ihre Zukunftskeime ansprechen darf.

Neues gebiert sich oft aus großen Spannungen, wenn sie nicht verfrüht aufgehoben werden. Damit scheint mir im Zusammenhang zu stehen, dass die Chemie im Lehrplan mit zeitlicher Verzögerung gegenüber Physik und Mathematik angesetzt ist. Die Mittelstufenphysik beginnt schon in der 6., die Chemie erst in der 7. Klasse. Die rationalen bzw. kausalen Fähigkeiten der

Schüler der beginnenden Oberstufe werden in der Mathematik in besonderem Maße in der Kombinatorik und in der Physik in der Mechanik beim Neuntklässler eingeführt. In dieser Klassenstufe bestimmt aber noch die phänomenologisch orientierte organische Chemie den Duktus. Die quantifizierenden und systematisierenden Methoden der anorganischen Chemie sollen – entsprechend verzögert – erst in der 10. Klasse voll einsetzen.

Alle Versuche, den großen Hiatus zwischen Phänomenologie und Verständnisbedürfnis zum Abschluss der Schulzeit ansatzweise zu überbrücken, sind in den Anfängen steckengeblieben. Kolisko hat sich dazu in Publikationen nie geäußert. Frits Julius behandelt in seinem zweiten Band ausführlich die 10. und 11. Klasse. Sein Ausblick auf die 12. Klasse bringt nur einige Abbreviaturen. Die wichtigen zentralen Angaben Rudolf Steiners erfuhren gelegentliche individuelle Anläufe.

Der konkrete Hinweis, Oxalsäure und Ameisensäure im menschlichen Organismus im Chemieunterricht der 12. Klasse zu besprechen[28], möge als Beispiel dienen. Einerseits wurde ein Berufschemiker damit betraut, die neuere Fachliteratur zu diesen beiden Säuren im Hinblick auf Steiners Angabe zu sichten.[29] Nach Durchsicht von 196 Publikationen lautete das Ergebnis, dass nichts dem Steinerschen Hinweis widerspricht – ein beruhigendes, gleichwohl inhaltlich leeres Ergebnis. Auf der anderen Seite arbeitet ein Biochemiker heraus, dass man 79 Jahre an dieser Frage nicht weiterkam, weil es freie Oxal- und Ameisensäure im menschlichen Organismus in wirksamer Menge gar nicht gibt – ebenso wenig wie freies Eisen. Wenn Steiner von solchen Substanzen in den Lebensvorgängen spricht, so kann er sie nur in organisch gebundener Form aufgefasst haben. In dieser Form finden sie sich jedoch in allen Zellatmungsvorgängen – heute gut verfolgbar als Dicarbonsäure- und Carboxyl-Gruppen im Zitronensäurezyklus. Steiners Hinweise, dass Erstere mit dem ätherischen Aufbau und Letztere mit dem astralisierenden Abbau zu tun haben, machen einen solchen zentralen Vorgang wie den Zitronensäurezyklus erst verständlich und diese Befunde wiederum die Steinersche Angabe, sodass nun endlich sinnvoll nach ihrer pädagogischen Darstellung gefragt werden kann.[30] Sie stößt aber bei vielen Waldorfchemikern weiterhin auf Unverständnis.[31] Zum einen wohl, weil die «moderne», aber längst schon klassische Biochemie (für die Entdeckung des Zitronensäurezyklus erhielt Hans Krebs schon 1953 den Nobelpreis) mit dem Instrumentarium der Strukturformeln als verdächtig im negativen Sinne gilt; zum anderen wohl einfach deshalb, weil sie verstehbar ist, denn das stört das Numinosum.

Wesentlich für die 12. Klasse ist Steiners Aufgabenstellung an den Lehrer, den Schülern als Zusammenfassung des gesamten bisherigen Chemieunterrichts den Bewusstseinshorizont eines vierfachen Substanzbegriffs nahezubringen. Dazu gibt es einige individuelle Anläufe.[32] Doch keiner bezieht sich auf den anderen, das Solitäre überwiegt, und so hat sich auch nichts an überpersönlichen Lösungen herausgebildet und eingebürgert. Das sind leicht überschaubare Hindernisse, die gerade deshalb rasch bewältigt werden könnten. Erstens: Die Aktiven auf diesem Feld treffen sich und tauschen sich so lange über ihre Ansätze aus, bis mehr entstanden ist, als ein Einzelner zustande bringen kann. Zweitens: Die Lösungen sind weder als bloße Phänomenologie noch mit herkömmlicher Fachchemie zu vollziehen, sondern liegen in dem Bereich der Hiatusüberbrückung zwischen beiden, sofern sie für die pädagogische Aufgabenstellung der 12. Klasse Wesentliches einbringen sollen.

Was also bleibt den 150 Waldorfchemielehrern, wenn wir nur einmal den deutschen Sprachraum nehmen? Zunächst gilt es, die Frustration der 18-Jährigen zu vermeiden – das Gefühl der Lehrer dilettiere, indem er sich nur an seinen eigenen, unverstandenen Experimenten begeistert, oder er lehre doch nur «Staatsschulchemie», die allein aufgrund von Prüfungsambitionen vermittelt wird. In der Chemiemethodik der Regelschulen zeichnet sich in der letzten Zeit manches zur Überwindung dieses Konfliktes ab.[33] Wo dies jedoch nicht gelingt, ist es mit der bloßen Vermeidung *beider* Einseitigkeiten nicht getan – erst recht nicht, wenn man letztlich doch nur *eine* davon pflegt.

Dieser Konflikt ist nämlich pädagogisierbar. Er kann geradezu positiv gewendet werden, wenn die Problematik, in welcher der Waldorf-Chemielehrer primär steht, von ihm selbst in den *obersten* Klassen als fruchtbare Spannung thematisiert wird. Man sollte die Auffassungsgabe dieses Alters nicht unterschätzen. Für die gerade mündig werdenden jungen Zeitgenossen ist es von besonderem Interesse, die methodologische Spannung zwischen anschaulicher und formaler Chemie als das spezifische Problem dieser Disziplin zu erfassen. Ebenso dankbar sind sie, wenn weder gekünstelte Lösungen noch gar nichts dafür geboten wird, sondern die Spannung – nun aber miteinander bewusst – methodisch verstärkt wird: «Wir machen jetzt drei Tage qualitative Chemie und dann wieder drei Tage quantifizierende, physikalisierende Chemie im kontrapunktischen Wechsel.» Diese geistige Wechselbadkur kommt nicht nur ihren mehrbödigen Interessenlagen entgegen, sondern sie werden mit gutem Recht am Ende ihrer Schulzeit in die offenen Probleme eingeführt, die der Lehrer wissenschaftshistorisch gesehen hoffentlich selbst durchlebt. Dabei wechseln sich Struktur-Chemie und anschauliche Wahrnehmungsübungen mit goetheanistischem Urbildwert stetig ab. Dass hier Aufgaben für die nächste (oder übernächste?) Generation von Chemielehrern brachliegen, die weiterzutreiben lohnen, ist doch unausgesprochen das für die Zukunft Motivierende.

Und dies umso mehr, als gelegentlich Sternstunden eintreten, in denen sich beides nicht mehr widerspricht, sondern nahtlos ergänzt.

Indem man hier gemeinsam die Gegensätze *cum studio sed sine ira* aufzeigt und herausarbeitet, überwindet man den weit in der Schulbewegung verbreiteten Effekt: Entweder hat man bloß seine naive Freude an den Gerüchen und Knalleffekten der *Chemieküche* genossen und die universitäre Chemie als voll des intellektuellen Teufels perhorresziert – oder man hat eben gerade die Modellchemie ausschließlich und allein studiert und betätigt, weil sie technisch anwendbar ist. Diese ungewollte, aber doch übliche Polarisierung als einziges Ergebnis sollte endlich nicht mehr betrieben werden. Das hat 70 Jahre zu wenig gebracht und wird die nächsten 100 Jahre noch viel weniger bringen.

Ich habe seit einigen Jahren Einblick in die Schwierigkeiten, die heutige Medizinstudenten in den ersten Semestern mit dem Fach Chemie haben. Sie sind bei den Abgängern von Regelschulen mehrheitlich genauso massiv vorhanden wie bei den ehemaligen Waldorfschülern. Das darf jedoch nicht als Entlastung vom eigenen pädagogischen Auftrag gelten. Der Waldorfschüler müsste doch gerade die Fähigkeiten mitbekommen haben, jene Hiatusüberwindung eigenproduktiv anzugehen. Das ist aber nicht zu sehen. Zumindest sollte in der Oberstufe die Entwicklung der gewachsenen Verständnishorizonte in der Chemie des 20. Jahrhunderts nicht geschnitten werden. Werden sie dem Schüler vorenthalten, vergeht man sich allein schon an der pädagogischen Pflicht, die Geschichte des Faches bis in die unmittelbare Gegenwart hin *in nuce* sichtbar zu machen. Siebzehn-, Achtzehn- und Neunzehnjährige wollen Zeitgenossen werden. Dass der Schüler dadurch auch den Übergang zur Chemie der 13. Klasse ohne starken Bruch erlebt, ja den Anschluss zur Chemie im Studium findet, ist ein sich noch zusätzlich einstellender Gewinn, der dadurch auch dem Chemielehrernachwuchs zugutekommen kann.

Leider nicht zum Chemie-Unterricht (1998)

«Leider nicht zum Chemie-Unterricht» – so lässt sich das Echo von Ernst-Michael Kranich[1] auf meinen Beitrag[2] zusammenfassen. Seine Replik vermeidet es, auf das Dilemma im Unterrichtsfach Chemie einzugehen. Der Leserschaft der «Erziehungskunst» wird schriftlich gegeben, dass sie «möglicherweise [...] wenig weiß» und deshalb wohl besser mit dem Thema nicht behelligt werden sollte. Junge Leser haben sich über diesen Passus bei mir beschwert.

Wenn ich die bildschaffenden Methoden laut Kranich abqualifiziert habe, so möge er doch inhaltlich berichten, wie er diese im Waldorf-Chemieunterricht in vorgeführten Experimenten selbst fruchtbar vertreten hat oder wo sie sonst als Kanon in die Praxis des Waldorf-Chemieunterrichtes eingeflossen sind. Da wird nichts zu berichten sein. Ich war mit der Forschungsabteilung der Weleda darüber schon in den 60er- und 70er-Jahren im Gespräch. Doch schon damals warnte man vor einer Überinterpretation, weil insbesondere die Steigbildmethode aus nachvollziehbaren Gründen (z. B. da die Papierfaser nicht normierbar ist) nicht zu sicher reproduzierbaren Ergebnissen geführt hat. Aber hier geht es gar nicht so sehr um technische Probleme, sondern darum, was die Methode überhaupt leisten kann. Alle, die mit den bildschaffenden Methoden arbeiten, sind sich heute darüber einig, dass damit der Nachweis der «Bildekräfte» des Lebens nicht möglich ist, sondern nur etwas von der Stoffkonfiguration, die von den Lebensvorgängen vorher gebildet worden ist, sichtbar zu machen ist. Das ist aber bis heute publikativ nicht hervorgehoben worden.

Was über Kausalität angeführt wurde, ist unhaltbar. Sie wird seit dem Erwachen der neuzeitlichen Naturwissenschaft allein als «Causa efficiens» in der zeitlichen Aufeinanderfolge von Ursache und Wirkung verstanden. Die anderen aristotelischen Kausalitäten werden heute im naturwissenschaftlichen Bereich von niemandem mehr als Kausalität bezeichnet. Alles andere trifft nicht die Sache; das gilt auch für das vorgeführte Beispiel der Wurfparabel, die selbstverständlich aus den Anfangsbedingungen und den wirkenden Kräften zeitlich ableitbar ist, aber hier für eine zeitlose «innere konstruktive Tätigkeit» herhalten muss. Kausales Denken ist natürlich Denken und nicht Anschauen, aber nicht in Form einer Innenschau, die sich auch noch als «Kausalität im strengen Sinne» versteht.

Außerdem: Die Forderung, eine Beurteilung erst dann zu formulieren, wenn man auch das Bemühen der anderen zu verstehen sucht, sollte man nicht für sich in Anspruch nehmen, wenn man ihr selbst dem anderen gegenüber nicht nachkommt.

Die von mir behandelte Schwierigkeit liegt nun keineswegs in den «wenig Erleuchteten» irgendeiner merkwürdigen Sorte von Waldorfchemielehrern, sondern in dem Weltbereich der Chemie selbst. Darauf hebt meine Darstellung ab. Schade, dass Kranich diesen Ansatz ausgeklammert hat. Wer stattdessen auch noch den Vorschlag zum Gesprächsaustausch meidet, hat wohl entweder die Sorge, wenig Hilfreiches vorbringen zu können, oder den Anspruch, allein der Wissende zu sein. Dies auf mich anzuwenden, wehrt den produktiven Vorschlag ab, etwas entstehen zu lassen, das mehr ist, als ein Einzelner zustande bringen kann. Zum wissenschaftlichen wie pädagogischen Fortschritt gehört ein positiver Diskurs, der auch im Dissens nichts persönlich nimmt. Wenn aber explizit Gesprächsverweigerung proklamiert wird, stehen die Anmerkungen von Kranich etwas merkwürdig in einer Spalte der «Erziehungskunst», die mit «Im Gespräch» überschrieben ist.

Für eine vernunftgemäße Chemie (2000/2004)

> «Der Verständige findet fast alles lächerlich,
> der Vernünftige fast nichts.»[1]

Die Chemie ist zum Gespenst geworden – jedenfalls bei allzu vielen Zeitgenossen. Ihnen ist sie synonym mit Lebensferne, Naturfeindlichkeit, Umweltverschmutzung und blankem Materialismus geworden. Kauft man im Supermarkt ein Getränk, fragt sich jeder, wie viel *Chemie* darin ist: Ascorbinsäure, Farbstoffe, Emulgatoren, *naturidentische* Aromastoffe etc. Das ist nicht immer so. In der Klassenlehrerchemie der Waldorf-Mittelstufe sind die Kinder noch von der Chemie begeistert. Aber in der Oberstufe, wo es um die zeitgenössische Weltbegegnung im naturwissenschaftlichen und gesellschaftlichen Bereich geht, wird die Chemie zumeist bestenfalls zum Kuriosum. Man nenne mir die vielen Waldorfschüler, die nach Beendigung ihrer geliebten Schulzeit Chemie studieren und engagierte Chemiker oder begeisterte Chemiclch rer geworden sind. Wo sind sie? Spricht etwa ihr Fehlen nicht sogar *für* die Güte der Waldorfkultur? Denn so die latente Stimmung: Heutige Chemie zu betreiben, ist doch kein lebensfreundlicher Beruf, sondern – oft gedacht – ahrimanisch!

Dass die Naturwissenschaften und so auch die Chemie extrem materialistisch geworden sind – nämlich mit dem Totalanspruch aufs Erklärungsmonopol –, liegt historisch besehen nicht an ihnen selbst, sondern nach Rudolf Steiners Analyse am Konzil von Konstantinopel, in dessen Folge von 869 an für die weitere europäische Kulturentwicklung wirksam von der Geistseite des Menschen immer weniger gesprochen wurde. Bei all den stürmischen, großartigen Entdeckungen der erwachenden Naturwissenschaften seit dem 16. Jahrhundert wurden genau diese von den Vertretern des *Geistes*, den Geistlichen, im Stich gelassen. Auf ihr starres Glaubensvokabular fixiert, konnten beide Kirchen nicht nur die zunehmende Erklärbarkeit der Natur im Allgemeinen nicht verkraften, sondern besonders nicht die Wandlungsfähigkeit der Welt und damit den Evolutionsgedanken. Da Gott doch allmächtig und gut ist, muss er die Welt vollkommen erschaffen haben; wieso musste sie sich denn dann noch aus einem unvollkommenen Zustand weiterentwickeln? Das durfte nicht sein. Es wurde gar nicht geahnt, dass lebendiger, wirksamer Geist gerade im Werden lebt. Wer noch heute das Denken in Metamorphosen ablehnt und somit die Evolution auf formalem Wege aus ewigen Typen (konfessionell: Gott; philosophisch: die fertige Ideenwelt) ableitet, bezeugt damit seine Geistferne. Der Vatikan sah sich 1870 so nur noch im Unfehlbarkeitsdogma gerettet. Das betreffende Oberhaupt, Pius IX., wurde kürzlich am 3.9.2000 auch noch seliggesprochen. Die Naturwissenschaften jedenfalls wurden geistig allein gelassen. Starre Vertreter des Geistes bewirken dadurch, ohne dass sie es in ihrem eigenen Horizont bemerken, selbst den Materialismus.[2] Denn dadurch wurden die Naturwissenschaftler selbst oft halsstarrig, und die Gegenposition – die Ablehnung allen Geistes – wurde von ihnen ebenso leicht eingenommen. Steiner aber waren geistvolle Materialisten immer noch lieber als geistlose Spiritisten.[3] «An der Naturwissenschaft liegt es wirklich nicht, die bietet tatsächlich Gediegenes.»[4] Nicht immer die Naturwissenschaftler, aber die Naturwissenschaft ist voll des guten Geistes. Fallen wir also nicht auf die sich gegenseitig nur eskalierenden Lagerpositionen herein. Die sich bekämpfenden Alleswisser beider Seiten zeigen bei näherem Zusehen nur das gleiche Unvermögen. Das als Vorlauf zu unserem Thema: außer Unverstand und Verstand auch noch die Vernunft in die Chemie einzubringen.

Es gibt drei Blickrichtungen in allen Naturwissenschaften. Die Bestandsaufnahme nimmt immer das gegenwärtig Vorfindbare voll an. Wir möchten aber auch verstehen, wie das Vorfindbare geworden ist, wie es aus seinem eigenen Werden hervorgegangen ist. Also suchen wir – retrospektiv den Frageblick in die Vergangenheit wendend – nach den kausalen Ur-Sachen. Doch auch das genügt uns nicht. Wir wollen den Weltverlauf auch in die Zukunft hinein vorausverfolgen können. Also fragen wir prospektiv ebenfalls danach, was man damit künftig machen kann: Wir rufen nach Vorhersagbarkeit und Reproduzierbarkeit, allerdings mit der Gefahr, dass dabei die Zukunft nur als weiterrollende Vergangenheit aufgefasst wird – siehe unsere technische Zivilisation, welche die Kausalgesetze final verwendet und meint, das wäre schon alles, was man tun kann. Immerhin ist damit deutlich, dass diese Form von Wissenschaftsverständnis immer schon den Vorteil hat, unser Weltverhältnis über das bloße Aufgehen im Augenblick zeitlich auszudehnen, zu temporalisieren, auch wenn die Auffassung von Zeit dabei eine lineare (also doch nur räumlich vorgestellte) bleibt.

Ein Viertes aber ist eine übergreifende Temporalisierung, die die Gegenwart so voll annimmt, dass Vorlauf und Nachlauf mit in das überschauende Blickfeld kommen und Nachhaltigkeit, eben die Langzeitverträglichkeit, erreicht wird. Denn es gibt nichts Praktischeres als die Überwindung der zeitlichen Froschperspektive und die Gewinnung der zeitintegralen Vogelschau. Wir haben damit einen zweiten Ausgangspunkt für das Folgende erreicht. Nun zum Thema im engeren Sinne.

Chemie ist existenziell tief mit dem eigenen Menschsein verwachsen. Sie vollbringt ihre Höchstleistungen in den Organgebieten, die am weitesten von unserem Bewusstsein entfernt liegen: im Eiweißaufbau, in der Hormonsynthese und -ausschüttung, in der Immunchemie, im Muskelstoffwechsel – oder nehmen wir die höchste Form der Leibeschemie: die embryonale Leibesausbildung selbst. Wer weiß schon etwas davon, wenn sie im Gange ist, außer aus Büchern?

Alles Unbewusste erfahren wir ganzheitlich. Um es mit Bewusstsein zu erfassen, müssen wir es aus seiner Gänze herauslösen und Analyse betreiben. Darum bildete und bildet die *Scheidekunst* im zweiten Anlauf der Chemie zur Wissenschaft das zentrale Moment. Die Elementaranalyse ermittelte die chemischen Elemente qualitativ und quantitativ. Die Frage war bald: Was bleibt weiter zu tun, wenn man genug getrennt hat? Die Gegenbewegung setzte ein, als man vor der Fülle der Elemente die Übersicht verlor. Welche Elemente gehören laut ihrem Chemismus näher zusammen: die Metalle oder auch die Nichtmetalle, die Basen- oder die Säurebildner? Goethe war höchlichst daran interessiert. Schon in der Farbenlehre ordnete er die Pole der chemischen Farben in die rotgebenden Säuren und blaugebenden Basen. Von Heinrich W. F. Wackenroder (1798–1854) versprach er sich noch zuletzt wichtige Aufschlüsse über die physiologische Chemie der Pflanzensäfte in der Stufenreihe der Blattabwandlungen der einzelnen Blütenpflanze.[5]

Gezielt berief Goethe 1810 Johann Wolfgang Döbereiner (1780–1849) an die Universität Jena, ließ sich bald von ihm die Verzuckerung von Stärke und die katalytische Wirkung von Platin vorführen sowie die stöchiometrischen Gesetze erklären. Goethe förderte ihn, wo er nur konnte. «Ich habe seit mehreren Jahren manchen vorzüglichen jungen Mann [...] auf diesem Wege gesehen, aber keinen, der mich so sehr gefreut, der mir nach meiner innigsten Überzeugung soviel Hoffnung gegeben hätte.»[6] Auf die Bitte Goethes hin, den von ihm 1817 auf der Dornburg gefundenen Cölestin zu analysieren, fand Döbereiner 1829 die erste Triade Calcium/Strontium/Barium und legte mit seiner Triadenregel das Fundament zur schrittweisen Entdeckung des Periodensystems.[7] Wie hätte sich Goethe gefreut, wenn er noch die von J. A. R. Newlands

(1837–1898) 1864/65 entdeckte Oktavenregel mitbekommen hätte: Im jeweils achten Element klingt wieder der gleiche chemische Grundton auf.

Beide Entdeckungen Döbereiners, die Platinkatalyse und die Elementtriaden, sollten ungeahnte Folgen haben. Die ganze Biochemie ist ohne den Katalysebegriff nicht denkbar: Stoffe wirken, ohne dass sie verbraucht werden! Die Krönung der Triadenregel war die spätere Entdeckung des natürlichen Periodensystems der Elemente: Die Materie besitzt tatsächlich eine natürliche Ordnung. In der Philosophie steht das Staunen am Anfang, so sahen es Platon und Aristoteles. Steiner empfiehlt umgekehrt: «Beim Unterrichten muss man das Staunen am Ende eines Kapitels erregen. […] Man muss ihnen [den Schülern, W.S.] begreiflich machen, dass es etwas ist, vor dessen Großartigkeit selbst ein Novalis auf den Knien liegen würde.»[8]

Es gibt zwei Seiten des Materialismus. Die eine ist berechtigt: Sie macht auf die Stoffeswelt empirisch aufmerksam und erforscht sie mit den Mitteln aller sinnesgebundenen Naturwissenschaften. Die andere ist der Allgemeingültigkeitsanspruch, es gäbe nur Materie. Sie ist mit diesem Anspruch Ideologie – wie jeder andere Totalanspruch. Zur Klarstellung der letzteren Seite ist jeder Anthroposoph in berechtigter Weise immer bereit. Zur Klarstellung der ersteren Seite muss man noch immer Rudolf Steiner selbst zitieren:

«Kann man sagen, dass die Materialisten mit ihren Behauptungen recht haben? Ja, über die Materie und ihre Gesetze werden sie vielleicht außerordentlich Nützliches und Wertvolles zutage fördern können;»[9]

Der Materialismus ist für ihn eine von zwölf berechtigten Anschauungsweisen, die Welt zu betrachten. Wir sollten immer deutlich zwischen ideologischem und methodischem Materialismus unterscheiden.[10]

Zur Hauptgruppen-Ordnung des Periodensystems

Das letzte Zitat gilt sicherlich für das Periodensystem – eine der bedeutendsten und fruchtbarsten Entdeckungen der Chemie. Eine sinnvolle Chemie ist ohne diese gefundene Ordnung seitdem nicht mehr lebensfähig. Wo Vorhersagbarkeit über die Grundeigenschaften der Elemente gefragt ist, gibt der Einblick in die Gesetzmäßigkeiten des Periodensystems jedem Chemiker in Hülle und Fülle die ersten Antworten. Welche Wertigkeiten, welche Übergangslage zwischen den drei Hauptbindungsarten, welche Stellung zwischen Basizität und Azidität, welches elementare Erscheinungsbild etc. sind möglich? Mendelejew konnte rasch vieles vorhersagen, sobald er 1869 den ersten großen Durchbruch erzielt hatte. Auch die Zeitabläufe chemischer Umsetzungen sind danach vielfach abschätzbar. Wir wollen aber nicht nur hervorheben, welches Herrschaftswissen sich daraus ableiten lässt, sondern mit goetheschem Blick die qualitativen Ordnungen erfahren.

Man kann zum Beispiel lohnend die Frage an das Periodensystem stellen, welche Elemente in welchen Perioden und Gruppen für das Leben besonders tauglich sind. Leben besteht beobachtbar immer in der zeitaktiven Spannung von Antagonismen – so zumindest stets in energetischen Niveaudifferenzen, die nie, solange etwas lebt, zum Ausgleich kommen, denn das wäre der Tod. Die chemisch deutlichste polare Spannung ist die zwischen Alkalien und Halogenen, der ersten und siebten Hauptgruppe. Die Alkalien bilden starke Basen, die Halogene heftige Säuren. Schon bei mittleren Konzentrationen sind sie lebensfeindlich. Das Leben braucht gemäßigte, aber nie ausgeglichene Verhältnisse; starke Basen und Säuren zerstören es. Hinzu kommt, dass im Leben die geringgewichtigen Elemente aus den ersten Perioden quantitativ vorherrschen. Nicht die schweren, sondern die leichten Elemente werden vorgezogen. Jenseits des Zinks (Ordnungszahl 30) gibt es nur noch wenige lebenswichtige Elemente.[11] Das geht so weit, dass im zentralsten biochemischen Vorgang auf der Erde, bei der Photosynthese, das leichtere $^{12}CO_2$ dem schwereren $^{13}CO_2$ gegenüber dem natürlichen Isotopenverhältnis vorgezogen wird.

Aus den Grundeigenschaften der Lebensvorgänge wird verständlich, dass weniger in den Extremgruppen, sondern gerade in der mittleren (vierten) Hauptgruppe und dort in ihrem leichtesten Vertreter – dem Kohlenstoff – der biochemische Grundstoff der organischen Chemie gegeben ist. Daher wurde die organische Chemie als die Chemie der Kohlenstoffverbindungen charakterisiert (obgleich jede lebende Zelle aus weit mehr Wasser besteht, sofern man dieses über seine Hydrathüllen nicht ohnehin zu den hydrophilen Kohlenstoffverbindungen dazugehörig auffasst). Schon Eugen Kolisko sah in der Stellung des Kohlenstoffes innerhalb der zweiten Periode das goethesche Gesetz der Steigerung zwischen den Polaritäten.[12]

Auch das nächstschwerere Element zum Kohlenstoff in der gleichen Hauptgruppe, das Silicium, ist eine physiologisch häufig genutzte Substanz, die aus löslicher Kieselsäure (H_2SiO_3) leicht zu Opal wird (amorphes SiO_2) und dabei bereitwillig der Gestaltung des Zellplasmas folgt. Man betrachte nur die Kieselgerüste der Kieselspongien, Radiolarien, Silicoflagellaten und besonders der Diatomeen oder den Opaleinbau in die Gerüststruktur aller Schachtelhalme, der Leitbündelscheiden des Adlerfarns, der Gräser (Blattränder und Grannen), der Brennhaare der Brennnesseln etc.

Noch deutlicher wird der Umfang des Siliciumvorkommens in den stofflichen Vorgängen der Erdrinde. Ihr größter Teil besteht aus Silikaten, so alle Tiefengesteine = Plutonite (Granit, Gabbro), fast alle Umwandlungsgesteine = Metamorphite (Gneis) und ein erheblicher Teil der Vulkanite = Ergussgesteine, besonders des Vulkanismus an Subduktionszonen.[13] In der Elementhäufigkeit der Erdrinde (bis 16 km Tiefe) stehen Silicium (25,75%) und Sauerstoff (49,52%), jeweils gebunden, mit zusammen 75,27% weit an der Spitze. Das Silicium – allerdings dabei fast immer in oxidierter Form – entspricht im Aufbau und im Stoffwechsel der uns zugänglichen Erde dem Kohlenstoff. Die alten Plutonite selbst enthalten im Mittel 3% Kohlenstoff als Graphit.[14] Damit befindet sich mehr Kohlenstoff in der Erdrinde als in der gesamten Biosphäre der Erde und ihren Organismen. Andererseits ist Siliciumdioxid zwar auch in allen Organismen biogen vorhanden, steht hier nun aber gegenüber dem Kohlenstoff in der Minorität. So nahe verwandt beide Elemente auch sind, so komplementär stehen sie sich gegenüber: als Repräsentanten der Einzelorganismen einerseits und des Erdorganismus andererseits.

Innerhalb der ersten Hauptgruppe nimmt die Basizität der Hydroxide, in der siebten Hauptgruppe die Azidität der Halogenwasserstoffsäuren mit steigender Atommasse zu. Diese Reaktivitätsverläufe spiegeln den Gradienten der Elektronegativität (EN) im Periodensystem der Elemente wider. Fluor (EN auf der Pauling-Skala: 3,98) zieht Elektronen am stärksten an, wohingegen Francium (0,70) sie am schwächsten hält. Lithium (0,98) beansprucht den höchsten Wert seiner Gruppe, Iod (2,66) zeigt die innerhalb der Halogene typische Abnahme der Elektronegativität zu den höheren Perioden. Fluor und Francium sind die größten Gegensätze. Alle anderen Hauptgruppenelemente fungieren als gradierte Übergangsglieder.

Neben diesem Gegensatz von links-unten und rechts-oben etabliert sich im Periodensystem – bedingt durch das komplementäre Zusammenwirken von steigender Kernladung und zunehmendem Atomradius – also auch eine diagonale Ähnlichkeit. Diese «Schrägbeziehung» im engeren Sinne betrifft primär die Paare der zweiten und dritten Periode (Lithium/Magnesium, Beryllium/Aluminium sowie Bor/Silicium). Da dieses Wechselspiel geradezu ein Goethesches Urphänomen sichtbar macht, seien dazu die noch gelegentlich vorgetragenen Verständnishürden abgebaut.

Ein Hauptvorwurf gegen einen Goetheanismus der chemischen Elemente ist, dass man bei den meisten doch gar nicht mit unmittelbaren Naturgegebenheiten, sondern mit vom Menschen technisch hergestellten Zuständen der Stoffe zu tun habe. Nur wenige Elemente kommen von Natur aus unter normalen Umständen elementar vor, so Kohlenstoff, Stickstoff, Sauerstoff, Schwefel, Kupfer, Quecksilber, alle Edelgase sowie die Edelmetalle Gold, Platin und Silber. Wie wenige sind es doch gegenüber der Mehrzahl der 92 natürlichen Elemente! Wir wollen hier nicht gleich darauf rekurrieren, wie ernst Steiner in der Landwirtschaft und Medizin bei Dünger- und Heilmittelfragen den einzelnen Elementbegriff nahm, sondern uns allein schon auf Goethes Methodik beziehen:

«Möge doch jeder von uns bei dieser Gelegenheit sagen, dass *Sondern* und *Verknüpfen* zwei unzertrennliche Lebensakte sind. [...] und je lebendiger diese Funktionen des Geistes, wie Aus- und Einatmen, sich zusammen verhalten, desto besser wird für die Wissenschaften und ihre Freunde gesorgt sein.»[15]

Man hat Goethe zumeist unberechtigterweise als den großen biophilen Synthetiker allen Analytikern gegenübergestellt. Goethes Verfahren war es jedoch – in der Praxis wie in der Überzeugung –, nie das eine gegen das andere, sondern beides im Wechsel zu betreiben. Seine zoologischen Studien sind sogar zumeist nicht aus der Beobachtung lebendiger Tiere entstanden, sondern sind mehrheitlich osteologisch. Das Skelett aber ist immer ein – oft erst vom Menschen präpariertes – Sekundärphänomen. Es gerade als reduziertes Objekt wieder in den größeren Zusammenhang zu stellen, gelingt nur, wenn man es zuvor aus diesem herausgelöst hat. Beides gehört für Goethe wie Einatmen und Ausatmen zusammen: «denn hatte ich doch in meinem ganzen Leben, dichtend und beobachtend, synthetisch, und dann wieder analytisch verfahren, die Systole und die Diastole des menschlichen Geistes war mir, wie ein zweites Atemholen, niemals getrennt, immer pulsierend.»[16] Wir sollten uns nicht mehr an der fruchtlosen Polarisierung beteiligen, sondern darauf achten, dass stets beides geschieht. Es kann doch nicht so schwer sein, sich darüber zu verständigen; die Fruchtlosigkeit der Einseitigkeiten sollte Warnung genug sein. Die bloße Analyse führt nur zu Datenfriedhöfen, die bloße Synthese zu Überfliegern ohne Tatsachensinn. Unsere Oberstufenschüler reagieren auf beides empfindlich allergisch – so sind sie für den goetheanistischen Lehrer oft das beste Korrektiv.

Gehen wir an die Elemente in ihren Erscheinungsweisen unter Normalbedingungen heran und achten wir einmal nur auf ihr Verhältnis zum Licht, wobei wir uns vorerst wiederum an die Hauptgruppen halten. Links und nach unten sich häufend haben wir die große Domäne der Metalle. Sie erscheinen gediegen in spiegelndem Glanz; das heißt, sie werfen das auftreffende Licht weitgehend unverändert zum größten Teil zurück und bleiben dadurch in sich selbst dunkel. Den polaren Gegenpunkt bilden die Nichtmetalle mit ihrer

Dominanz in der rechten und oberen Region der Hauptgruppen. Dort überwiegen die Gase, die – vielfach durchsichtig und farblos – das Licht nahezu unvermindert durch sich hindurchströmen lassen. Betrachtet man daraufhin die zweite Periode vom Lithium bis zum Fluor, so beginnt vom Beryllium über das Bor bis zum Kohlenstoff der Metallglanz stufenweise abzunehmen – bis zur glanzlosen stumpfen Schwärze der Kohle. Der Kohlenstoff zeigt aber je nach Modifikation selbst schon feine Nuancen: Amorph als Ruß ist er am schwärzesten, der stärker mineralisierte Graphit ist grauschwarz bis glänzend, das erst vor einiger Zeit entdeckte Fulleren (C_{60}), in Toluol gelöst, erscheint rötlich-violett und der reine Diamant völlig farblos durchsichtig. Die weiteren sich anschließenden Elemente – Stickstoff und Sauerstoff – sind farblose Gase, ebenso wie alle Edelgase. Fluor ist bei Raumtemperatur ein ganz schwach gelbgrünes, nahezu farbloses Gas.

In der dritten Periode bleibt der Metallglanz vom Natrium über das Magnesium und Aluminium bis zum Silicium erhalten, auch wenn letzteres in seiner Chemie bereits vorwiegend Nichtmetalleigenschaften zeigt. Der Phosphor kann – in einer Schrägbeziehung zum Kohlenstoff – schwarz sein; als roter und weißer Phosphor realisiert er jedoch einen farbigen Übergang, der sich in der charakteristischen Gelbfärbung von Schwefel und der grüngelben Farbe von Chlor fortsetzt.

In der vierten bis sechsten Periode werden die stumpf-schwarz auftretenden Elemente weiter nach rechts verrückt: Arsen erscheint in einer schwarzen und gelben Modifikation, Selen in einer schwarzen, dunkelroten und roten Form. Besonders in der Reihe der Halogene wird eine immer stärkere Farbtiefe erreicht, bis das Iod (als Gas *veilchenfarben*) im festen Zustand bereits schwarzglänzend auftritt. Astat ist zu wenig bekannt – da kurzlebig radioaktiv –, als dass man seine Farbe sicher benennen könnte; sie ist jedoch als metallisch-dunkel zu erwarten. Zwischen den festen Metallen und den leichtesten, gasförmigen Nichtmetallen der Hauptgruppen – also zwischen voller Lichtundurchlässigkeit und voller Lichtdurchlässigkeit schimmert also ein «farbiger Saum» auf, indem das Licht oberflächenhaft aufgenommen und in abgewandelter Form wieder abgegeben wird. Diese *Saumelemente* verfügen über eine gesteigerte Aktivität im Umgang mit dem Licht. Der reine Kohlenstoff kann, wie wir gesehen haben, alle drei Qualitäten annehmen: schwarz, farbig und farblos-durchsichtig. Er erweist sich auch darin als integrierende Mitte. In der folgenden Übersicht der Hauptgruppen-Perioden sind die farbig erscheinenden Elemente kursiv gesetzt, um sie als Saumelemente hervorzuheben.

H	-	-	-	-	-	-	He
Li	Be	B	*C*	N	O	F	Ne
Na	Mg	Al	Si	*P*	*S*	*Cl*	Ar
K	Ca	Ga	Ge	*As*	*Se*	*Br*	Kr
Rb	Sr	In	Sn	Sb	Te	*I*	Xe
Cs	Ba	Tl	Pb	Bi	Po	At	Rn
Fr	Ra						

Wie Licht und Dunkelheit nicht nur in Grautönen ineinander übergehen müssen, sondern der Farbenaufbruch dazwischen in zahllosen Naturerscheinungen dem goetheschen Blick deutlich wird, so zeigt sich auch der farbige Saum in der Grundordnung des Periodensystems.

Fluoreszierende Substanzen

Es war wohl als erster der spanische Arzt Nicolás Monardes, welcher schon 1565 die Fluoreszenz einer Flüssigkeit, vermutlich einer organischen Lösung, beschrieben hat. 1603 entdeckte der alchemistisch interessierte Schuster Vincenz Casciarolo in Bologna, dass Schwerspat ($BaSO_4$), gepulvert und mit Mehl (Kohlenstoff!) geglüht, nach Belichtung im Dunkeln nachleuchtete.[17] Je nach energetischer Zufuhr unterscheidet man heute bei der Lumineszenz (Aussendung kalten Lichts) unter anderem die Photo-, Thermo-, Elektro-, Kristallo- (beim Auskristallisieren z. B. von $AsCl_3$), Tribo- (bei mechanischer Reibung) und als eine Sonderform der Chemo- die Biolumineszenz, z. B. der Leuchtkäferchen, Hallimasch-Myzelien oder Leuchtbakterien.[18] Natürliche Lumineszenzerscheinungen sind zudem die Polarlichter, also das Leuchten hoher Luftschichten. Sowohl Gase, Flüssigkeiten als auch feste Stoffe können lumineszieren. Zahllose organische Substanzen zeigen solche Erscheinungen insbesondere in Lösung. So leuchtet zum Beispiel das grüne Chlorophyll rubinrot bereits in gestreutem, seitlich auffallendem Licht. Alle diese Formen der Photolumineszenz nennt man seit G. G. Stokes (1852) auch Fluoreszenz, benannt nach dem Flussspat (Fluorit, CaF_2). Viele im auffallenden Licht violette Fluorite zeigen nämlich im Durchlicht grünen Schimmer. Noch eindrucksvoller sind mit Schwarzlicht (UV-Licht) bestrahlte Fluorite, die oftmals intensiv blau fluoreszieren. Findet bei der Photolumineszenz nicht nur ein unmittelbares Leuchten (= Fluoreszenz), sondern ein Nachleuchten statt, so spricht man von Phosphoreszenz. Der von Henning Brand 1669 entdeckte weiße Phosphor leuchtet im Dunkeln allerdings durch Oxidation an der Luft; er zeigt also Chemolumineszenz und keine Phosphoreszenz, obgleich das Element daher seinen Namen bekam (Phosphorus = Lichtträger).

Wir beschränken uns hier auf die für unser Thema hochinteressanten Fluoreszenzerscheinungen von Mineralien. Gleason[19] zählte über 210 fluoreszierende Mineralien auf, davon 31, die auch phosphoreszieren. Die wichtigsten davon sind Flussspat, Calcit, Apatit, Steinsalz, Zinkblende, Willemit, Scheelit, Wollastonit, Zirkon, Rubin, Diamant, Autunit.

Die Fluoreszenzfarben von Mineralien sind meist nicht charakteristisch für das jeweilige Hauptmineral, sondern für feinstverteilte Beimengungen. Zinksulfid, mit Spuren von Kupfer erhitzt, fluoresziert gelbgrün mit einem Optimum des Verhältnisses Cu zu ZnS von 1:10.000.[20] Erst die dadurch entstehenden Fehlstellen im Kristallgitter ergeben zusammen mit den Metallionen die Farbwirkung. Dabei tritt ein gewichtiger Unterschied zwischen den Haupt- und Nebengruppenelementen des Periodensystems auf, weshalb wir das ganze Thema hier einbeziehen.

Die meisten gut auskristallisierten Mineralien, die aus reinen Hauptgruppenelementen bestehen, sind durchgängig farblos-durchsichtig. Man denke an Steinsalz (NaCl), Fluorit (CaF_2), Calcit ($CaCO_3$), Gips ($CaSO_4$), Apatit ($Ca_3(PO_4)_2$), Baryt ($BaSO_4$), Alaun ($KAl(SO_4)_2$), Quarz (SiO_2), Korund (Al_2O_3) oder auch an den reinen Diamanten (C); selbst das Weißbleierz = Cerussit ($PbCO_3$) kann zu klaren, farblosen Kristallen ausgebildet sein. Durchweg handelt es sich um Verbindungen von Elementen der Metallseite mit solchen der Nichtmetallseite des Hauptgruppensystems. In ganz reiner Form fluoreszieren sie deshalb nicht, weil sie das Licht ungehindert passieren lassen. – Umgekehrt sind die meisten Nebengruppenverbindungen stark eigenfarbig (idiochromatisch) und fluoreszieren – je kräftiger ihre Eigenfarbe ist – in der Regel auch nicht; Ausnahmen bilden hier die farblosen Verbindungen von Zink, Cadmium, Quecksilber und Zirconium. Eisen- und Manganoxid wirken sogar, selbst in Spuren, als Fluoreszenz-Löscher; das Eisen ist eben das *erdenfesteste* aller Elemente (siehe nächstes Kapitel) und das Mangan sein engster Verwandter im Periodensystem. – Werden aber die klaren Hauptgruppenkristalle in homöopathischen Spuren von Nebengruppenmetallionen durchsetzt, so treten unter UV-Licht Fluoreszenzfarben in aller Pracht der Regenbogenfarben auf – je nach beigemischtem Element und dessen Wertigkeitsstufe.[21]

So fluoresziert der von Chromspuren rot gefärbte Korund – der Rubin – schon im sichtbaren Licht und im UV-Licht verstärkt rot. Die durch Eisenspuren blau gefärbten Korunde, die Saphire, fluoreszieren wegen der Löscher-

Substanz Eisen nicht. Im Flussspat ermöglichen vielfach Spuren von Seltenen Erden die tiefblaue Fluoreszenz unter UV; im Calcit ist oftmals zweiwertiges Mangan der *Aktivator* der roten Fluoreszenz, während Europium – vermutlich mit anderen Seltenen Erden – für die blaue Fluoreszenz zuständig ist.[22] Die wichtigsten Aktivatoren sind Chrom, Mangan, Kupfer, Silber, Yttrium, viele Seltene Erden und Uran. Letzteres fluoresziert mit UV-Licht sogar in massigen Erzen giftgrün, jedoch nur in der sechswertigen Form des Uranylions (UO_2^{2+}). Wolframate (Scheelit = $Ca(WO_4)$) und Molybdate (Powellit = $Ca(MoO_4)$) fluoreszieren auch in reinster Form ohne Beimengungen. Hier treffen Elemente der Haupt- und Nebengruppen in einer quantitativ offensichtlich besonders passenden Kombination aufeinander, wobei die Nebengruppenelemente Wolfram und Molybdän gerade nicht als Kationen fungieren, sondern mit Sauerstoff Säurereste bilden – also quasi Nichtmetall-Charakter annehmen.

Im Allgemeinen gilt für die fluoreszierenden Minerale die Regel (mit Ausnahmen), dass das Grundmineral aus Hauptgruppenelementen besteht, während die Aktivatoren aus Nebengruppenmetallen stammen – insbesondere den Seltenen Erden (den Nebengruppen in den Nebengruppen). Hierin kommt urphänomenal-anschaulich zum Ausdruck, dass die bekannte Farbigkeit vieler Nebengruppenverbindungen im normalen Licht und erst recht ihre Beteiligung an den mineralischen Fluoreszenzerscheinungen im UV-Licht die gesteigerte Mitte nicht nur als einen «farbigen Saum» (um mit Goethe zu sprechen), sondern als ein *farbiges Band* darstellen. Dieses Band ist zwischen die Gegensätze von Metallen und Nichtmetallen der Hauptgruppenperioden eingeschoben, wenn auch zur Metallseite hin verschoben, da sie ja alle Metalle sind. Die folgende Anordnung des Periodensystems bringt den Sachverhalt gut ins Bild:

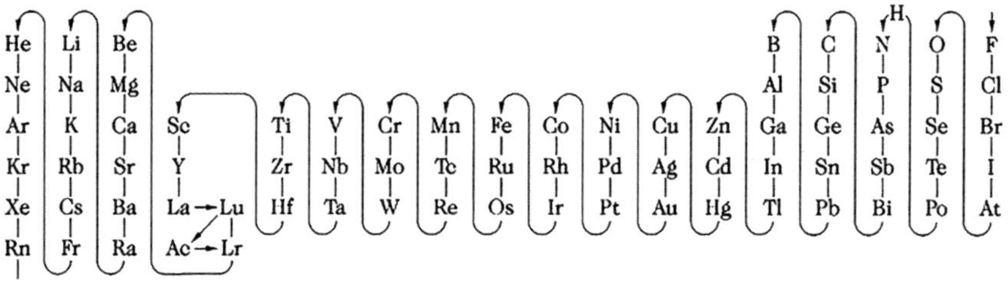

Die Polarität innerhalb der Hauptgruppen erfährt im gesamten Elementenkosmos ihre überaus reiche Steigerung in den Nebengruppen; die fluoreszierenden Mineralien sind hiervon wohl der schönste ästhetische Ausdruck.

Die Eisengruppe

Die Nebengruppen weichen von den weiter oben genannten Regeln der Hauptgruppen weitgehend ab. Da sie erst ab der vierten Periode zwischen die zweite und dritte Hauptgruppe treten, sind sie bereits aufgrund dieser Stellung Metalle. Da sie innerhalb einer Periode chemisch ähnlicher sind als die Hauptgruppenelemente untereinander, spielt hier die *Horizontalverwandtschaft* eine größere Rolle als die Vertikalverwandtschaft oder die Schrägbeziehung. Eindrucksvoll ist bei aller Ähnlichkeit ihre f*eine Binnendifferenzierung*. Die erste Periode der Nebengruppen sei dazu hervorgehoben, zumal sie überwiegend lebensnotwendige Spurenelemente enthält. Wir lassen die ersten zwei Elemente (Sc, Ti) und das letzte (Zn) dieser Reihe aus, um die zentrale Gruppe Vanadium, Chrom, Mangan, Eisen, Kobalt, Nickel, Kupfer im Sinne einer vergleichenden Morphologie in den Blick zu nehmen. Dabei ist es sinnvoll, diese Metalle nicht nur hinsichtlich ihrer rein metallischen Eigenschaften zu betrachten, sondern auch bezüglich der charakteristischen Farben ihrer wasserlöslichen Salzverbindungen. So erscheint das zweiwertige Eisen in einem zarten, verhaltenen Grün, während das dreiwertige Eisen in gedämpften Gelb-, Orange-, Rot- und Brauntönen auftritt. Im niederwertigen Zustand neigt es also zu den *passiven* Farben, im höherwertigen zu den *aktiven* Farben des Spektrums. Die Tendenz zur passiven Seite verstärkt sich beim Kobalt, dessen zweiwertige Salze als Aquakomplex zartrosa, in anderen Komplexen jedoch als tiefes *Kobaltblau* vorherrschen. Das Nickel-Salz ist zweiwertig als Aquakomplex grasgrün, als Ammoniak-Komplex hingegen tiefblau. Das anschließende Kupfer erscheint zweiwertig in vielen Komplexen ebenfalls tiefblau, so etwa als Karbonat-Mineral Azurit; im Malachit hingegen zeigt es sich je nach Wassergehalt in einem satten Dunkelgrün. Sein Ammoniakkomplex ist tiefdunkelblau.

Außer zu den häufigen Fe(II)- und Fe(III)-Verbindungen kann man Eisen – im Gegensatz zu Co, Ni oder Cu – mit einiger chemischer Gewalt auch in die Sechswertigkeit zu den violettroten Ferraten oxidieren. Solche hohen Wertigkeiten sind nun sehr viel mehr der natürliche Normalfall bei den leichteren Geschwistern des Eisens. Mangan etwa lässt sich leicht durch alle Stufen von zwei- bis siebenwertig treiben, wobei fast alle Farben des Spektrums je nach Wertigkeit, Komplex und Korngröße auftreten können.[23] Die stabilsten Verbindungen neigen zur Rotseite des Spektrums, wie der Himbeerspat = Rhodochrosit (Mangankarbonat), der Thulit (ein Mangan-Zoisit) oder das bekannte, tief rotviolette Kaliumpermanganat. Trotz dieser Farbenvielfalt sind sie jedoch noch immer – ähnlich wie beim Eisen – stets verhalten und gedämpft.

In den Chromsalzen – daher auch der Name des Elements – nimmt die Farbigkeit eine geradezu plakative Leuchtkraft an, besonders wiederum in den höherwertigen Verbindungen: den sechswertigen Chromaten und Dichromaten. Selbst dem zweiwertigen Chromalaun verleiht das Element eine pfirsichblütrote Färbung. Das sechswertige Chromperoxid wird, in Äther ausgeschüttelt, leuchtend blau. Ein Großteil der Brillanz aller Turmaline beruht auf der Schönheit der Chromfarben, die sich in verschiedensten Wertigkeiten durch das gesamte Regenbogenspektrum ziehen. Dem Chrom steht das Vanadium nahe, das ebenfalls zu höherwertigen Vanadaten neigt und als Vanadinpentoxid V_2O_5 besonders stabil ist. Die vorwiegenden Farben der Vanadiumerze reichen von Gelb bis Rot, wenngleich die Laborsalze auch alle anderen Farben annehmen können.[24]

Der Farbenreigen der sieben Eisenverwandten, in ihren Ionen und Komplexen vor einer 11. Klasse ausgebreitet, ist ein ästhetischer Gewinn. Er zeigt, wie viel nuancierter Farbenreichtum in den doch sonst – mit Ausnahme von Kupfer und Gold – so völlig farblos erscheinenden gediegenen Metallen steckt. Hinzu kommt, dass jeder der sieben bei aller Farbenvielfalt eine ganz eigene individuelle Note der Farbsättigung besitzt. Diese ist sehr charakteristisch, lässt sich qualitativ jedoch nur schwer beschreiben: Wie gedämpft sind die Farben der meisten Eisenverbindungen, wie knallig hingegen die der Chromverbindungen! Darin offenbaren sich gerade die jeweiligen Metallindividualitäten.

Die Frage nach den metallischen Eigenschaften dieser Elemente bleibt nicht aus. Vom stumpfen Stahlgrau des reinen Vanadiums bis zum warmen Dunkelrot des Kupfers reicht das Erscheinungsbild. Die Legierungen mit Eisen sind in polarer Weise charakteristisch: Vanadium-, Chrom- und Mangan-Stahl sind besonders hart, neigen aber zu Sprödigkeit. Kobalt-, Nickel- und Kupferlegierungen des Eisens hingegen sind ausgesprochen elastisch und zäh. Im ersteren Falle erhält man gute Meißel, im zweiten Falle gute Kugellager. In diese metallischen Erscheinungsbilder lassen sich nun auch die chemischen Eigenschaften adäquat einordnen (S. 69).

Das Vorkommen dieser Metalle in der Biochemie ist ebenfalls sehr aufschlussreich. Sie alle besitzen biokatalytische Funktionen. Kobalt sitzt in dem so notwendigen Vitamin B_{12}. Vanadium, Eisen und Kupfer spielen insbesondere in Atmungskomplexen eine *sprechende* Rolle. Eisen ist bekanntlich im Häm des roten Blutfarbstoffs Hämoglobin von zentraler Bedeutung (hier nur zweiwertig!; die rote Farbe erbringt nämlich schon das eisenfreie Häm = Protoporphyrin). Kupfer fungiert als entsprechendes Atmungsmetall im Hämocyanin des Blutes der meisten Weichtiere, wie Schnecken, Muscheln oder Tintenfische; dabei färbt das Kupfer(II)-Ion das oxidierte Blut blau, während

	V Cr Mn Fe Co Ni Cu			
grau	←	hellglänzend	→	rötlich
hart	←	Stahllegierungen	→	elastisch
Neigung zu roten und gelben Farben	←	in Salz- und Komplexverbindungen	→	Neigung zu grünen und blauen Farben
hoch	←	Wertigkeit	→	niedrig
spröde	←	Eisenlegierungen	→	elastisch

das reduzierte Blut farblos bleibt. Vanadium wiederum findet sich spezifisch angereichert im Blut der Seegurken (= Holothurien; mit den Seeigeln und Seesternen verwandte Meerestiere und wie diese von fünfstrahligem Körperbau). Eine Holothurie, ein Wirbeltier und eine Weinbergschnecke zu vergleichen, lohnt also, um die stoffliche Individualität dieser Organismen zu verstehen.

Die zentrale Stellung des Eisens kommt im Vergleich zu seinen Geschwisterelementen so erst ganz zum Ausdruck: Es bildet die Mitte zwischen den Gegensätzen und ist praktisch überall vorhanden. Diese Mittelstellung verdeutlicht sich noch, wenn man das gesamte Periodensystem hinsichtlich der Beständigkeit der Elemente betrachtet. Alle Beständigkeitsparadigmen, die uns aus der Antike überliefert wurden, sind in der Neuzeit dynamisiert worden. Schon 1440 war Nikolaus von Kues klar, dass die Erde nicht stillsteht, sondern sich dreht und die Sonne umläuft. Johannes Kepler schloss aus den Messungen Tycho de Brahes, dass sich die Planeten nicht auf Kreisbahnen mit gleichförmiger, sondern auf Ellipsen mit ungleichförmiger Geschwindigkeit bewegen. Leibniz hat bereits 1698 die Veränderlichkeit der Organismenarten postuliert. Die Astronomen Edmond Halley (1718) und Johann Tobias Mayer (1760) entdeckten dann bald, dass selbst die Fixsterne nicht fix zueinander stehen, sondern Eigenbewegungen vollziehen. Schließlich löste die Entdeckung der Radioaktivität durch Henri Becquerel 1896 die Vorstellung von der Unveränderlichkeit der chemischen Elemente auf. Und seit 1912 sprach Alfred Wegener von der beweglichen Lage der Kontinente. Das Statische ist überall dem Dynamischen gewichen.

Die Elemente oberhalb des Bleis[25] (Ordnungszahl 82) haben keine völlig stabilen Isotope und verändern sich durch Kernzerfall langsam oder schnell in leichtere Elemente, wobei oft ein Edelgas als Zwischenstufe auftritt. Dies gilt bemerkenswerterweise auch für die im Vergleich zum Blei leichteren Elemente Technetium und Promethium. Die leichtesten Elemente hingegen können durch Kernfusion zu stabileren Kernen verschmelzen. In beiden Fällen – ob durch Kernspaltung am schweren oder durch Kernfusion am leichten Ende – wird an den polaren Enden des Periodensystems Bindungsenergie frei, und die verbleibenden Folgeelemente sind stabiler als ihre Ausgangselemente. Bestimmt man das jeweilige Energiepotential pro Kernbaustein, so nimmt es zur *Mitte* des Periodensystems hin stetig ab. Als in diesem Sinne stabilstes Element hat sich das Eisen erwiesen, das damit kernenergetisch das eigentliche Zentralelement des gesamten Periodensystems darstellt.

Die Ordnung des Periodensystems

Die Chemie hoffte einst als Scheidekunst, die unermessliche Fülle an Stoffen durch die Rückführung auf die chemischen Elemente einer Übersicht näherzubringen. Dass wir heute 109 Elemente zählen[26], stellt jedoch einen unerwarteten Reichtum dar, dem man im nächsten Schritt durch die Rückführung auf drei fundamentale Bausteine – Proton, Neutron, Elektron – entgegenzuwirken versuchte. Doch auch auf dieser Ebene blieb die Entdeckungsfülle nicht aus. Die Schüler erleben es daher als einen großen Erkenntnisgewinn, wenn ihnen die inhärente Ordnung des Periodensystems mathematisch aufgezeigt wird. Dazu zählen wir die Anzahl der Elemente in den sieben Perioden zusammen:

I	2
II	8
III	8
IV	18
V	18
VI	32
VII	19+x

Dabei weisen die zweite und dritte sowie die vierte und fünfte Periode jeweils die gleiche Anzahl an Elementen auf. Denkt man sich die siebte Periode vervollständigt, so ergäbe sie mit der VI. ebenfalls eine mit ihr gleichgroße Doppelperiode. Wir kommen dann zu der Zahlenreihe 2/8/8/18/18/32/32. Schon diese Zahlenfolge befriedigt unser Bedürfnis nach Ordnung, Symmetrie, Periodizität. Das steigert sich noch, wenn aufgezeigt wird, dass ihnen eine gemeinsame Gesetzlichkeit zugrunde liegt:

$$2 = 2 \times 1^2$$
$$8 = 2 \times 2^2$$
$$18 = 2 \times 3^2 \qquad \text{Allgemein: } 2 \times n^2 \qquad (\text{mit } n = 1, 2, 3, 4)$$
$$32 = 2 \times 4^2$$

Die Materie ist also kein bloßes Chaos. Sie besitzt eine mathematisch formulierbare Ordnung, welche die Schüler einer 10. Klasse gedankenästhetisch zutiefst erstaunt.

Es lohnt, ein solches Ergebnis nun durch die Nacht gehen zu lassen und am nächsten Morgen mit noch anderem Ansatz wieder aufzugreifen. Die Ordnung der Zahlenreihe $2 \times n^2$ ist zwar eindeutig, und doch ist sie von der Wirklichkeit nicht voll erfüllt: Am Ende bricht die letzte Periode natürlicherweise beim Element 92, dem Uran, und künstlich heute bei Element 109, dem Meitnerium, ab; 9 Elemente fehlen noch und müssten mit einem Edelgas der Ordnungszahl 118 enden.[26] Doch sie sind nicht bekannt, und die Radioaktivität aller Elemente jenseits des Bleis lässt diese fortwährend in leichtere zerfallen.

Doch nicht nur an ihrem Ende, sondern auch an ihrem Anfang erweist sich die Ordnung des Periodensystem als unvollständig; sie bricht gleichsam ab. So wie die mathematische Gesetzmäßigkeit für n = 2, 3 und 4 jeweils zwei Perioden (Doppelperioden) fordert, so müsste aus Gründen der Symmetrie auch für n = 1 eine zweite Periode existieren.[27] Trotz der durchgängigen Logik bleibt das Periodensystem am Anfang und Ende offen. Die materielle Welt ist keine fertig geschlossene, in sich vollkommene Welt. Legt man dieses Problem einer 10. oder 11. Klasse vor, ziehen die Jugendlichen oft von sich aus einen bedeutsamen Schluss: Die Welt der Materie ist nicht statisch, sondern befindet sich in Entwicklung. Wie eine entfaltete Pflanze schon nicht mehr ihre Erstlingsblätter trägt und noch nicht ihre künftigen Triebe zeigt, so auch der materielle Kosmos. Damit hat man den Siebzehnjährigen ein nachprüfbares Wissen an die Hand gegeben, mit dem sie sich selbst von dem Dogma des materiellen Determinismus befreien können, da schon die Materie nicht fertig ist.

Nur schon die Denkbarkeit einer solchen Dynamisierung des physikalisch-chemischen Weltbildes lohnt. Es ist mir bei der Rückfrage am Ende der Epoche, was denn den Schüler*innen am meisten bedeutet hat, oft diese Besprechung des offenen Periodensystems entgegengekommen – und das auffällig unabhängig von der naturwissenschaftlichen Begabung des/der Einzelnen. Denn es ist nun das Alter, wo sich das jugendliche Bewusstsein sein eigenes Weltbild probeweise zu errichten beginnt.

Dem angeschnittenen Thema einer Evolution des Periodensystems gingen bereits in den 1950er-Jahren die anthroposophischen Naturwissenschaftler Arnold Blickle und Ernst Bindel nach.[28] In dem in seiner Fachkompetenz immer noch lesenswerten Artikel stellen sie auch den Zusammenhang heraus, dass es sich in den Elementzahlen pro Periode (2/8/18/32) um eine Vierstufigkeit handelt, die wie viele andere Vierstufigkeiten Ergebnis der bisher abgelaufenen vier Äonen einer siebenstufigen Gesamtentwicklung sind, wie sie Rudolf Steiner in den vier Verkörperungen des planetarischen Kosmos 1910 schilderte.[29] Hieraus leiten sich die vier Naturreiche, die vier klassischen Elemente sowie die vier Wesensglieder des Menschen ab. Blickle und Bindel lesen die Verzeitlichung des Periodensystems im Sinne der Hypothese von William Prout, wonach der Wasserstoff das älteste und damit das Grundelement aller anderen Elemente sei. Ähnlich sind ja auch die Überlegungen in der Kosmogonie der heutigen Astrophysik. Nach ihr sind 90% aller Atome im Universum Wasserstoffatome. Betrachtet man den heutigen astrophysikalischen Kosmos jedoch als das Ergebnis von bereits drei vorangegangenen Verkörperungen, ergibt sich eine weitaus dynamischere Lesart: Die achte und siebte Periode erscheinen dann als zerfallende Überreste des überalterten, frühesten Äons (dem «Alten Saturn»), in welchem sie selbst wohl noch keimhaft und entsprechend leicht waren. Umgekehrt sind Wasserstoff und Helium in unserem aktuellen Äon der Erdenentwicklung die am stärksten im Keimzustand befindlichen Elemente, die innerhalb der Sonne dem planetarischen Kosmos die Energie zum Leben spenden. Dazwischen liegen die verschieden weit entwickelten Substanzstrukturen der zeitlich dazwischenliegenden Äonen in ihrer jeweiligen Stufigkeit. Hierin liegt ein sinnvoller Ansatz für eine vertiefte Chemie.

Zur Elektrochemie und Bindungslehre

Die Einführung der Elektrochemie ist für den empirischen Aufbau der Bindungslehre wichtig – abgesehen von der Besprechung ihrer technologischen Anwendungen wie der elektrischen Batterie, der Elektrolyse oder dem Galvanisieren. Dabei ist es tunlich, einen formal-theoretischen Einstieg zu vermeiden und stattdessen urphänomenale Experimente zu bieten. Aus diesem Grund werden im Folgenden zwei solcher Versuche geschildert. Zuerst zeigt man, dass man – ohne auf eine äußere Stromquelle angewiesen zu sein – Elektrizität direkt aus bestimmten Stoffen gewinnen kann. Hierzu wird das Daniell-Element aufgebaut.

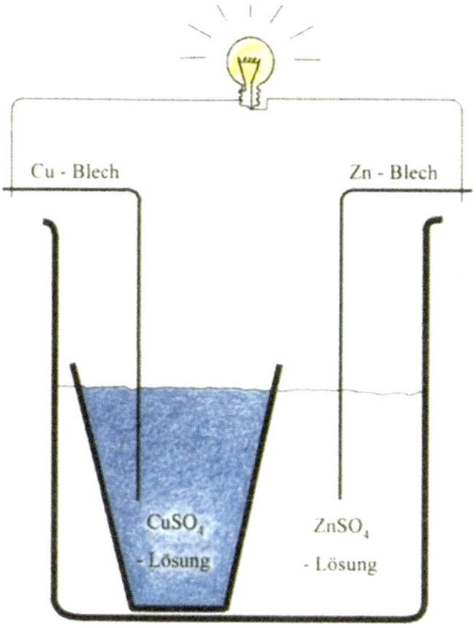

Das Glühlämpchen leuchtet, wenn als inneres Gefäß ein unten verschlossener, tongebrannter und unglasierter Blumentopf verwendet wird. In diesen gibt man eine Kupfersulfatlösung ($CuSO_4$), während das äußere Becherglas mit einer Zinksulfatlösung ($ZnSO_4$) gefüllt wird. In die jeweiligen Lösungen taucht man die entsprechenden Metallblechstreifen ein. Das Kupferblech wird im Verlauf des Versuchs schwerer, das Zinkblech leichter, was sich durch genaues Nachwiegen bestätigen lässt. Also geht Zink unter Abgabe von Elektrizität in Lösung, und Kupfer schlägt sich durch Aufnahme von Elektrizität metallisch nieder. Im gelösten Zustand wandern Zink, Kupfer und Sulfat in den Lösungen als Leitungsträger; sie sind also Wanderer = Ionen. Sulfationen müssen durch die poröse Wand (Diaphragma) des Tontopfes wandern, da sie in ihm im Überschuss und außerhalb von ihm im Unterschuss anfallen. Damit kann der Stromkreis als im Kreis geschlossen überblickt werden. Auf diese Weise kann man durch Wahrnehmen und Denken die Grundbegriffe der Ionenchemie schlüssig entwickeln.

Die Umkehrung und zugleich ein phänomenologisch zusammenfassender Versuch ist die Elektrolyse von verdünntem Natriumsulfat (Na_2SO_4) im U-Rohr mit Platinelektroden (alternativ gelingt dies kurzzeitig auch mit eisernem Blumendraht) und hinzugefügtem Universalindikator. Im Gegensatz zum Da-

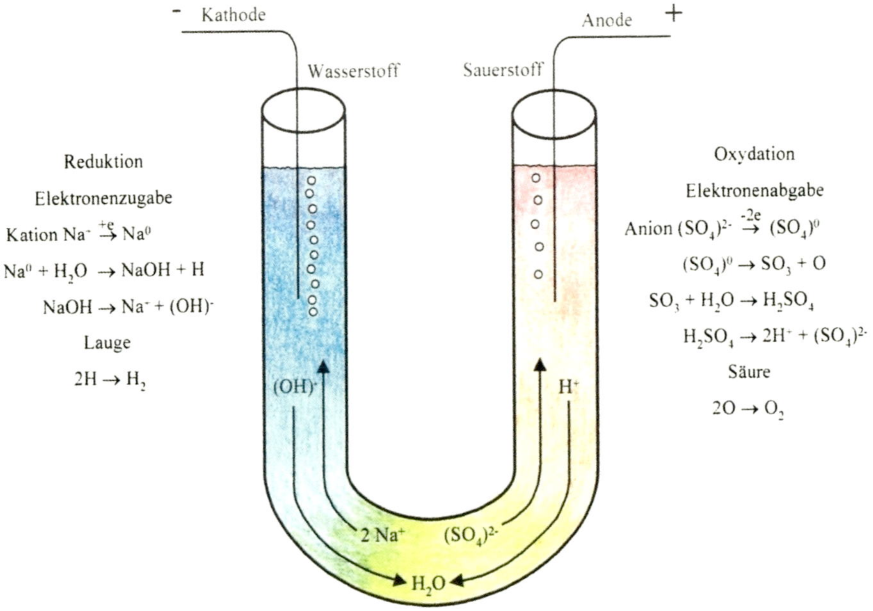

Daran lassen sich zahlreiche chemische Grundbegriffe anschließen, die durch das farbige Urphänomen – von Blau bis Rot mit allen Übergangsfarben des Spektrums – den urbildlichen Wert des Vorganges ästhetisch unvergesslich machen. Durch den Indikator werden die chemischen Veränderungen an den Polen unmittelbar sichtbar: Die Farbumschläge zeigen eindrucksvoll die Entstehung von Säure (Rotfärbung an der Anode, Pluspol) und Lauge (Blaufärbung an der Kathode, Minuspol) an den jeweiligen Elektroden und machen so die Wanderung der Ionen im elektrischen Feld und ihre chemische Wirksamkeit direkt erfahrbar.

Natürlich ist der Universalindikator ein künstliches Gemisch verschiedener organischer Farbstoffe, das so zusammengestellt wurde, dass nahezu jede pH-Stufe farblich differenziert sichtbar wird. Zwar gibt es Indikatoren, die keineswegs den klassischen Blau-Rot-Umschlag beim Wechsel vom Basischen zum Sauren vorzeigen (wie etwa Kongorot oder Phenolphthalein), dennoch liegt eine qualitative Berechtigung in Goethes Sichtweise vor. In dem Kapitel über die «Chemischen Farben» in seiner «Farbenlehre» schreibt er: «*Das Gelb und Gelbrote widmet sich den Säuren, das Blau und Blaurote den Alkalien,*».[30] Gerade die Anthozyane vieler Blütenpflanzen entsprechen diesem qualitativen Farberleben der Gegensätze von Blau und Rot. Dies demonstrieren eindrucksvoll viele Vertreter aus der Familie der Raublattgewächse (Boraginaceen) wie das Lungenkraut, das Vergissmeinnicht oder der Purpurblaue Steinsame (*Lithospermum purpurocaeruleum*): In der aktiven Phase der sich öffnenden Blüten ist der Zellsaft sauer, weshalb die Blütenkrone rot erscheint. In der voll erblühten, zur Ruhe gekommenen Krone wird der Zellsaft basisch, und die Farbe wechselt in ein leuchtendes Blau.

Im obigen Versuch werden diese Polaritäten und ihre Steigerungen – die polaren Ionenbildungen und das neutrale Wasser dazwischen – experimentell anschaulich. Damit wird zugleich deutlich, dass ebenso wie aus stofflichen Prozessen elektrischer Strom hervorgehen kann, nun umgekehrt durch elektrischen Strom auch chemische Umsetzungen hervorgerufen werden können.

Goethe verfolgte mit größtem Interesse die Anfänge der Elektrochemie. So in seinem Bericht über Döbereiner an Heinrich von Trebra (7.4.1812):

«Durch die Fortschritte des Galvanismus ist die Erfahrung selbst zur Theorie geworden und so geht alles einen sicherern und klareren Gang.»[31]

Und an Döbereiner selbst (26.12.1812):

«Verlässt man nie den herrlichen elektrochemischen geistigen Leitfaden, so kann uns das Übrige auch nicht entgehn.»[32]

Immer schon hatte die analytische Chemie die Frage beschäftigt, welcher Natur denn die chemischen Kräfte sind, die die Elemente zu Verbindungen vereinigen. Die übersichtlichste Vorgehensweise ergibt sich aus dem Periodensystem, wenn wir zum Beispiel die Elemente der dritten Periode in den folgenden Sequenzen anhand ihrer Verbindungen betrachten.[33]

Ionenbindung (heteropolar) | **Atombindung (homöopolar)**

$NaCl$ $MgCl$ $AlCl_3$ $SiCl_4$ PCl_3 SCl_2 $ClCl$

Na_2S SS

Na_3P PP

Na_xSi $SiSi$

Na_xAl $AlAl$

Na_xMg $MgMg$

$NaNa$

Metallbindung

Es treten daran die drei Hauptbindungsarten hervor, von denen zugleich alle Übergänge in die Aufmerksamkeit geraten. Ja, es wird daran deutlich, dass reine heteropolare (Ionenbindung), reine homöopolare (Atombindung) oder reine metallische Bindungen nur in seltenen Extremfällen vorliegen. Die Zwischenzustände sind der Normalfall. Der Übergang von der Ionen- zur Atombindung wird auch an der folgenden Verbindungsreihe evident:

LiF BeO BN CC

Betrachtet man die chemischen Eigenschaften von Lithiumfluorid, Berylliumoxid, Bornitrid und Kohlenstoff, so zeigt sich eine stetige Abnahme des Salzcharakters zugunsten einer zunehmenden Neigung zur Polymerisation (Makromolekülbildung). Am einen Pol (LiF) verlaufen in Wasser rasch elektrisch aktiv werdende *Dissoziations*vorgänge, am anderen Pol (CC) besteht die Tendenz zur *Assoziation*, die in elektrisch neutralen, hochvernetzten Stoffen mündet.

Sieht man sich das Theoriekonzept der Bindungsarten an, so fällt auf, dass so charakteristisch anorganische Verbindungen wie Salze, Säuren und Basen, also alle Elektrolyte, noch am leichtesten mit der klassischen elektrophysikalischen Anziehung verschieden geladener Ionen deutbar sind. Die Bindung ist hier durch die Abgabe und Aufnahme von korpuskular gedachten und verteilten Elektronen zur Vervollständigung des jeweiligen Elektronenoktetts sowie die einfache elektrostatische Anziehung der dadurch entstandenen Ionen interpretierbar. Je mehr sich die Bindungsart jedoch der Atombindung nähert – und damit der Bildung der für das Leben grundlegenden Polymere – desto mehr verliert die Vorstellung einer punktuellen Verteilbarkeit korpuskularer Elektronen ihre Gültigkeit. Wie sollte eine Elektronenpaarbindung auch in sich zusammenhalten, wenn beide Elektronen gleich geladen sind? Das ist nur noch quantentheoretisch deutbar, das heißt unter *Aufweichung* oder vielmehr Anerkennung der Grenzen der Gesetze der klassischen Physik, an denen die Unschärfen von Ortsvektor und Impuls oder von Zeit und Energie einsetzen. Ort und Zeit sind nicht mehr genau angebbar; an ihre Stelle treten Wahrscheinlichkeiten, also Potenzen. Die präzise Vorstellbarkeit endet hier. Es ist doch von hohem Interesse, dass solche Grenzerfahrungen unumgänglich gerade dann auftreten, wenn sich die dynamisierten Denkformen der organischen Substanz und damit der Biochemie des Lebendigen nähern.

Das gilt umso mehr für die *Mesomerie*, die viele organische Verbindungen auszeichnet: Die reale Bindungsform liegt dabei zwischen Grenzstrukturen, die sich klassisch durch Elektronenpaarbindungen angeben lassen. In der deprotonierten Carboxylgruppe (dem Anion: $-COO^-$) gehört die Ladung beiden Sauerstoffpartnern gleichermaßen. Im neutralen Zustand wird diese Symmetrie zwar durch die feste Bindung des Wasserstoffs an eines der beiden Sauerstoffatome scheinbar aufgehoben, doch die starke Polarisierung und die Tendenz zur Ausbildung von Wasserstoffbrücken lassen die Grenze zwischen *Besitzen und Teilen* auch hier verschwimmen. Ob Elektronenpaarbindung oder Mesomerie – in beiden Fällen liegen quantentheoretische Verhältnisse vor, die nicht ein statisch Vorfindbares beschreiben, sondern die Potenzialität von Wahrscheinlichkeiten. Die dazu verwendete Wellentheorie der Elektronen behandelt folgerichtig keine faktischen Wellen, sondern Wahrscheinlichkeitsamplituden.

Gerade die Substanzwelt des Lebens ist, wie das Leben überhaupt, nicht rationalisierbar im Sinne einer bloßer Addition korpuskularer Einheiten; ganz im Gegensatz zu den für das Anorganische charakteristischen Elektrolyten. Natürlich gibt es auch hochpolymere Mineralien, insbesondere unter den Silikaten. Doch diese stellen dazu keinen Widerspruch dar, wenn sie als *Biochemie* der Erde oder als Geochemie des *tellurischen Lebens* begriffen werden.

Bereits 1921 hatte Rudolf Steiner wohl jene *Aufweichung* starrer Molekülvorstellungen auf seine Weise im Blick, als er den Übergang von anorganischen Kristallstrukturen zu den inneren Konfigurationen lebender Substanz beschrieb:

«Aber da bilden sich immer Stoffe, denen der Chemiker nachgehen kann, die gewissermaßen nun nicht immer eine äußerliche Kristallisation haben, aber eine innerliche Konfiguration. Man hat sogar in der neueren Zeit diese innere Konfiguration angedeutet durch die bekannten Strukturformeln der Chemie. [...] Aber das Geheimnis besteht darin: Je organischer ein Stoffzusammenhang wird, desto weniger bindet sich chemisch das eine an das andere, desto chaotischer werden die Stoffe durcheinandergewirbelt;»[34]

Im Leben entledigt sich die bisher anorganische Substanz ihrer Kristallisationskräfte. Damit ist qualitativ der Übergang von der ionogenen Bindung hin zur kovalenten Bindung angesprochen, die sich nur noch chaos- und quantentheoretisch begründen lässt – deren theoretische Anerkennung bis in die 1930er Jahre an der wissenschaftlichen Fachfront dramatisch diskutiert wurde. Im Kern ging es dabei um den Konflikt zwischen dem objektivistischen Determinismus Einsteins und dem probabilistischen Indeterminismus Bohrs. Letzterer setzte sich schließlich durch, und selbst Einstein musste anerkennen, was William Bragg formulierte: «Alles, was bereits geschehen ist, ist korpuskular;

alles Zukünftige sind Wellen.» und was dessen Sohn Lawrence Bragg 1970 so kennzeichnete: «Das fortschreitende Sieb der Zeit koaguliert Wellen in Partikel zu dem Zeitpunkt ‹Jetzt›».[35] Hieran wird deutlich, dass die physikalische Wirklichkeit der Stoffe nicht ohne den Einbezug der Zeit fassbar ist, da auch jene dauernd aus dem Werden zur Wirklichkeit gerinnen.

Das Problem der Schulchemie besteht an dieser Stelle darin, dass Chemielehrer im Studium oft keine Gelegenheit erhalten, inhaltlich in die Grundlagen der Quantentheorie verstehend einzusteigen. Doch was sollte gerade auch ein Waldorflehrer der Oberstufe an quantentheoretischen Grundprinzipien mitbekommen haben? Hier besteht dringender Bedarf. Es ist auf Dauer unhaltbar, wenn ein Lehrer auf die bohrenden Fragen von Zwölft- und Dreizehntklässlern nur sagen kann, dass er die Quantentheorie des Oktettbestrebens, der Atombindung, der Mesomerie und des Benzolringes auch nicht durchschaut, dass die Schüler aber zu den Prüfungen den gängigen Sprachgebrauch aufsagen können müssen. Es darf kein Trost sein, dass es an diesem Punkt in der Staatsschulchemie genauso zugeht. Hier muss etwas, wenigstens im Anfänglich-Prinzipiellen für das Verständnis geschehen – es würde gerade im Sinne Steiners lohnen.

Damit ginge anfänglich etwas von dem in Erfüllung, was selbst schon Goethe in seinen letzten Jahren als ein Arbeitsziel der Zukunftschemie voraussah:

«Dem Chemiker, der Gehalt und Struktur [eines Organismus, W.S.] aufhebt und bloß auf die Eigenschaften der Stoffe und auf die Verhältnisse ihrer Mischungen Acht hat, ist man auch in diesem Fache [d.h. der Lehre der organischen Natur, W.S.] viel schuldig, und man wird ihm noch viel mehr schuldig werden, da die neueren Entdeckungen die feinsten Trennungen und Verbindungen erlauben, und man also auch den unendlich zarten Arbeiten eines lebendigen organischen Körpers sich dadurch zu nähern hoffen kann. Wie wir nun schon durch genaue Beobachtung der Struktur eine anatomische Physiologie erhalten haben, so können wir mit der Zeit auch eine physisch-chemische uns versprechen, und es ist zu wünschen, dass beide Wissenschaften immer so fortschreiten mögen, als wenn jede allein das ganze Geschäft vollenden wollte.»[36]

Uns interessiert hier in erster Linie der Prozesscharakter der Bindungsarten, also ihre Zeitgestalten. Gerade darin bilden die heteropolaren und die homöopolaren Bindungen echte Polaritäten: Ionen verbinden sich unmessbar schnell. Gibt man Natronlauge und Salzsäure zusammen, so wird schlagartig aus den meisten Wasserstoff- und Hydroxylionen Wasser. Umgekehrt erweisen sich Bindungen zwischen elektrisch ungeladenen Partnern (also Atomen bzw. Molekülgruppen statt Ionen) im klassischen Fall als ausgesprochen verbindungsträge. Holzkohle aus der frühesten Feuerverwendung des Urmenschen (> 1 Millionen Jahre) findet sich in Sedimenten heute noch vor; Erdöl blieb seit dem Erdaltertum (Zechstein) über 250 Millionen Jahre praktisch unverändert. Ja, sogar in den ältesten Gesteinen der Erde (3,8 Milliarden Jahre) findet sich Graphit, der einst die Photosynthese durchlaufen hat.[37] Erst durch heteropolarisierende Stufen – also durch das Einwirken jener oben beschriebenen Tendenzen des «Durcheinanderwirbelns» werden die Kohlenstoffverbindungen aus ihrer zeitlosen Statik gelöst und in die Prozesswelt des Lebendigen einbezogen.

Unter diesem Zeitaspekt gewinnen die Oxidationsreihen zum Beispiel der aliphatischen Kohlenwasserstoffe, die so oft als Einführung in die organische Chemie benutzt werden, erst ihre weiterführende Aussage. Wir betrachten hierzu die vier Oxidationsstufen der einfachsten Verbindung, des Methans, bis hin zum energetischen Endprodukt, dem Kohlendioxid:

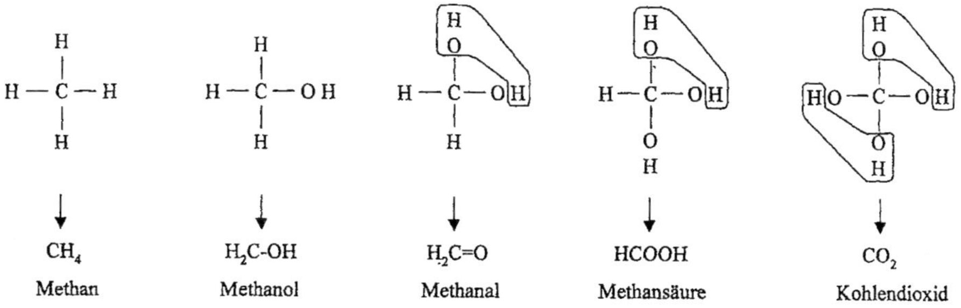

Methan ist rein atombindig und ohne zusätzliche Aktivierungsenergie reaktionsträge. Methanol lässt sich bereits leichter umsetzen, Methanal (Formaldehyd) in noch verstärktem Ausmaß. Die Methansäure (=Ameisensäure) hingegen dissoziiert bereits deutlich in Ionen und geht somit – ähnlich wie die aus Kohlendioxid entstehenden Karbonat-Ionen zu blitzschnellen Ionenreaktionen über. Betrachtet man die Reihen der Alkane, Alkanole, Alkanale und Alkansäuren (= Carbonsäuren) ganz allgemein auf ihre Tauglichkeit für das Leben, so ist deutlich: Bestünde ein Organismus nur aus ionenbindigen Stoffen, wäre er durch blitzschnelle Reaktionen unmittelbar an seinem energetischen Endpunkt angelangt. Bestünde er hingegen nur aus rein atombindigen Stoffen, kämen die notwendigen Lebensprozesse mangels Reaktivität erst gar nicht in Gang. Im einen Fall wäre schon auf niedrigstem Energieniveau sofort das Lebensende erreicht. Im anderen Falle bliebe der Organismus gleichsam auf dem anfänglich vorgegebenen hohen Energiepotential metastabil stehen, ohne anzulaufen. Damit ist deutlich, dass das reale Leben daher bevorzugt die zwischenstufigen Verbindungen verwendet. Kombiniert man eine nicht zu lange Kohlenstoffkette mit einigen Wasserstoffbindungen als Energieträger, mehreren Hydroxylgruppen (Alkoholen) als schwach reagible Potenzen und wenigstens einer Aldehydgruppe als stärkere Reaktionskomponente, ohne dabei schon die Ebene der ionogenen Alkansäure zu betreten, so ergibt sich wie von selbst eine der lebensfreundlichsten Substanzen: ein Einfachzucker wie die Glukose, wie sie bei jeder Photosynthese entsteht.

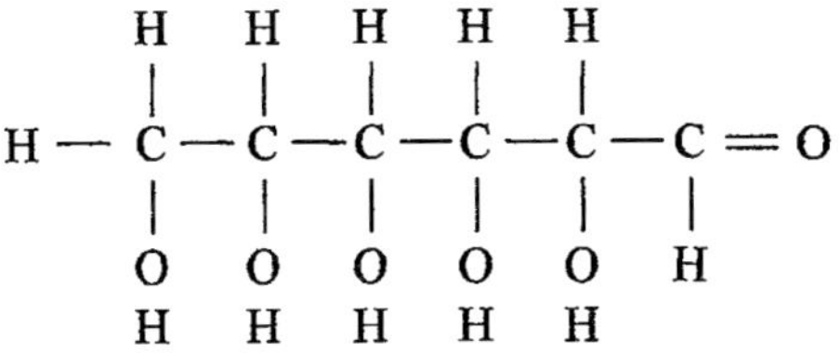

Damit wird erst verständlich, warum ein so zentraler Metabolit wie die Glukose funktional als mehrwertiger Alkohol und zugleich ein einwertiger Aldehyd (bzw. Keton) aufgebaut ist: Er bildet die gemäßigte Mitte zwischen den gegensätzlichen Zeitmustern.

Nicht nur die Raumstruktur, sondern die Zeitgestik kann daraus gelesen werden. Und sie sollte daraus gelesen werden, um von der Stoffchemie zur Prozess-Chemie zu kommen. In diesem Licht gehört die Reaktionskinetik deshalb zu einem der faszinierendsten Felder der modernen Chemie.

Die Aminosäuren als Grundsubstanzen der Proteine haben darüber hinaus auch Basizität und Azidität in den Molekülbau integriert («Zwitterion») und sind damit über die Amino- und Carboxylgruppe zu einer schnelleren Reaktionsfähigkeit prädestiniert, da beide Gruppen ionogen wirken – zum einen durch Protonenaufnahme zu $R\text{-}NH_3^+$, zum anderen durch Protonenabgabe zu $R\text{-}COO^-$. Kein Wunder, wenn die Pflanzenwelt quantitativ vorwiegend aus Kohlenhydraten, das bewegliche Tier jedoch vorwiegend aus Proteinen besteht. Und ebenso wird nun interessant, dass das so lebensfreundliche Wasser seine Elemente Wasserstoff und Sauerstoff vorwiegend über Atombindungen verknüpft, aber nicht ausschließlich: die schwache Dissoziation in seine Ionen (Ionenprodukt $[H^+]x[OH^-]=10^{-14}$) ermöglicht seine Reagibilität, etwa bei der Hydratbildung und als Lösungsmittel für alle wasserlöslichen Ionen. Es besitzt durch seine vorwiegende Atombindigkeit hingegen gerade die Möglichkeit zur Verlangsamung vieler in ihm sonst zu schnell ablaufenden Umsetzungen bei deren Verdünnung. Allein mit dem Gradienten zwischen homöo- und heteropolaren Bindungsqualitäten ist aber die Wasserchemie noch keineswegs erschöpfend behandelt. Hier kommt eine ganze Skala weiterer, schwacher Bindungen zum Zuge: die Wasserstoffbrücken durch die Dipolwirkung seiner gewinkelten Struktur sowie die Van-der-Waals-Kräfte, die nur quantentheoretisch fassbar sind. Dadurch, dass Wasser also über eine reichabgestufte Klaviatur von Bindungsarten verfügt, kann es viele feinstrukturelle Verbindungsformen und Reaktionsgeschwindigkeiten annehmen, die dem Leben zugutekommen. Jeder erfahrene Chemiker weiß, dass Wasser mehr als bloßes $(H_2O)_x$ ist.

Die meisten physiologisch wirksamen organischen Stoffe verlangsamen ihre Reagibilität dadurch, dass sie zu langkettigen Großmolekülen kondensieren (durch Wasserabgabe) oder polymerisieren (ohne Wasserabgabe): so die Glucose zu Cellulose, das N-Acetylglucosamin zu Chitin, die Phenylpropanole zu Lignin, die Essigsäure zu den Fettsäuren oder zu den Isoprenoiden wie etwa dem Kautschuk, die einfachen Alkane bis zu den Wachsen, die Aminosäuren bis zu den Skleroproteinen (Horn). Aber nicht nur Gerüstsubstanzen, sondern auch Energiespeicher wie die Stärke, Hemicellulosen oder langkettige Fette entstehen auf diese Weise. Alle diese Kondensate bzw. Polymerisate sind weitgehend atombindig, energiereich und geben den Organismen Struktur und Masse. – Demgegenüber stellen die voll ionisierbaren Stoffe das Gegenbild dar: Sie werden nicht durch Assoziation, sondern durch Dissoziation ihrer Verbindungen physiologisch wirksam. Statt elektrischer Neutralität, wie sie bei den Polymeren vorliegt, findet hier elektrische Polarisation statt. Wo sie im Organismus eine Rolle spielen, laufen Schnellreaktionen ab, da sie unter rascher Einstellung niedriger Energieniveaus reagieren. Alle Nervenrhythmen beruhen auf schnellen Ionenwanderungen.

Jede lebende Zelle erhält durch ihre kovalenten Bindungen quasi als Cytoskelett ihre Binnenarchitektur; durch ihr Ioneninventar im Cytosol ihre Reaktionsfreudigkeit. Ja, im lebenden Eiweiß stehen – ob Gel oder Sol – stets beide Prinzipien in enger Kooperation: Die Langkettigkeit der Moleküle bewahrt die durch den Aufbau erworbene energetische Potenz. Die schwach ionogenen Amino- und Carboxylgruppen hingegen geben in erster Annäherung den Impuls für abbauende Reaktionskaskaden und überführen so die gespeicherte Potenz durch Energiefreigabe in die Aktualität. Dass es dabei aber doch möglichst nicht zu einer bloßen Versalzung des Zellinhaltes kommt, wird durch die spezifische α-Stellung der Aminogruppe zur Carboxylgruppe in fast allen Aminosäuren verhindert. Jede andere Anordnung würde bereits innerhalb des Moleküls zu einer raschen *inneren Versalzung* führen. *Nicht in der Aufhebung, sondern in der Beibehaltung gemilderter Spannung, und das im fortwährenden zyklischen Wechsel von Spannungsbildung und teilweisem (!) Spannungsaus-*

gleich, darin besteht das Leben auch in seiner chemischen Beschreibung. Wir kommen so im Vergleich zur Grundpolarität der Bindungsarten:

homöopolare = kovalente = Atom-Bindung	**Bindung**	heteropolare = ionogene = Ionen-Bindung
Polymerisation Kondensation Assoziation	**Molekülbau**	elektrolytische Dissoziation
Energiereichtum	**Energie**	Energiearmut
Aufbau organischer Substanzmasse bis hin zur Gerüst- substanz	**Stoffwechsel**	Abbau zu niedermolekularen bzw. anorganischen Verbindungen
Leibbildung im Lebensablauf Inkarnation	**Gestaltung**	Auflösung der Lebensabläufe Exkarnation

Das anthroposophische Naturverständnis bemerkt daran bald, dass wir es in dieser Gegenüberstellung mit den Instrumenten der beiden polaren Tätigkeiten des Ätherischen zu tun haben. Zum einen ist der Ätherleib des Lebewesens dem Aufbau seines physischen Leibes hingegeben. Es ist gerade das die Domäne des Pflanzenreiches und kommt seit der frühen Landnahme im Devon zunehmend am drastischsten in allen Baumbildungen zur Erscheinung. Mammut- und Eukalyptusbäume stellen hierbei die gewaltigsten Organismen auf der Erde dar. Solche Leibmassebildungen repräsentieren so auch in Tier und Mensch die *Pflanze im Tier* und *die Pflanze im Menschen.* Umgekehrt verlaufen die Abbauvorgänge von hochmolekularen zu niedermolekularen Substanzen unter Freisetzung von Energie. Gerade dieser physiologische Abbau ermöglicht erst die seelische Empfindungsfähigkeit im tierischen und menschlichen Organismus.[38] (Für Abbauvorgänge in der Pflanzenwelt deutet Rudolf Steiner das Empfindungsleben nicht der Einzelpflanze, sondern jenes der gesamten Landschaft, der Erdseele an.[39]) Für den Zugriff des Astralischen sind rasche Ionenvorgänge notwendig. Die schnellsten physiologischen Frequenzen im Rhythmenspektrum des Menschen[40] sind die Nervenrhythmen, die auf der Polarisation und Depolarisation mittels der Na^+/K^+-Ionen-Wanderung in den Zellmembranen beruhen. In der Verwendung kovalenter Bindungen ist das Ätherische dem Physischen zugewandt, in der Verwendung ionogener Abläufe dem Astralischen. Die Doppelseitigkeit des Ätherischen kommt im Antagonismus homöopolarer und heteropolarer Bindungen chemisch eindringlich zum Ausdruck.

Die Übergänge zur Metallbindung sowie die Metallbindungen selbst in Legierungen, Komplexen und Salzen zu betrachten, lohnt ebenso. Schon die Tatsache, dass der Großteil der chemischen Elemente zu den Metallen zählt, ist auffällig. Das weite Spektrum ihres Redox-Verhaltens – von den reaktiven Leichtmetallen bis zu den trägen Edelmetallen – bildet die Grundlage der gesamten Elektrochemie. *Zwischen* den Leicht- und Edelmetallen stehen mittebildend die Mehrzahl der Schwermetalle, die in ihren Verbindungen eine überreiche Farbenfülle hervorbringen, wie etwa die Schönheit vieler Erze zeigt. Diese kernchemisch stabilsten Metalle sind vielfältig physiologisch wirksam. Es sind dabei insbesondere ihre Komplexbindungen, die in der organischen Chemie den Übergang zur homöopolaren Bindung markieren.

Lebensverhältnisse bestehen nie nur in Gegensätzen, sondern im gesteigerten Dynamismus zwischen ihnen. Seelisch sind wir noch am unmittelbarsten durch die Nahrungsaufnahme mit unserer Leibeschemie verbunden. Was ist es, was wir so gerne schmecken? Zucker ist eine Zwischenstufe zwischen Stärke auf der einen Seite und Kohlendioxid und Wasser auf der anderen. Beide Grenzzustände schmecken so gut wie nicht, aber sehr wohl der Übergangsbereich der Mono- und Disaccharide! Ähnlich verhält es sich bei den Eiweißen: Die zugrundeliegenden Elemente Kohlenstoff, Wasserstoff, Sauerstoff und Stickstoff sind geschmacks- und geruchlos; ebenso hochwertige Proteine wie Eiklar oder unbehandeltes pures Fleisch. Erst auf den Zwischenstufen, im Grenzsaum von Abbau und Aufbau, entfaltet sich das Aroma. Geschmacklose pflanzliche Eiweiße, wie sie zur Flüssigwürzen-Herstellung benutzt werden, gewinnen ihre Würze erst durch ihren teilweisen fermentativen Abbau bis zu den Aminosäuren. Auch reine Lipide (Triglyceride) sind weitgehend geschmacksneutral. Wir würzen sie durch Ionen, etwa mit Kochsalz im Schmalz oder durch Säuren wie Essig im Salatöl. Relativ kurzkettige Carbonsäuren, mit Alkoholen verestert, ergeben die herrlichen Fruchtaromen von Erdbeere, Himbeere, Pfirsich, Birne oder Banane. Auch hier zeigt sich die gesteigerte chemische Mitte zwischen hochmolekular aufgebauten und restlos abgebauten Stoffen, die uns beiderseits als Extreme wenig ansprechen. Was Goethe als farbigen Saum zum Urbild der Steigerung zwischen Licht und Finsternis in seiner Farbenlehre ausführte, das führt uns auch die chemische Welt als ihren *chemischen Geschmacks- und Geruchssaum* mitten zwischen den Gegensätzen vor.

Chemie als Reagenz auf Bildekräfte?

Was ist aus den chemischen Reagenzien auf Bildekräfte geworden: die sensible Flamme, die Kupferchlorid-Kristallisation, das Steigbild, das Tropfenbild? Keine der Methoden hat auch nur einer wohlwollenden Kritik standgehalten – gemessen an dem früheren Anspruch, Übersinnliches labormäßig abbilden zu können. Noch am reichsten und sprechendsten ist der Formenreigen des Kupferchlorid-Bildes und des Steigbildes, insbesondere durch organische Zusätze. Was die Reproduzierbarkeit durch Standardisierung aller Parameter betrifft, so ist sie noch am besten beim Kupferchlorid-Kristallisationsbild möglich. Die Wiederholbarkeit geht so weit, dass man die charakteristischen Bildgestaltungen inzwischen auch mit rein künstlich synthetisierten Polymeren erzeugen kann.[41] Beim Steigbild ist die Standardisierung der Papiersorte begrenzt, denn die Zellulosefasern darin sind ein Gemisch verschiedener Längen; zudem ist jede Papiercharge – auch bei gleicher Sorte und Firma – immer wieder eine andere. Darum besitzt die heutige Dünnschichtchromatographie auf Kieselgel eine viel bessere Reproduzierbarkeit.

Ein offenes Problem war lange der wissenschaftliche Austausch derer, die an der Steigbildmethode experimentell arbeiteten; er fand nämlich weitgehend nicht statt. Der Autor hat 10 Jahre darum geworben, bis 1986 ein solches Treffen mit uneingeschränktem Austausch in der Naturwissenschaftlichen Sektion in Dornach stattfand, dessen Ergebnisse im Heft Nr. 46 der «Elemente der Naturwissenschaft» 1987 erschienen sind. Dabei ergab sich die einhellige Beurteilung, dass man mit den bildschaffenden Methoden nicht die direkte Einwirkung ätherischer Bildekräfte nachweist, sondern die Charakteristik jener Substanzkompositionen, die zuvor im lebenden Organismus durch die Bildekräfte organisiert worden sind. In jedem Falle liegt ein reduziertes Phänomen vor, da die jeweilige Pflanze für die Untersuchung abgetötet, zerkleinert und ihr Saftgehalt ausgepresst und vorgereinigt wird; damit ist sie dem holistischen Lebenszusammenhang entzogen. Entsprechend anspruchsvoll ist es, aus dem Kristallisationsbild den ideellen Zusammenhang mit der jeweiligen Pflanze, ihren Organen oder der Pflückzeit wiederherzustellen. Jochen Bockemühl sagte mit Recht, dass die Morphologie der intakten, lebenden Pflanze in ihrer

Wandlungsdynamik mehr sichtbar macht als jede reduktionistische Laborbehandlung.

Doch auch diese hat ihren Aussagewert, sofern man ihn methodenplural betrachtet. Insbesondere die Arbeitsgruppe um Ruth Mandera und Hans-Joachim Strüh vom Wala-Forschungslabor hat erneut unbefangen mit dem Steigbild gearbeitet und dabei drei charakteristische Bildtypen herausgestellt[42], die sie nennen:

den aufgelockerten Typ
den Zucker-Typ und
den Kolloid-Typ.

Dabei wird beobachtbar, wie langsam und daher nur im unteren Teil des Steigpapiers, wie mittelfristig oder wie schnell und ausgesprochen hoch der Saftanstieg erfolgt. Aus der obigen goetheanistischen Betrachtung der Bindungslehre wird deutlich, dass der Kolloidtyp all jene organischen Schleimsubstanzen umfasst, die einen hohen Kondensations- bzw. Polymerisationsgrad aufweisen, aber noch schwach wasserlöslich sind. Umgekehrt sind es die ionogenen Substanzen, zum Beispiel die Anthocyane der Kirschfrucht, die leicht und rasch aufsteigen und die oberen Farbbänder des aufgelockerten Typs abgeben. Dazwischen liegen jene ausgewogenen Substanzen, die über beide Pole harmonisch-vermittelnd und ausgleichend verfügen, wie etwa die Zucker. Sind die organischen Substanzfraktionen nicht selbst farbig, können sie durch Metallkomplex-Salze nachträglich sichtbar gemacht, *entwickelt* werden. Friedrich Ferdinand Runge (1795–1867) hatte dies bereits zur Goethezeit entdeckt.[43]

Eine solche Interpretation des Steigbildes organischer Säfte im Zusammenhang des Bindungsspektrums homöo- und heteropolarer Natur kann auf zwei diametrale Wertungen treffen. Die eine ist die der Enttäuschung: Man hat nun etwas geklärt vor sich, was man lieber nicht erklärt gesehen hätte – und hilft sich mit dem Vorwurf des Materialismus und Rationalismus als Feindbild. Die andere Wertung verdrängt die Erklärbarkeit nicht, sondern nimmt sie an, um sie qualitativ zu erweitern. Das Geistige sollte eben nie der Lückenfüller für das Ungeklärte sein, sondern im Gegenteil: es ist in der Wirkwelt selbst in seinem ausdrucksstarken Abglanz zu feiern. Wie sagte es Rudolf Steiner zu den ersten Waldorflehrern?

«Ebensowenig darf die Vorstellung gepflegt werden, die die Menschen so sehr lieben, dass das Unbekannte ein Beweis des Geistes ist. Nicht wahr, die Menschen sagen: Oh, das kann man nicht wissen, da offenbart sich der Geist! – Statt dass die Menschen die Empfindung bekommen: Man kann vom Geiste wissen, der Geist offenbart sich in der Materie –, werden die Menschen so sehr darauf hingelenkt, dass da, wo man sich etwas nicht erklären kann, ein Beweis ist für das Göttliche.»[44]

Schon Spinoza plädierte dafür, die geistige Welt im Denkgeschäft nicht als «Zuflucht der Unwissenheit», als «asylum ignorantiae» zu missbrauchen.[45]

Dynamische Gleichgewichte

Verwandlung vollzieht sich immer im Spannungsfeld der Gegensätze. Wir sagten schon: Ideale atombindige Stoffe sind ebenso selten wie extrem ionenbindige. Die Zwischenlagen in allen Abstufungen machen die Fülle der meisten Stoffverbindungen aus. In ihren Umwandlungen können diese nach außen hin stationär erscheinen, sind es aber trotzdem nicht, sondern befinden sich in einem *dynamischen* Gleichgewicht. Man denke nur an alle Puffersysteme in der intrazellulären und extrazellulären Biochemie, etwa den pH-Puffer des Blutes. Zugrunde liegen immer *Zwischenbindungsstufen* der beteiligten Substanzen, insbesondere schwache Säuren und schwache Basen. Alle Carbonsäuren und Aminoverbindungen sind dadurch pufferfähig: Eine Übersäuerung wird abgedämpft, eine zu starke Verlaugung wird gemildert. Was die beiden Norweger, der Chemiker Peter Waage (1833–1900) und der Mathematiker Cato Maximilian Guldberg (1836–1902) im Jahre 1867 entdeckten und seither mit dem etwas spröden Wort als «Massenwirkungsgesetz» (=MWG) bezeichnet wird, ist die exakte Beschreibung dieser Vorgänge. Dabei ist der Name mehr als unglücklich gewählt, denn es geht nicht um die Masse, sondern um die *Konzentrations*-Wirkung – wie jeder weiß, der es verstanden hat. Die Dosis macht die Wirkung, d. h. sie bestimmt hier das Gleichgewicht.

Dieses MWG ist jedoch nur ein Sonderfall eines viel umfassenderen Prinzips, das dynamische Gleichgewichte unter Einbezug energetischer Vorgänge beschreibt: das *Prinzip von Le Chatelier*. Bei erhöhtem Energieangebot entstehen endotherme Verbindungen, die die Energie binden; bei geringem Angebot entstehen exotherme Verbindungen, die Energie freisetzen. Das gilt für chemische wie für physikalische Prozesse, sofern man Aggregatzustandsänderungen nicht ohnehin zu den chemischen Reaktionen zählt (was sie im Grund sind, da der Umbau der Molekülstrukturen ebenso Bindungskräfte und Wärmetönungen beansprucht).

Das gesamte klimabildende Wettergeschehen wird davon beherrscht. Bei Wärmezufuhr finden energiebindende Vorgänge wie Schmelzen und Verdunsten statt, bei Wärmeabnahme wird durch Kondensation und Kristallisation wieder Wärme frei. Das Wasser ist so zu jeglichem Ausgleich fähig und ermöglicht dadurch erst die Biosphäre. Das *Prinzip von Le Chatelier* ist in allen ausgleichenden Vorgängen wirksam. Nur im Ausgleich der Gegensätze kann sich das Leben verwirklichen, ohne je den vollständigen Ausgleich zuzulassen. Dieser ist erst beim Tode und eben nur im Anorganischen möglich, und insoweit gehört das Prinzip des «kleingehaltenen äußeren Zwanges» in seiner mathematisierbaren Form der Chemie und Physik des Toten an. Hier aber spiegelt es wie in einem Abbild etwas Charakteristisches des Lebens wider: Es bildet einen Bereich der gesteigerten Mitte. Hier zum Beispiel zwischen den Bindungspolaritäten, denn nur darin kann es sich voll ausprägen. Nur mit schwachen, nicht mit starken Säuren, lassen sich Pufferlösungen herstellen. Man könnte das *Prinzip von Le Chatelier* geradezu als ein in die physiko-chemische Welt geratenes biologisches Grundgesetz bezeichnen. Stammt etwa die Anorganik, auch in ihrer Gesetzlichkeit, aus der Organik? Das anthroposophische Evolutionsverständnis bejaht diese Frage.

Die Fähigkeit zum unentwegten kompensatorischen Ausgleich ist im Ätherischen beheimatet. Goethe entdeckte selbst schon das Kompensationsprinzip der Organismen. Unsere gesamte Sinnesorganisation ist zum Beispiel davon geprägt: Sehen wir viel Helligkeit, wird das Auge unempfindlicher und sieht nur noch relativ dunkel. Auf einer Nachtwanderung aber sehen wir noch feinste Lichtspuren. Sehen wir Grün, wird das Auge rotempfindlich; sehen wir Violett, wird es gelbempfindlich. Strecken wir unsere Gliedmaßen, gehen die Beugemuskeln bereits in erhöhte Bereitschaft. Die farbigen Schatten sind weder objektiv noch subjektiv, sondern eine Folge unserer Sinnesphysiologie und – wie alles Ätherisch-Lebendige – dort jenseits von Objektivität und Subjektivität angesiedelt, wo die Kluft dieses Dualismus von Körper und Seele überbrückt ist, nämlich in beider Bindeglied: dem Leben. In das Anorganische projiziert, tritt uns diese Gesetzlichkeit als *Prinzip von Le Chatelier* entgegen – und es ist deshalb für die physische Existenz des Lebens unabdingbar.

Die Entdeckung der Stereoisomerie insbesondere durch Louis Pasteur (1822–1895), Jacobus Henricus van't Hoff (1852–1911) und Joseph Achille Le Bel (1847–1930) ist eine der bedeutsamsten der Biochemie: Nicht nur das *Was*, sondern mehr noch das *Wie* der Substanz ist beachtenswert. Nicht nur die beteiligten Elemente als solche, sondern die jeweilige Raumstruktur ist entscheidend für die Wirksamkeit ihrer Verbindungen. Nicht primär die Masse, sondern die Gestalt ist entscheidend. Hierdurch wurde die Chemie, bisher eine bloße Stoffkunde, zur Molekularmorphologie. Man sage nicht, die Strukturchemie sei nur «theoretisch konstruiert». Das ist auch jede Landkarte gewesen, bis wir die Satellitenaufnahmen hatten, und wir konnten ihr schon vorher bei jeder Reiseplanung vertrauen. Inzwischen gibt es gute entsprechende Aufnahmen der Molekülmorphologie, die das theoretisch Gefundene zur Wahrnehmung bringen.[46] Steiner riet den ersten Waldorflehrern, wenn schon Formeln, dann sogleich die Raumformeln einzuführen.[47] C_2H_6O kann ebenso Ethylalkohol sein wie Dimethylether – zwei weitgehend verschiedene Substanzen gleichen Baumaterials. Das Material ist eben nicht allein das Wesentliche, sondern mehr noch das Wie – der Inbegriff jedes Gestaltverständnisses.

Das eindrucksvollste Phänomen der Stereochemie in der Biochemie ist die Chiralität. Kaum eine organische Substanz, die nicht chiral wäre; von ihrer eindeutigen asymmetrischen Drehrichtung hängt ihre physiologische Wirkung wesentlich ab. Pasteur entdeckte dieses Prinzip an der Rechts- bzw. Links-Weinsäure. Le Bel und van't Hoff fanden unabhängig voneinander heraus, dass zumeist die Asymmetrie der vier Kohlenstoffliganden entscheidend ist. Unsere Nase kann den Unterschied in manchen Fällen direkt riechen: Das Carvon im Kümmelöl riecht in der Rechtsform anders als in der Linksform bei gleicher Struktur mit nur spiegelbildlich anderer Asymmetrie: entweder nach Kümmel oder nach Krauseminze. Die beiden Zucker Glucose und Saccharose sind optisch aktiv, was bedeutet, dass sie die Schwingungsebene von polarisiertem Licht drehen. Mit zwei Polarisationsfolien lässt sich die unterschiedliche Spiralstruktur dieser beiden Rechtszucker im durchleuchteten Standzylinder makroskopisch visuell sichtbar machen. Fruktose hingegen ist ein Linksdreher. Alle lebensrelevanten chemischen Mikrostrukturen sind eindeutig asymmetrisch. Umso erstaunlicher ist es, dass es dann makroskopisch überhaupt zu Symmetrien im Körperbau der Organismen kommen kann. Gleich, ob Radiär- oder Bilateralsymmetrie vorliegt (z. B. Seeigel oder Fisch), so sind doch zumeist die zentralen Vitalorgane des Stoffwechsels asymmetrisch gestaltet. In der Spitze jeder Schneckenhausspirale liegt die verdauungssteuernde Mitteldarmdrüse. Die Mehrzahl aller Schneckengehäuse ist rechtsdrehend, so unsere Weinberg- und Bänderschnecken (Heliciden). Doch kommen auch obligatorisch linksgewundene Arten vor, so unsere meisten Arten der kleinen Schließmundschnecken (Clausiliiden).

Die anorganische Chemie kennt kaum Chiralität.[48] Umso erstaunlicher ist die Ausnahme des Bergkristalles und der mit ihm verwandten Silikate. Sie bilden die überwiegende Quantität der Erdrinde und sind uns als Urgesteine (Plutonite) vertraut. Diese Hauptsubstanz der biosphärennahen Erde ist selbst zur Chiralität befähigt: Es gibt Rechtsquarze und Linksquarze.[49] Sollten auch sie physiologisch wirksam sein – und das sogar in unterschiedlicher Weise?

Dieser Gedanke liegt anthroposophisch nahe, wenn man jeden Organismus als eine – wenn auch offene – Ganzheit versteht. Schon in den «Grundlinien» fragt der Student Steiner nach der vergleichbaren Gänze im Anorganischen; er sieht sie in keinem Detail, sondern erst in der «Gesamtheit des Unorganischen als *ein* System»[50], und das ist der Kosmos. So ist jedes individuelle Lebewesen – weil eine Gänze – in gewissem Umfange eine miniaturisierte Wiedergabe des ganzen Kosmos. – Das geometrisierende Alltagsbewusstsein stellt sich den äußeren Kosmos als in allen Richtungen homogen und gleichwertig vor. Steiner stellt die Anschauung dagegen, dass der Kosmos ungleichwertige Richtungen hat: Wenn schon ein geometrisches Bild bemüht wird, dann nicht das der Kugelsphäre, sondern das des Vogeleies.[51] Dem Embryologen ist bekannt, dass die Körperachse der ersten Hühnchenanlage im Ei senkrecht zur Eiachse steht, und zwar in 70% der Fälle so, dass der Kopfpol vom Beschauer weg und der Schwanzpol auf ihn zu liegt, wenn er das Ei mit dem stumpfen Pol nach links und mit dem spitzen Pol nach rechts hält.[52] Die ursprüngliche Lage im Ei ist also immer asymmetrisch und ihre Richtungshäufigkeit ebenfalls ungleich verteilt. Dass nun alle von lebendem Stoffwechsel gebildete höherwertigen organischen Substanzen schon im Kleinsten in sich asymmetrisch sind, ist so gesehen Ausdruck der gesamthaft kosmischen Natur der Lebensvorgänge.

Die Physik entdeckte erst 1956 eine inhärente Dissymmetrie der physikalischen Welt beim β-Zerfall (Paritätsverletzung).[53] 1997 fanden die amerikanischen Astronomen Nodland und Ralston die asymmetrische Spiralstruktur des physikalischen Universums experimentell aus der Radiostrahlung von 160 fernen Galaxien, die sich in den durchmessenen Räumen nicht gleichartig verändert. Vorher war die Wissenschaft strikt von einer Isotropie – also der Gleichwertigkeit aller Raumesrichtungen – ausgegangen.

Die Idee liegt auf der Hand, dass das biologisch-dynamische Hornkieselpräparat (übrigens in einem immer asymmetrisch gedrehten Kuhhorn präpariert) auf Grund der Chiralität des Quarzes seine spezifische Wirksamkeit entfaltet. Schon Otto Wolff äußerte vor Jahren diese Vermutung. Gemeinsam mit Rainer Dietrich stellte der Autor 1982 erste Versuche zur getrennten Ausbringung von Rechts- und Links-Quarz im Versuchsgarten des Instituts für Waldorfpädagogik in Witten-Annen an. Die Stangenbohnen reagierten in Wuchshöhe und Blattgrüntiefe zumeist deutlicher auf den Rechts- als auf den Linksquarz. Frau Christina Senger konnte diesen Ansatz unter der Ägide von Prof. Wolfram Achtnich im Rahmen einer Dissertation in Feldversuchen bei Göttingen weiter bestätigen.[54] Der Forschungsring für Biologisch-Dynamische Wirtschaftsweise konnte trotz mehrerer Anläufe bisher jedoch zu keinen abschließenden Ergebnissen gelangen. Man kann nur den genialen Griff Rudolf Steiners bewundern, für das Hornkieselpräparat eben jenes Mineral gewählt zu haben, das der Physiologie des Lebens am nächsten steht. Wie sagte schon Goethe in seinen «Maximen und Reflexionen»:

«Wäre die Natur in ihren leblosen Anfängen nicht so gründlich stereometrisch, wie wollte sie zuletzt zum unberechenbaren und unermesslichen Leben gelangen?»[55]

Woher wusste nur der Weise von Weimar auch schon davon?

Die Gottebenbildlichkeit der Materie

Rudolf Steiner sprach einmal im Vorausblick davon, dass man das Wirken Christi künftig bis in die Gesetze der Chemie wird aufzeigen können.[56] Spiritualismus und Materialismus werden sich dann nicht mehr unverträglich gegenüberstehen. Da die Zukunft ihre Keime immer schon in der Gegenwart hat – so in diesem Ausspruch Rudolf Steiners – stellt sich die Frage: Gibt es dazu Inhaltliches auch schon in den anorganischen Wissenschaften? Wohl nur erste unbemerkte Annäherungen. Was beschreiben Physik und Chemie vom Feinstbau der Materie? Die über hundert Elemente werden auf deutlich weniger Elementarteilchen zurückgeführt. Zwar ist auch deren Anzahl inzwischen erheblich gewachsen, aber immer sind es wenigstens drei Eigenschaften, die jedes Elementarteilchen charakterisieren: Das ist zum einen seine Masse, die zentrisch auf kleinstem Raum zusammengeballt und von einem minimalen Gravitationsfeld umgeben ist. Zudem tragen die meisten Elementarteilchen elektrische Ladungen und damit ein weit stärkeres elektrisches Feld um sich. Ladungsfelder erstrecken sich prinzipiell unbegrenzt in den Raum (wenn auch mit dem Quadrat der Entfernung rasch abnehmend), während sich Masse begrenzt im Kern konzentriert. Das sind prinzipielle Gegensatzgebärden im Bau der Materie.

Vollständig charakterisiert wird ein Elementarteilchen jedoch erst durch einen dritten Wert: den Spin. Er ist ein asymmetrisches Drehmoment, in das sowohl die Richtungen der Massen- wie auch der Ladungsrotationen eingehen. Hierin liegt ein verbindendes, rhythmisch schwingendes Merkmal vor, das ebenso konstitutiv wie Masse und Ladung ist. Erst alle drei Werte gemeinsam kennzeichnen jedes einzelne Elementarteilchen.

Ähnliche Dynamismen liegen in der Konfiguration jedes Atoms vor. Im Kern konzentrieren sich die massestarken Nukleonen, wobei die Neutronen die Kernmasse verstärken, ohne die Ladung zu erhöhen. Sie sind nötig, um die Abstoßung der gleichgeladenen positiven Protonen auszubalancieren.Die Atomhülle hingegen besteht aus massearmen, ladungsstarken negativen Elektronen, welche die Feldstärke im Umkreis bestimmen. In dem, was sich zwischen Kern- und Außenhülle, mit einem schlechten, da zu mechanischem Wort, als Schalen eingliedert, ist ein nur noch wellentheoretisch deutbares rhythmisches Geschehen voller *Quantensprünge*. Der Entdecker der mathematischen Ordnung dieser rhythmischen Sequenz (der Balmer-Serie des Wasserstoffatoms), der Basler Pädagoge Johann Jakob Balmer (1825–1898), sah in der 1885 von ihm gefundenen Beziehung einen ausgesprochenen Pythagoräismus.[57]

Die vorstehende Beschreibung bedarf hier wohl keiner näheren Interpretation. Es wird deutlich, dass alle Materiestrukturen letztlich dreigliedrig im Sinne von Polarität und Steigerung gestaltet sind. Dieses Trinitarische, wie es durch einen anthroposophisch beleuchteten Goetheanismus sichtbar wird, verleiht den sonst oft belanglos bleibenden, rein technologisch interessierenden Daten einen neuen Wert: Werden sie doch zu einer Orientierungshilfe für das menschliche Selbstverständnis innerhalb der ihn umgebenden Naturordnung.

Böttiger hatte mit Herder noch über Goethe gespottet: «Eine der lächerlichsten Genieperioden war die bergmännische in Weimar, als die Bergwerke in Ilmenau wieder gangbar gemacht werden sollten; da war der Mensch gar nichts, der Stein alles. Goethe fand in der Organisation des Granits die göttliche Dreieinigkeit, die nur durch ein Mysterium erläutert werden könne.»[58] Sie beziehen sich hier auf Goethes Aufsatz «Über den Granit»[59], wie er aus dessen geologischen Harzwanderungen entstanden war. Rudolf Steiner aber sprach in großer Verehrung über diesen Aufsatz Goethes und empfahl ihn der Vorbereitung des Lehrers:

«Man muss mit wirklicher Empfindung vor allen Dingen die Geschichte, Geographie, Geologie und so weiter vortragen. Das letztere ist insbesonders interessant, wenn man Geologie vorträgt und tiefstes Mitgefühl für das unter der Erde befindliche Gestein hat. In dieser Beziehung könnte man jedem Pädagogen raten, *Goethes* Abhandlung über den Granit je recht mitfühlend einmal durchzunehmen, um zu sehen, wie eine nicht bloß mit dem Vorstellungsleben, sondern mit dem ganzen Menschen in die Natur sich hineinversetzende Persönlichkeit mit dem Urvater, dem uralt-heiligen Granit, in ein menschliches Verhältnis kommt. Dann muss das natürlich auf anderes ausgedehnt werden.»[60]

Ja, bei Rudolf Steiner findet die Dreigliederung des Granits ihre therapeutische Verwendung am dreigliedrigen menschlichen Organismus.[61]

Goethe hatte damals die Kenntnisse der Geologie seiner Zeit zur Verfügung, in die ihn der Clausthal-Zellerfelder Vizeberghauptmann Heinrich von Trebra eingeführt hatte, einer der wenigen, denen er das vertraute *Du* angeboten hat. Quarz, Glimmer und Feldspat zeigen schon in ihrem Verhalten zum Licht die Polarität von Durchsichtigkeit und Spiegelung und bei letzterem die farbliche Steigerung. Seine ganze Farbenlehre ist ebenso auch ein Versuch, einen Bereich der Physik in trinitarischen Qualitäten zu erfassen.

Heute haben wir ein ungleich immenseres, genaueres, vielfältigeres, differenzierteres Wissen über fast alle Naturerscheinungen. Aber ihr Bildungswert *für den Menschen* und noch mehr, umgekehrt unsere verstehende Zuneigung *für die Natur*, beide bleiben aus, weil die geistig interessierte Bildungsschicht dieses Naturwissen sich selbst überlässt, es nicht kulturell integriert, nur darüber als einen bloßen Reduktionismus und Materialismus die Lippen schürzt und die Nasen rümpft. Und doch ist dies alles wahrlich nicht des Teufels, sondern die Naturwissenschaften sind voll des guten Geistes. Wir sollten ihn weiter entdecken. Die Methodik liegt längst vor, nur seine Entdeckung muss auch gewollt sein und gesucht werden. Sonst erzeugt jede abgehobene Form von weltfremdem Spiritualismus, weil er seine Aufgabe verpasst, selbst erst recht die abgesunkene, negativ werdende Form des Materialismus.[62] Das hat nun schon jene jahrhundertelange tragische Tradition, von der eingangs gesprochen wurde, und von der wir uns lösen können.

Zur Klärung der Begriffe im Umgang mit der Chemie (2008)

Einleitung

In einem Vortrag vom 11. September 1920[1] wandte sich Rudolf Steiner dem Problem zu, was heute Sprache kann und nicht kann. Wenn jemand als Herr Müller vorgestellt wird, so denkt dabei niemand mehr daran, dass dessen Vorfahren einst mehlbestäubte Kittel trugen. Steiner führte an diesem Beispiel aus, dass Worte künftig keinen Eigeninhalt mehr in sich tragen, sondern nur noch Hinweise auf einen Bedeutungsgehalt sind, der sich erst aus dem Kontext herausschält. Ähnlich verhält es sich mit dem Wort «Chemie». Man versteht gewöhnlich darunter die Verwandlung der Stoffe und deren Eigenschaften. Rudolf Steiner erlaubte sich eine recht andere Verwendung, als er einmal postulierte, es käme für die Entwicklung menschlicher Erkenntnis nur auf vier Wissenschaften an: auf Physik, Chemie, Psychologie und Pneumatologie.[2] Deutlich ist damit von den vier Wissenschaftsbereichen des Toten, Lebendigen, Beseelten und Geistigen die Rede. «Chemie» ist in diesem Zusammenhang die Wissenschaft des Lebendigen, also inhaltlich Biologie. Im Folgenden werde ich das Wort jedoch im gewohnten Sinne verwenden, um nicht missverstanden zu werden.

Der Problembegriff «phänomenologisch»

Ein weiteres, oft verwirrendes und damit das Verständnis erschwerendes Wort ist «phänomenologisch». In anthroposophischen und auch anderen Kreisen ist viel von phänomenologischer Chemie, phänomenologischer Biologie, phänomenologischer Kunst und so weiter die Rede. Man versucht wohl damit auszudrücken, dass man sich primär an die wahrnehmbaren, sinnlich gegebenen

«Erscheinungen» halten möchte (altgr. phainein = erscheinen) – hat es doch gerade Goethe so benutzt. Doch zeitgleich setzte Hegel über eines seiner grundlegenden Frühwerke den Titel «Phänomenologie des Geistes» (1807) und verstand unter dieser Wortverwendung im Wesentlichen das Gegenteil, nämlich das, was unter Enthaltung aller Sinneseindrücke dann noch Bewusstseinsinhalt sein kann (obgleich er auch den sinnlichen Erscheinungen nicht absprach, Erscheinungen zu sein). Die phänomenologische Schule von Edmund Husserl hat diese Verwendung aufgegriffen und noch verstärkt; so in seinem Werk «Ideen zu einer reinen Phänomenologie und phänomenologischen Philosophie» (1913). Unter «rein» werden gerade die von aller Sinnlichkeit gereinigten Denkinhalte verstanden. Da die Publikationsreihe «Phänomenologica» diese Lesart bis heute im wissenschaftlichen Raum verbreitet, kann unsere an Goethe anknüpfende Verwendung des Wortes dadurch missverstanden werden.

Gewiss entspricht es einer guten anthroposophischen Tugend, zunächst einmal unter Enthaltung aller in der Seele befindlichen, so gefräßigen Begriffszugriffe neue Phänomene in der Wahrnehmung unbefangen «für wahr zu nehmen» (Steiners Ratschlag an die Heileurythmistinnen; nur mündlich überliefert). Doch ebenso deutlich geißelte er einen bloßen Phänomenalismus, der die Begriffswelt auf Dauer heraushalten will, als Agnostizismus und warnte die der Anthroposophie zuströmenden Akademiker der 1920er-Jahre vor einem derart verkürzten «Goetheanismus».[3]

Rudolf Steiner hob einmal den Schleier von dem Rätsel, warum uns die Welt beständig in Wahrnehmung und Denkbarkeit zerfällt. Dies sei erst durch den Eingriff Luzifers in die menschliche Konstitution so geworden.[4] Und er lenkte sein Augenmerk darauf, wie wir beschaffen wären, hätte Luzifer nicht in die Evolution eingegriffen: Dann würde uns alles, was uns in der Welt begegnet, in der sinnlichen Wahrnehmung zugleich seinen übersinnlichen Geistzusammenhang offenbaren.

Doch dem ist zumeist nicht so. Wir erfahren diese beiden Seiten in der Regel nur in einem zeitlichen Nacheinander: In der Induktion zuerst das sinnlich Gegebene und nach dessen innerer Verarbeitung seinen ideellen Zusammenhang. Oder wir entwerfen in der Deduktion zuerst die Idee und suchen im Anschluss nach ihrer Bestätigung in der sinnlichen Faktenwelt. Und doch gibt es für jeden Menschen jene seltenen, glücklichen Augenblicke, in denen beides zugleich gegenwärtig ist. So am ehesten noch in einer ausnahmehaften menschlichen Begegnung, aber auch als eine besondere Schicksalsgunst in der Begegnung mit der Natur.

Das Vorbild in solchem Begegnen – nicht nur als Dichter, sondern eben auch als Naturwissenschaftler – war und ist Goethe. Ihn packte nicht so sehr die bloße Wahrnehmung, das Phänomen, und auch nicht so sehr der ideelle Zusammenhang, die Urprinzipien, sondern der erfüllte Augenblick, wenn beides eins ist. Und so bildete er dafür in der deutschen Sprache das neue Doppelwort «Ur-Phänomen» = beides in einem. Rudolf Steiner kennzeichnete deshalb diesen Goethe einmal:

«Ja, sehen Sie, wenn das Denken nicht luziferisch wäre, dann würden die meisten Menschen der Erde, alle diejenigen, die nicht luziferisch denken, so denken, wie einer derjenigen Menschen, der am wenigsten luziferisch dachte; das ist Goethe.»[5]

«Der Mensch würde niemals veranlasst sein, ein anderes Denken zu entwickeln als ein solches, welches ich Ihnen als das Ideal der Goetheschen Weltanschauung neulich charakterisiert habe, wenn nicht luziferische Mächte hereinspielten.»[6]

Goethe kannte gründlich beides, den Dualismus wie den echten Monismus, das eine wie das andere:

> «Immer hab' ich nur geschrieben,
> Wie ich fühle, wie ich's meine,
> Und so spalt' ich mich, ihr Lieben,
> Und bin immerfort der Eine.»[7]

Der gespaltene Zustand, in dem stets beruhigend klar ist, was das Objekt ist und dass ich das Subjekt bin, ist unser bürgerlich-wissenschaftlicher Normalzustand. Wo aber die Trennung wegfällt und das Urphänomen das menschliche Ich mit dem Weltinhalt identisch verschmelzen lässt, ist das kein bloßes Vergnügen, weil die enge Grenzziehung gesprengt wird. Goethe kannte auch hier, wovon er redete:

«Das unmittelbare Gewahrwerden der Urphänomene versetzt uns in eine Art von Angst: wir fühlen unsere Unzulänglichkeit; nur durch das ewige Spiel der Empirie belebt, erfreuen sie uns.»[8]

In einem solchen Moment muss man alles, was man bisher als Gewohnheit hatte, verlieren können, und das verunsichert tief. Es ist ein Ausnahmezustand.

Wenn wir also von Phänomenen und Phänomenologie sprechen, sollten wir verständlich machen, was wir damit meinen: Das rein sinnlich Erfahrbare? Das unter Abstreifung des Sinnlichen im innerweltlichen Bewusstsein Vorhandene? Oder das Urphänomenale, mit dem die Spaltung von Innen und Außen aufgehoben ist? Üblicherweise ist die Verwirrung oft groß, ohne dass die Beteiligten es bemerken. Deswegen dienen diese Ausführungen als notwendige Abhilfe durch klare Unterscheidung.

Der Problembegriff «Materialismus»

Ein weiteres Problemwort, das wir aufgreifen, ist «Materialismus». Jeder ordentliche Mensch ist heute natürlich dagegen und wähnt sich damit auf der besseren Seite. Man glaubt oft schon im richtigen Lager zu sein, wenn man eine Chemie «ohne eine zugrunde liegende Materie» betreiben will. Doch das dazu oft vorgebrachte Zitat löst sich in seinem verbreiteten Missverständnis auf, wenn man nur wenige Absätze weiterliest:

«Etwas anderes ist die Materie als das den Erscheinungen zugrunde liegende eigentlich Reale, etwas anderes die Materie als Phänomen, als Erscheinung.»[9]

Manchmal fragen wir uns, warum Rudolf Steiner einerseits die Materialisten schätzte und sie andererseits dann wieder drastisch bekämpfte. Hätte er nur eines von beiden getan, hätten wir es natürlich einfacher mit ihm. Er hatte indessen eine reich differenzierte Haltung und unterschied den Materialismus von den Menschen, die ihn vertraten. Alle großen Vertreter des Materialismus in der zweiten Hälfte des 19. Jahrhunderts waren Schüler oder Studenten großer Idealisten: Marx lernte bei Hegel, Darwin bei Henslow. Auch Haeckel, Büchner, Moleschott, Schleiden, Du Bois-Reymond und Liebig hatten als Jünglinge eine ausgesprochen idealistische Phase durchgemacht. Darwin hatte sogar Theologie studiert und war zum Vikar der anglikanischen Kirche ordiniert worden. Weil sie ihren Idealismus jedoch nicht produktiv erfüllen konnten, wandten sie sich der entgegengesetzten Auffassung zu. Steiner sah das keineswegs nur abfällig an:

«Diese materialistische Zeit hat nicht nur äußerlich, sondern auch innerlich viel geleistet. Man denke zum Beispiel an so etwas wie die Abnahme der Sterblichkeit durch hygienische Maßnahmen. Das ist in der Tat ein Fortschritt, […] Unsere bedeutendsten Materialisten sind zuerst idealistisch erzogen worden, zum Beispiel Haeckel, Büchner, Moleschott. Daher sind ihre Systeme gedanklich so schön geschlossen, aber das verdanken sie ihrer idealistischen Erziehung. Der heutige Materialismus ist in der Tat der äußere Ausdruck der vorhergehenden idealistischen Periode.»[10]

Was sich hier als historisches Pendel verfolgen lässt, wirft eine brennende Frage auf: Wo wird heute ein abgehobener Idealismus so vertreten, dass er – wenn auch unbeabsichtigt – den nächsten Schub des Materialismus geradezu provoziert? Viele Menschen werfen sich nach einer stark idealistischen Phase oft umso radikaler in die Arme des Materialismus. Steiner richtete seinen fragenden Blick dabei nicht nur auf das, was der einzelne Mensch in seinem Tagesbewusstsein verhandelt, sondern ebenso auf das, was sich dabei in den Tiefen seiner unbewussten Seelenprovinzen abspielt:

«Rein religiöse und rein idealistische Vorstellungen haben wiederum die Folge, dass die untere Natur des Menschen immer materieller und materieller wird. Während materialistische Vorstellungen Spiritualismus fördern in der unteren Natur des Menschen, fördern rein kirchliche, ohne spirituellen Einfluss traditionell aufgebaute Anschauungen oder der abstrakte Idealismus das Materieller-und-Materieller-werden der unteren Menschennatur.»[11]

So gehört auch zu seinen Beobachtungen:

«So scharf man auch bekämpfen muss die materialistische Weltanschauung und die materialistischen Lebensgestaltungen, so darf man doch nicht sagen, […] dass in den Kreisen dieser Materialisten die ungeistigsten Menschen sind. […] Ich habe viele geistige Menschen – ich meine nicht solche, die geistige Ansichten haben, sondern die geistige Menschen sind – ich habe viele solche Menschen gefunden in Monistenvereinen und dergleichen […].»[12]

Diese Schilderung muss jeden betroffen machen, der an sich selbst entdeckt, dass er beide Seiten in sich trägt – und dass er sich auf keiner von beiden schon auf der gesicherten Seite wähnen darf. Die entscheidende Frage ist: Was davon lebt in unserem wachen Tagesbewusstsein und was in den Seelentiefen?

Dabei besteht auch immer die Gefahr, in den noch ungeklärten Lücken der Naturwissenschaft als Erklärungshilfe das Geistige wirksam zu sehen. Steiner warnte dringend davor:

«Vollständig vermieden muss werden irgendeine oberflächliche Zweckmäßigkeitslehre. […] Ebensowenig darf die Vorstellung gepflegt werden, die

die Menschen so sehr lieben, dass das Unbekannte ein Beweis des Geistes ist. Nicht wahr, die Menschen sagen: Oh, das kann man nicht wissen, da offenbart sich der Geist. – Statt dass die Menschen die Empfindung bekommen: Man kann vom Geiste wissen, der Geist offenbart sich in der Materie –, werden die Menschen so sehr darauf hingelenkt, dass da, wo man sich etwas nicht erklären kann, ein Beweis ist für das Göttliche.»[13]

Offensichtlich hat jeder moderne Mensch nicht nur ein gebrochenes Verhältnis zum Geiste, sondern auch zur Materie. Rudolf Steiner schätzte die Materialisten hoch und bekämpfte sie dann wieder drastisch. Dabei zeichnet sich ab, dass er den Materialismus am härtesten vor einem materialistisch ausgerichteten Publikum bekämpfte. Vor anthroposophischen Zuhörern machte er hingegen oft auf die berechtigte Seite des Materialismus aufmerksam. Hinzu kommt ein bedeutsamer methodischer Aspekt. Die Naturwissenschaften haben eigenstandig jene sorgfältigen Wissenschaftsmethoden entwickelt, die zu den wertvollsten Tugenden werden, wenn sie in die Erforschung der Geistgebiete mitgenommen werden. Ja, darin sah Rudolf Steiner gerade den menschheitshistorischen Wert der Naturwissenschaften: Nicht so sehr in den inhaltlichen Aussagen – denn diese bleiben oft zeitbedingt –, sondern in der methodischen Erkenntniszucht. Diese Schule benötigt die Menschheit, wenn ihr in Zukunft wieder vermehrt übersinnliche Erfahrungen zugänglich werden. Das klare Denken lernt man heute vor allem an den Naturwissenschaften.

Wir sollten hier mit Rudolf Steiner einig sein, dass wir im Umgang mit dem Materialismus differenzieren müssen. Er erfüllt eine unersetzliche methodische Aufgabe. Zum anderen kann er eine entschiedene Gefahr darstellen. Daher ist strikt zwischen einem *methodischen* Materialismus und einem *ontologischen* Materialismus zu unterscheiden. Ersterer ist auf begrenzte Zeit nicht nur berechtigt, sondern oft zwingend notwendig. Ein Chirurg etwa muss sich, um Leben zu retten, auf den entzündeten Blinddarm konzentrieren; er kann und darf sich derweil nicht um den ganzen Menschen kümmern; dieser bleibt für ihn weitgehend unter Tüchern abgedeckt. – Verhängnisvoll wird es jedoch, wenn der methodische Materialismus ontologisch wird und sich die Haltung festsetzt, der Mensch bestehe allein aus Physik und Chemie. Dann entstehen das seelenlose Krankenhaus, die repressive Schule und die materialistische Spaßgesellschaft, die zur bloßen Masse regrediert.

Steiner hat sich in Wort und Schrift, wo er konnte, vor jedem materialistisch eingestellten Publikum für die Verbreitung geistiger Anschauungsweisen eingesetzt. Umgekehrt hat er innerhalb der anthroposophischen Bewegung die berechtigte Seite des Materialismus herausgestellt:

«Indem […] der Materialismus mächtig ist, werden wir beirrt in unserer Initiative. […] Und daraus muss dann das allgemeine Gefühl entstehen: Wie beweise ich theoretisch und praktisch dem Materialismus seine Falschheit? […] Nun fängt er an, den Materialismus zu bekämpfen, zu widerlegen […]. Ja, meistens gelingt das schlecht […] Sehen Sie, es kommt daher, dass der Materialismus eben wahr ist – was ich schon öfter gesagt habe –, dass der Materialismus nicht unrecht hat, sondern recht hat […], auf seinem Gebiete».[14]

Der Problembegriff «anthroposophische Naturwissenschaft»

Wir sollten uns an Steiners strikte Trennung zwischen sinnesgebundener und übersinnlicher Forschung halten. Wenn beides gut gemacht wird, ist Ersteres Goetheanismus und Letzteres Anthroposophie. Dann aber gibt es – und damit komme ich zur dritten begrifflichen Klärung – beim Wort genommen keine «anthroposophische Naturwissenschaft».

Das ist keine Rabulistik, sondern der Versuch, Missverständnisse abzubauen. Die medizinische Bewegung hat unentwegt gegen das öffentliche Missverständnis anzukämpfen, sie sei eine ähnlich eigene, alternative Medizin, wie es die Traditionelle Chinesische Medizin ist. Dabei hat Rudolf Steiner gleich zu Beginn des Jungmedizinerkurses[15] strikt verlangt, dass der Arzt die Schulmedizin voll beherrscht, weil sie unumgänglich ist, und dass durch die Anthroposophie eben eine Erweiterung stattfindet. Es geht nicht um das ganz Andere, Alternative, sondern um die komplementäre Erweiterung.

Das gleiche Problem stellt der Ausdruck «anthroposophische Naturwissenschaft» dar. Er führt sogar intern zu zahlreichen Missverständnissen, wenn man versucht, eine gänzlich alternative *goetheanistische* oder *anthroposophische* Naturwissenschaft zu bewerkstelligen, zugleich aber die Ergebnisse der bekämpften *materialistischen* Naturwissenschaft ungeniert nutzt und sich mit ihnen gerne noch als modern ausweist.

Zurück zur Frage: Gehen wir von einem geistigen Verständnis der Materie oder von einem primär sinneshaften Konstatieren der Materie aus? Das hängt ganz von unserer eigenen Konstitution ab. Es ist gerade Rudolf Steiner, der hierin die Standpunkte wechselt:

«Das ist […] die Tragik des Materialismus, dass er seine Blicke auf die Materie hinrichtet, aber von der Materie nichts mehr versteht, sondern gerade den Zusammenhang mit dem materiellen Dasein verliert.»[16]

Zum anderen sagte er den ersten anthroposophisch suchenden Ärzten:

«Wenn jemand etwa glauben wollte: Nun, es ist unsinnig, sinnenfällige Empirie in der Physiologie, in der Biologie zu treiben, wozu braucht man die spezielle Fachwissenschaft, man entwickelt sich geistige Fähigkeiten, schaut in die geistige Welt hinein, kommt dann zu einer Anschauung über den Menschen [...] und kann gewissermaßen eine geistige Medizin begründen – so wäre das ein großer Irrtum. Es tun das ja manche auch, aber es kommt nichts dabei heraus. [...] Sie können zum Beispiel, wenn Sie geisteswissenschaftlich forschen, nicht etwa auf dasselbe kommen, was Sie mit dem Mikroskop erforschen. Sie können ruhig jemanden, der Ihnen den Glauben beibringen will, dass er aus der Geisteswissenschaft heraus dasselbe finden kann, was man unter dem Mikroskop findet, als einen Scharlatan auffassen.»[17]

Beide Zitate stehen sich deutlich gegenüber. Entweder gehen wir von der übersinnlichen Erkenntnis aus oder von der sinnesgebundenen Erfahrung. Da helfen keine Harmonisierungsversuche, sondern das Ernstnehmen des Menschenkenners:

«Eine absolut wahre Anschauung für alle Zeiten gibt es nicht. Die Menschen können die Welt nur anschauen, wie es ihrer Organisation entsprechend ist.»[18]

Daher besteht die Aufgabe der Selbsterkenntnis nicht darin, auf das zu blicken, was im eigenen Tagesbewusstsein als Hauptüberzeugung lebt, sondern auf das, was in den unbewussten Tiefen der Seele als Bedürfnis lebt – und das ist oft gerade das Entgegengesetzte. Je nachdem ist es eine Hilfe, ausgleichend nach dem einen oder dem anderen Ausgangspunkt zu greifen. Große Geister konnten immer beides, nämlich «uns zwischen zwei entgegengesetzten Meinungen hin und her zu wiegen und vielleicht bei keiner zu verharren. Dadurch verdoppeln wir unsere Persönlichkeit.»[19]

Es gibt eben eine Eigenwürde der materiellen Welt, die nicht durch Ideenkonstruktionen ersetzt werden kann. Mit unseren Mitmenschen können wir uns – hoffentlich – noch am besten verständigen. Tiere sind uns noch einfühlbar, aber schon ferner. In der Pflanzenwelt haben wir einen noch anonymeren, noch rätselhafteren Bereich vor uns. Und das Rätsel der Materie ist für uns am unzugänglichsten. Hier fallen Wahrnehmen und Verstehen so weit auseinander wie nirgends sonst. Deshalb hilft sich die moderne Chemie mit zahlreichen Ersatzmodellen – wohl wissend, dass es nur Modelle sind. Rudolf Steiner hat davon gesprochen, dass das Geheimnis der Materie noch nicht einmal die dritte oder zweite Hierarchie kennt, sondern nur die höchste Hierarchie.

Davon zu wissen, gibt dem Chemielehrer die notwendige Ehrfurcht vor dem, womit gerade er es zu tun hat. Alles, was die Menschheit an Verständnisversuchen zum Rätsel der Materie zusammengetragen hat, sollte ihn interessieren. Und dazu gehören auch die begrifflichen Annäherungen der modernen Chemie. Die Entdeckung des Periodensystems als einer natürlichen Ordnung der chemischen Elemente ist der wohl größte Wurf des 19. Jahrhunderts, an dessen wissenschaftshistorischem Ursprungsort Goethe mit seiner Anregung der Döbereiner'schen Entdeckungen selbst stand.[20] So hat auch die moderne Chemie der letzten 80 Jahre bedeutendste Entdeckungen vollbracht, auch wenn diese vorerst nur anwendungstechnisch genutzt werden und in ihrem großen Bildungswert zumeist noch nicht gehoben wurden.

Beim Studium und dem tieferen Verständnis der chemischen Elemente stehen wir immer vor zwei Anforderungen. Die eine besteht darin, jedes Element in seiner besonderen Eigenart, seinem Charakter und chemischen Verhalten zu studieren, um zu einem *Persönlichkeitsbild* desselben zu gelangen. Die andere verlangt, nicht allein dieses isolierende Verfahren anzuwenden, sondern jedes Element aus dem Kontext seiner begleitenden Mitelemente zu begreifen. Das ermöglicht uns ja seine natürliche Stellung im Periodensystem. Im ersten Fall nehmen wir den zentrischen Blick ein, im zweiten den übergreifenden Umkreisblick. Im Letzteren liegt der hohe Bildungswert des Periodensystems begründet.[21] Kolisko[22], Blickle und Bindel haben dies bereits frühzeitig erkannt.[23]

Dazu gehört ein Motiv, mit dem ich abschließen möchte. 1907 sprach Rudolf Steiner in den Vorträgen «Die Theosophie des Rosenkreuzers»[24] davon, dass es die kulturelle Aufgabe jener Geistesströmung am Ende des Mittelalters gewesen sei, den Boden dafür zu bereiten, dass die heraufziehende Naturwissenschaft nicht in Gegensatz zur christlichen Kulturströmung gerät. Das ist nicht eingetreten. Es war vor allem der unselige Dreißigjährige Krieg im 17. Jahrhundert, der das dazu Veranlagte zerstörte, zwei Drittel der Bevölkerung Mitteleuropas ausrottete und eine geistige Wüste hinterließ, von der sich das kulturelle Leben nur sehr langsam und unter großen Mühen erholte. So kam es, dass die positiven Entdeckungen der erwachenden Naturwissenschaft in Astronomie, Geographie, Völkerkunde, Physik und Physiologie und später der Evolutionslehre von den Kirchen lange nicht rezipiert wurden. Beide Seiten – Wissenschaft und Religion – fielen so massiv auseinander, dass man sich gegenseitig alleine ließ und der Riss sich bis heute durch alle modernen Gesellschaften zieht.

Hier liegt eine geschichtliche Aufgabe für den anthroposophisch orientierten Wissenschaftsraum, nämlich zu helfen, dass die Neuentdeckungen der Naturwissenschaften in ihrem förderlichen, menschenbildenden Erkenntniswert nicht unbemerkt vorübergehen, wenn sie von ihren Entdeckern in ihrer großartigen Relevanz ja oft selbst nicht gesehen, sondern nur vermarktet werden. Denn: «die Natur [...] ist immer wahr, [...] sie hat immer recht, und die Fehler und Irrtümer sind immer des Menschen.»[25]

So sagte doch Steiner den ersten Lehrern für ihre Aufgabe an den Schülern: «Man muss ihnen begreiflich machen, dass es etwas ist, vor dessen Großartigkeit selbst ein Novalis auf den Knien liegen würde.»[26] Wir sollten die sich weiterentwickelnden Naturwissenschaften geistig nicht allein lassen. Was uns darin – gerade in der Chemie – gelingt, kommt der Zukunft zugute.

Physik

Von der Universalität des Lichtes (1976)

Von der Vielfalt des Lichtes, von der Universalität des Lichtes, die der forschende Mensch am Lichte erlebt, soll hier etwas zusammengetragen werden. Wer sich nämlich mit dem Phänomen des Lichtes beschäftigt, kommt an verschiedensten Stellen zu Grenzerfahrungen und stößt auf Begriffe, die verdeutlichen, dass allzu einfache Vorstellungen umgebildet werden müssen. Die Konzepte, die wir aus dem Alltagsbewusstsein mitbringen, geraten so sehr mit der Wirklichkeit des Lichtes in Konflikt, dass sie eine Verwandlung erfahren müssen.

Wenn wir uns dem Licht so zuwenden, wie es sich unmittelbar unserem Erleben, unserer Welterfahrung und unserem offenen Blick darbietet – im Vertrauen darauf, auf Wirklichkeit zu treffen –, dann sehen wir ja dieses Licht an den Gegenständen aufglänzen. Licht an sich ist nicht sichtbar; es zeigt sich nur dort, wo es Materie berührt, wo es mit der Stoffeswelt kommuniziert und sich an ihr verändert. Schon das, was da stattfindet, ist ein Geheimnis. Doch haben wir in unserem ganzen unmittelbaren Welterlebnis den Eindruck: Wir sehen nicht allein die Gegenstände, sondern wir sehen, dass das Licht den Raum erfüllt, auch wenn wir es darin genau genommen gar nicht sehen können. Wir erfassen das Licht nicht nur als Reflexion der Körper, sondern im unmittelbaren Erleben durchströmt das Licht den Raum zwischen ihnen, von der Lichtquelle bis dorthin, wo es auftrifft. Besonders deutlich gerät uns dieser Eindruck natürlicherweise dann ins Bild, wenn Sonnenstrahlen gebündelt durch die Wolken brechen und wir im Dunstschleier das, was wir so unmittelbar schon immer ahnend als Lichtdurchflutung des Raumes erleben, sinnlich wahrnehmen können. Ohne jedes Instrumentarium erfahren wir im unmittelbaren Blick das Licht als etwas, das den ganzen Raum homogen durchflutet und erfüllt.

Beginnt man nun, das Licht physikalisch zu untersuchen, leitet man es durch verschiedenste Versuchsanordnungen, die darauf ausgerichtet sind, Dunkelräume zu erzeugen. Optische Experimente werden zumeist in abgedunkelten Räumen durchgeführt, um nur ausschnittweise etwas vom Licht durch die

Apparatur zu lassen. Die Lichtbündel, die man durch Blenden, Linsen und Prismen schickt, werden dabei so weit wie möglich verengt, um den Eindruck von Lichtstrahlen zu simulieren. Doch Lichtstrahlen im Sinne geometrischer Geraden gibt es physisch nicht. Die sogenannte Strahlenoptik der Physik, die man mit Lineal und Zirkel betreibt, ist sinnlich nie vorhanden, da Licht immer von raumerfüllender Natur ist. Was wir zeichnerisch als Strahl skizzieren, stellt bestenfalls eine Licht-Schatten-Grenzfläche dar. In seiner Raumerfüllung bildet das Licht mindestens Lichtkegel aus. Licht ist stets ein räumliches Phänomen und kein lineares. Die Schule vermittelt uns oft lineare Vorstellungen der Optik, aber das ist bloße Abstraktion, mehr nicht. Vor diesem Hintergrund haben verschiedene Waldorflehrer immer wieder versucht, eine Optik zu entwerfen, die vom Licht als Raumphänomen ausgeht. So schlägt etwa Frits H. Julius[1] für den Unterricht eine Optik vor, die versucht, dem Kind nicht die geometrische Konstruktion als primäre Vorstellung zu vermitteln, sondern eine *Raumesoptik*, die das Licht in seiner Raumerfüllung begreift.

Bereits das 18. Jahrhundert erkannte in seinen physikalischen Bestrebungen, dass die geometrische Optik zwar dem mathematischen Verstand genügt, aber nicht dem physikalischen. Damals traten zwei verschiedene Ansichten hervor: die von Huygens und die von Newton. Newton nahm an, dass ein sogenannter Lichtstrahl aus einer rasend schnellen Abfolge von Teilchen besteht, die – ähnlich wie Billardkugeln – beim Auftreffen auf ein Hindernis reflektiert werden. Auf dieser Grundlage leitete er das Reflexionsgesetz ab und entwickelte so ein mechanisches, korpuskulares Modell des Lichts.

Huygens hingegen erkennte durch eine Reihe von Experimenten, dass Licht Schwingungseigenschaften, also rhythmische Qualitäten, besitzt. Er sprach von Verdichtungen und Verdünnungen des Lichtes und begründete damit dessen Wellentheorie. Interferenzerscheinungen und weitere experimentelle Ergebnisse stützten diese Huygens'sche Ansicht das gesamte 19. Jahrhundert hindurch, bis Max Planck um die Jahrhundertwende die Strahlengesetze genauer untersuchte. Ausgehend von der Wärmestrahlung dehnte er deren Gesetzmäßigkeiten auf die Lichtstrahlung aus und stellte fest, dass man bei bestimmten Experimenten nicht länger davon ausgehen kann, dass Licht eine Welle ist, sondern zu der Korpuskular-Vorstellung Newtons in veränderter Form wieder zurückkehren muss. So prägte er den Begriff des Lichtquants ($E = h \cdot \nu$), welcher das physikalische Weltbild grundlegend erschütterte.[2]

Heute stehen wir vor diesen Lichtvorstellungen, die durch bestimmte Experimente und theoretische Überlegungen herausgefordert wurden. Doch was ist nun richtig? Welle oder Korpuskel? Das ist die Frage, die in den Oberstufen und Hochschulen seither diskutiert wird. Meist wird geantwortet, das ließe sich nicht entscheiden; die Frage sei unsinnig, da man es mit einer unauflösbaren Dualität zu tun habe. In bestimmten Experimenten erscheint das Licht eben als Welle, in anderen als Korpuskel. Während sich chemische Prozesse oft besser quantentheoretisch deuten lassen, gelingt dies bei physikalischen Vorgängen eher wellentheoretisch. Man greife pragmatisch zu derjenigen Theorie, die sich für die quantitative Deutung und die technologische Manipulation des Lichtes am besten eignet. Damit wurde die Frage: Was ist Licht? *expressis verbis* aus der Physik ausgeschlossen. Der Mensch sei eben so veranlagt, dass er die Entscheidung zwischen Welle und Korpuskel niemals treffen könne.

Diese Dualität hat bekanntlich bald nicht nur das Licht, sondern auch die Theorien zur Materie beherrscht; auch sie kann man sowohl wellen- als auch quantenmäßig deuten (Schrödinger). Damit ist das allgemeine Bewusstsein unserer heutigen Bildungswelt, die ihr Weltverständnis aus den exakten Naturwissenschaften bezieht, zu einer geistigen Frustration verurteilt. Gerade das, was für das heutige Bewusstsein die eindringlichste Realität darstellt, die physische Seite der Welt, wird als unerkennbar deklariert. Was bleibt, ist dann lediglich die pragmatische Nutzung der Wissenschaft als Technik. Es ist unschwer zu erkennen, dass diese generelle Einstellung innerhalb unserer naturwissenschaftlich geprägten Zivilisation unterschwellig zu einer Haltung geführt hat, welche die Natur, die Umwelt und die Erde allein als Objekt pragmatischer Ausbeutung betrachtet. Der ehrenwerten persönlichen Haltung eines Niels Bohr, des Begründers des Dualitätsprinzips in der Physik, ist damit nichts abgesprochen; doch die gesellschaftliche Wirkung dieser wissenschaftlichen Resignation bleibt massiv.

In den verschiedenen Lichttheorien begegnet uns der klassische Fall einer objektfixierten Wissenschaftshaltung, die den unabdingbar in den Forschungsprozess verwickelten Menschen nicht zugleich mit zu objektivieren vermag. Was wir daher benötigen, ist eine Methodenphänomenologie. Betreiben wir also in aller Schlichtheit und Sachlichkeit eine Morphologie der heutigen Lichttheoreme.

*

Wie gelangte Max Planck zu seiner Quantenvorstellung? Er entwickelte sie durch Experimente am sogenannten «Schwarzen Körper». Dabei handelt es sich um einen Hohlraum mit einer verhältnismäßig kleinen Öffnung, dessen Innenwände so stark mit Ruß beschichtet sind, dass das durch diese Öffnung einfallende Licht nach nur wenigen Reflexionen vollständig absorbiert wird und nicht mehr nach außen dringen kann. Das kann zwar nicht absolut erreicht werden, aber mit den technischen Möglichkeiten nahezu zu einhundert Prozent. Was geschieht in diesem Dunkelraum mit dem Licht? Es wird vom Schwarzen Körper vollständig in Wärme umgewandelt. Mit präzisen Instrumenten lässt sich nun messen, welche Energiemengen bestimmter Lichtarten welche Temperaturerhöhungen bewirken; daraus ergeben sich formelmäßig beschreibbare Gesetzmäßigkeiten. Diese waren nicht länger mit der Wellentheorie vereinbar, sondern ließen sich nur noch quantentheoretisch deuten (siehe Anmerkung 2). Wann also gelangen wir zu einem Quantum Licht, zu einer Portion Licht? Wenn wir das Licht in der abgeschlossensten experimentellen Anordnung beobachten, die sich überhaupt auf der Erde herstellen lässt, dann zeigt es sich uns auch in einer entsprechenden Form, also dem gewählten Zugriff entsprechend.

Stelle ich mich außerhalb des Laboratoriums in der offenen Landschaft in den ungebrochenen Lichtraum hinein, so erscheint das Licht meinem Beobachten, Erleben und Denken als homogene Raumerfüllung. Diese ist lediglich insofern differenziert, als ihre Intensität mit der Entfernung von der Lichtquelle quadratisch abnimmt; prinzipiell lässt sich dieses Erfülltsein des Raumes von jeder Lichtquelle aus bis in die Unendlichkeit des Kosmos denken.

Wir verfügen somit einerseits über die ursprüngliche und stets aufs Neue erfahrbare Vorstellung des homogenen Lichtraums und andererseits über die korpuskulare Vorstellung vom Beginn unseres Jahrhunderts. Geht man nun so mit dem Licht um, dass man ihm den vollen Fluss in den Raum zwar nicht ungehindert belässt, es aber auch nicht so vollkommen wie beim Schwarzen Körper einsperrt, so schickt man es etwa durch einen schmalen Spalt und lässt ihm danach wieder freien Lauf. In dieser Anordnung treten Interferenzerscheinungen auf, die sichtbar machen, dass das Licht in Wellenzügen auch zur Seite hin ausweichen kann. So gelangen wir zur Wellentheorie des Lichts.

Die Vorstellungen, die die Physik über das Licht gebildet hat, erzeugt sie durch die Art seiner Behandlung. Je nachdem, wie das Licht beobachtet wird, offenbart es eine andere Seite seiner Universalität. Es gehört zur Vielfalt des Lichtes auf der physikalischen Ebene, dass wir es nicht nur mit der Korpuskel-Qualität zu tun haben, sondern ebenso mit der Erscheinungsform der Welle und des homogen durchfluteten Raumes. Eine solche homogene Raumerfüllung kennt die Physik etwa in Gestalt des Magnetfeldes, des elektrischen Feldes oder des Gravitationsfeldes. Räume, die von physikalischer Energie gleichmäßig durchsetzt sind, nennt man in der Physik «Felder». Diese Felder reichen, da sie ohne bestimmbare Grenze sind, prinzipiell unendlich weit. Zwar nimmt ihre Intensität mit dem Quadrat der Entfernung ab, aber dieser Minimierungsvorgang endet nie. So strahlt auch jede Lichtquelle, sofern ihrem

Lichtfluss nichts im Wege steht, bis an den Rand der Welt. Darin erfahren wir, dass das Licht, das die Totalität des Raumes durchstrahlt, ganz Ausbreitung ist. Das Gegenteil hiervon ist die Korpuskularvorstellung. Hier wird das Licht als abgeschlossene, portionsweise konzentrierte Entität angetroffen. Es bekommt hier den Namen «Photon».

Betreiben wir auf diese Weise eine Morphologie der heutigen physikalischen Lichttheorien, so zeigt sich das Licht nicht nur als eine duale, sondern als eine dreigliedrige Wesenheit – je nachdem, wie wir Menschen ihm gegenübertreten. Treten wir im freien Raum in es hinein, so erscheint es uns als unendliches Feld. Schließen wir es in einen schwarzen Hohlkörper ein, so zeigt es sich uns korpuskular. Im Zwischenbereich der Betrachtung wiederum treten die Wellenerscheinungen hervor; hier pulsiert das Licht als rhythmisches Phänomen im Wechsel von Ausdehnung und Zusammenziehung und musiziert in seiner Farbskala von gerade einer Oktave (4000 bis 8000 Å).

*

Eine Wasserwelle schwingt, indem ihr elastisches Medium Energie aufnimmt. Licht ist Energie – doch was ist dann sein Medium? Was genau schwingt im Licht? Worin besteht überhaupt seine Substantialität? Diese Fragen brachten die Physik des 19. Jahrhunderts dazu, von einer schwerelosen Substanz zu sprechen: dem sogenannten «physikalischen Äther». Spätere Experimente führten dazu, dass man diese Äthervorstellung wieder verwarf. Seither wird der Raum als eine rein geometrische Abstraktion betrachtet – eine Sichtweise, die fast bis heute Bestand hat. Demnach sei der Raum gar nichts Wirkliches, sondern lediglich eine Anschauungsform für das gleichzeitige Nebeneinander der Dinge. Wir sähen diese so im Zusammenhang, dass wir sie uns in einem dreidimensionalen Koordinatensystem vorstellten; eine Perspektive, die uns nach Kant *a priori* angeboren ist und in die sich die Phänomene, wie etwa das Licht, einzuordnen haben.

Nun gibt es jedoch die bemerkenswerte Erscheinung, dass Licht eine messbare Geschwindigkeit besitzt, die in der heutigen Physik eine fundamentale Naturkonstante darstellt. Es gibt keine physikalische Energie, die sich schneller ausbreiten kann als das Licht im Vakuum; das Licht selbst unterliegt dieser Grenze. Dies widerspricht jedoch der rein geometrischen Vorstellung des Raumes. Denn wäre der Raum ein leeres Nichts, warum sollte sich das Licht dann nicht – bei genügend energetischem Schub – mit 400.000 km/s statt mit den maximalen ca. 300.000 km/s bewegen können? Bekanntlich setzt sich an der Grenze zur Lichtgeschwindigkeit jede zusätzliche Energie zunehmend in

Masse um. Eine höhere Geschwindigkeit lässt der Raum offenbar nicht zu. Raum ist also nicht nur eine geometrische Abstraktion, sondern eine Entität, die aktiv mit dem Licht und aller Physis kommuniziert.

Die zentrale Frage, die sich beim Licht als einem Grenzbegriff der Naturwissenschaft stellt, ist die nach der Natur des Raumes. Raum ist keine bloße geometrische Angelegenheit. Begrifflich verdünnen wir ihn zwar fortwährend zum inhaltlosen Gefäß der Welt, doch in der Wirklichkeit ist er weit mehr. Er ist etwas, mit dem nicht nur die physikalische Seite der Welt kommuniziert, sondern noch viel mehr ihre lebende Seite.

Die Geometrie des euklidischen Raumes wurde an verschiedenen Stellen der Naturwissenschaft aufgegeben, weil ihre Vorstellungsweise im Bereich mikro- und astrophysikalischer Dimensionen nicht hinreicht. Doch auch im Bereich mittlerer Größen genügt sie nicht, wenn man dem Lebendigen mit adäquaten Methoden begegnen will. Gerade die Verabstrahierung des Raumes in prinzipiell einander gleichwertige Achsen führte ungewollt dazu, dass der Ausbau einer echten Gestaltbiologie vernachlässigt wurde. Achten wir jedoch darauf, so erweisen sich gerade die lebendigen Gestalten der organischen Welt als sichtbare Indikatoren dafür, was alles Raum qualitativ sein kann. Und die Antwort der Organismen auf den Lichteinfluss macht insbesondere deutlich, dass das Medium des Lichtes der Raum selbst ist. Noch besser gesagt: Licht ist aktiver Raum.

Raum wird damit zu einer Naturtatsache, die empirisch erforschbar ist, und diese Tatsache, in ihrer aktivierten Form, ist das Licht. Was die Physik des 19. Jahrhunderts als «physikalischen Äther» suchte und nicht fand, blieb deshalb verborgen, weil man sich den Raum rein euklidisch vorstellte und so in jene Schwierigkeiten geriet, die die Relativitätstheorie später formal aufzulösen suchte.

Betrachten wir das Lebendige: Wie groß wird eine Pflanze oder ein Tier? Das steht in engem Zusammenhang mit der gesamten Organisation. Eine Glockenblume von der Größe einer Eiche ließe sich zwar technisch simulieren, vom Leben jedoch nicht hervorbringen. Es gehört zum Wesen der Glockenblume, dass sie nur einen kleinen Raum einnimmt; sie pflegt ein ganz eigenes, qualitatives Verhältnis zum Raum – sowohl in ihrer Größe als auch in ihrer Form. Eine Eiche hingegen hat eine ganz andere Art, Raum einzunehmen, mit ihm umzugehen, ja geradezu ihren Eigenraum zu bilden. Hier beginnen wir, unseren abstrakten Raumbegriff einzuschmelzen.

Rudolf Bubner hat dieser Grundsatzfrage einen Aufsatz gewidmet.[3] Darin geht er dem Geheimnis des Raumes nach und stößt auf ähnliche Grenzerfahrungen im Denken. Er gelangt dabei zu Formulierungen wie: Raum hat eigentlich einen Doppelaspekt. Auf der einen Seite ist er die Außenrinde des Ätherischen, auf der anderen Seite die Grenze des Sinnlichen wieder zum Übersinnlichen hin. Raum kann man nicht wägen. Raum kann nicht physikalisch so wie Energie und Masse, eben Materie behandelt werden, sondern Raum erscheint demgegenüber als etwas rein Ideelles. – So schildert es auch Rudolf Steiner in seinem Kommentar zu Goethes naturwissenschaftlichen Schriften: «Der Raum ist eine Idee.»[4] Eine Idee, die keine Abstraktion, sondern eine natürliche Realität ist, die auch außerhalb des Menschen wirksam ist, an der wir in Ideenform teilnehmen. – Bubner schildert den Raum als jene Entität, die zum vermittelnden Begriff zwischen der physikalischen und der ätherischen Welt wird, sobald der starre, unbewegliche euklidische Raumbegriff zugunsten eines dynamischen überwunden ist. Was uns hilft, diesen dynamischen Raumbegriff zu gewinnen, das gerade ist das Licht. Am Licht beobachten wir *realiter* aktiven Raum.

Die wechselnden Lichterscheinungen am Organismus der Erde, in ihrer Atmosphäre, hat Walther Bühler in klassisch-goetheanistischer Weise aufgezeigt.[5] Auch hier erscheint das Licht in einer dreifachen, dreigliedrigen Weise.

Physiologische Wirkungen des Lichtes auf den Einzelorganismus finden wir beim Menschen in Hülle und Fülle. Man denke nur an die Bedeutung des Lichteinflusses für die Knochenbildung und den damit zusammenhängenden Vitamin-D-Stoffwechsel. Auch über unser Hormonsystem sind wir intensiv an die Lichtrhythmen der Umwelt gebunden. Dies wurde zuerst bei Tieren ausführlich erforscht. So sind etwa die Stare auf dem Stachus in München selbst im Winter in Brutstimmung: Sie fliegen nicht nach Süden und brüten auch noch im Winter, weil der Hormonstoffwechsel durch die Dauerbeleuchtung des Platzes unentwegt angeregt wird. Normalerweise geschieht das beim Star durch die wachsende Tageslänge im Frühjahr. – Damit ist der gesamte Bereich der endogenen Rhythmik angesprochen, der inneren Lebensrhythmen, eben des Ätherleibes als Zeitorganismus, der mit dem Sonnenrhythmus ganz eng zusammen verläuft. Im Bunkerversuch zeigen Versuchspersonen ohne äußere Zeitgeber oft – ihrer *inneren Uhr* folgend – einen verlängerten Wach-Schlaf-Rhythmus von etwa 25 Stunden. Erst durch das Leben im natürlichen 24-Stunden-Lichtrhythmus wird dieser innere organische Rhythmus synchronisiert und in das kosmische Zeitmaß eingebunden.

Bei den Pflanzen verhält es sich ebenso. Man hat lange danach gesucht, was den Blühvorgang auslöst. Was induziert die Florese? Man vermutete einen spezifischen Stoff, der dann, wenn der Stoffwechsel entsprechend weit entwickelt ist, gebildet würde. Dieser hypothetische Stoff erhielt schon einen Namen: das «Florigen», der *Blütenerzeuger*. Diesen Stoff hat man bis heute nicht gefunden.[6] Stattdessen entdeckte man bei der Suche nach dem Florigen, dass die Blütenbildung durch Lichtrhythmen gesteuert wird. Man unterscheidet heute zwischen Langtagpflanzen und Kurztagpflanzen. Der Blütenansatz wird somit nicht stofflich, sondern zeitlich durch den Rhythmus des Lichtes bestimmt – und zwar unabhängig von der absoluten Lichtmenge. Erhält eine Langtagpflanze Licht in nur kleinen Dosen, aber über einen Zeitraum von etwa 16 Stunden, beginnt sie zu blühen. Solche Langtagpflanzen finden sich vor allem in den Polarregionen, wo die Flora erst bei außergewöhnlicher Tageslänge zur Blüte ansetzt. In Lappland etwa gedeihen fast ausschließlich Langtagpflanzen; erst wenn im Polarsommer der Tag so lang wird, dass die Nacht fast verschwindet, setzt die Blütenbildung ein. Kurztagpflanzen hingegen sind vorwiegend in den Tropen beheimatet. Ein bekanntes Beispiel ist das *Bryophyllum*, jene Pflanze, die aus den Blättern ihre Nachkommen heraussprießt. Wir halten sie deshalb gerne auf der Fensterbank, und doch haben wir sie kaum jemals blühen gesehen. Das liegt daran, dass wir in unseren Wohnungen abends noch künstliches Licht nutzen. Im Gewächshaus oder in unbewohnten Zimmern gehalten, blüht sie in der lichtärmeren Jahreshälfte rasch auf – ein klassisches Beispiel für eine Kurztagpflanze. In unseren Breiten schließlich mischen sich Lang- und Kurztagpflanzen.

Wir erkennen auch hier, dass die Gestaltung der Pflanze so vom Licht abhängt, dass dieses nicht nur als aktiver Raum, sondern ebenso als aktive Zeit wirkt. Licht besitzt auch Zeitqualitäten. Licht ist etwas, in dem wir die Begriffe Raum und Zeit miteinander verschmelzen, wo wir diese Trennung aufheben, wo wir fragen müssen: Wo geht Raum in Zeit über – und umgekehrt: Wo verräumlicht sich die Zeit? Dieser Vorgang – so kann man schlicht sagen – ist Leben. Leben ist, wo sich Zeitliches, eben ein Ätherisches in den Raum der Gestalt hineingibt in dynamischer, nicht statischer Gestaltung. Daher finden wir im Lebendigen stets den Stoffwechsel. Denn alles, was im Organismus statisch wird, wird darum ausgewechselt. Es gibt kein Leben ohne Stoffwechsel, weil Leben eine dauernde Verräumlichung aus der Zeit ist – und umgekehrt. Ebenso *enträumlicht* sich die Pflanze aus dem Räumlichen wieder in die Zeit hinein, wenn sie sich aus der Gestalt zurückzieht, so z. B., wenn sie sich in die Blütenbildung begibt. Dies markiert den Rückzug aus dem photosynthetischen, vegetativen Prozess, der die Pflanzengestalt bisher aufbaute. Nun aber im Hochblattbereich verkleinern sich die Blätter, sie enträumlichen sich. In diesem Vorgang wird die Pflanze hochempfindlich für den Zeitenrhythmus der Belichtung und kann Blüten bilden und über die Blütenbildung sich hinausziehen in das Übersinnliche, soweit es ihr unter Zurücklassung der Samen überhaupt möglich ist.

Die Photosynthese selbst ist einer der gewaltigsten Lichtprozesse, die wir auf der Erde vorfinden. Von ihr hängt alles Leben materiell ab. Sie ist der zentrale Prozess, der das Anorganische in den Bereich des Durchlebten hineinhebt und alle anderen Organismen – denen diese Fähigkeit fehlt – mit ernährt.

Der menschliche Organismus besitzt allerdings sehr wohl prinzipiell die Fähigkeit zur Kohlenstoff-Assimilation. Durch Versuche mit radioaktiv markiertem CO_2 lässt sich nachweisen, dass der Mensch das eingeatmete Kohlendioxid nicht nur wieder ausstößt oder als Karbonat im Blut führt, sondern es in Kohlenhydrate, Fette und Eiweiße einbaut. Warum nutzt unser Organismus diese Möglichkeit nicht in großem Stil? Die Pflanze macht das, sie kann es. Wir könnten es auch, verzichten jedoch in hohem Maße darauf. Aus einer rein darwinistischen Perspektive, die Höherentwicklung stets als technische Verbesserung begreift, ist dies kaum zu erklären. Es wäre zweifellos ein evolutionärer Vorteil, könnten wir die Photosynthese selbst nutzen und uns so von der Pflanzenwelt unabhängig machen. Doch hier findet physiologisch-biochemisch eine Rückbildung zum Tier und Menschen hin statt – nicht nur bei der Kohlenhydrat-Assimilation, sondern auch in der Eiweiß-Biochemie: Wir sind nur für einen Teil der Aminosäuren autotroph, für den Rest bleiben wir heterotroph. Die Pflanze hingegen ist für all ihre Eiweiße autotroph. Es ist ein bedeutsames Thema, dass hier Höherentwicklung mit leiblichen und biochemischen Rückbildungen einhergeht – ein Hinweis darauf, dass die Evolution auf etwas anderes hinausläuft als auf bloße physische Vollkommenheit.

Betrachten wir nun die Lichtwirkungen beim Tier. Einerseits spielt die Lichtrhythmik – wie schon angedeutet – eine große Rolle für dessen Zeitenorganismus, für dessen ätherische Konfiguration; andererseits ist sie von wesentlicher Bedeutung für das Seelenleben des Tieres. Das Tier kann Licht nicht nur organisch verarbeiten, sondern es wahrnehmen und empfinden. Ein Seelisches tritt hier dem Licht entgegen.

Adolf Portmann, bekannt geworden durch seine Studien zum Ausdruckswert der Tiergestalten, beschäftigte sich intensiv mit durchsichtigen Tieren, wie sie besonders unter den Meerestieren zu finden sind.[7] Es gibt Quallen, die hochgradig transparent sind; es gibt aber auch durchsichtige Hochseeschnecken oder glasklare Krebse; es gibt durchsichtige Fische, Tintenfische und Salpen. Im lebendigen Zustand sind sie kaum auszumachen, da sie das Licht – ähnlich wie das Wasser – ungehindert passieren lassen und oft nur durch ein opalisierendes Aufblitzen ihrer Oberflächen sichtbar werden. Portmann fiel nun auf, dass alle lichtdurchlässigen Organismen hochgradig symmetrisch gebaut sind. Besitzt ein solches Tier asymmetrische Organe, so sind diese niemals durchsichtig, sondern stets von undurchsichtigen Hüllen umschlossen. Aquarienliebhaber kennen dies von Glasbarschen oder Glaswelsen: Während Skelett, Muskulatur und Haut wie bei einer Röntgenaufnahme vollkommen transparent erscheinen, bleibt der Bereich der inneren Organe verborgen. Es ist der Eingeweide-Raum. Das asymmetrische Darm- und Leberpaket ist von einer opaken Hülle umgeben, die meist silbrig glänzt und das Licht reflektiert, statt es hindurchzulassen.

In diesem abgeschirmten Dunkelraum vollzieht sich der Aufbau; hier findet der Stoffwechsel statt, hier liegt das vegetative Zentrum. Der gesamte übrige, durchsichtige Leib hingegen ist *Auge* – und stets hochgradig symmetrisch gestaltet: entweder zentralsymmetrisch bei Quallen und Salpen oder seitensymmetrisch bei Fischen, Krebsen und Tintenfischen.

Unser eigener Leib ist am durchsichtigsten in der Hornhaut und der Augenkammer, in der Linse und im Glaskörper. Die außerordentliche Exaktheit der Zentralsymmetrie, wie sie das Auge aufweist, findet sich bei keinem anderen Organ des Menschen. Das Licht selbst hängt mit diesem hohen organischen Symmetriegrad zusammen. Doch wie verteilen sich Symmetrie und Asymmetrie überhaupt in unserem gesamten Organismus?

Asymmetrisch sind stets jene Organe, die mit dem Aufbauprozess zu tun haben: der gesamte Eingeweidetrakt. Demgegenüber sind alle Organe, die sich der Außenwelt zuwenden – unsere gesamte Sinnesorganisation, die Formen unserer Gliedmaßen und damit auch das Knochenskelett – seitensymmetrisch gebaut. In der Embryonalentwicklung zeigt sich, dass jede Organanlage zunächst symmetrisch angelegt ist: Die erste Anlage des Blutkreislaufes ist vollkommen symmetrisch, das Gehirn ist es ebenso, und auch die erste Ausbildung des Darmrohres. In diesem frühen Stadium ist der Embryo somit insgesamt ganz Sinnesorgan – obgleich er sich noch im schützenden Dunkelraum der Gebärmutter befindet.

Die Asymmetrien werden erst sekundär eingerichtet und insbesondere funktionell durchgesetzt. Asymmetrie bedeutet hierbei eine Herausnahme aus dem allgemeinen Lichtraum, den Aufbau eines Innenraumes und damit die Verinnerlichung von Licht im Dunkelraum zum Seelenraum. So entstehen Organismen, in die sich Seelisches inkarniert. In ihren asymmetrischen Organen realisieren sie ein inneres Empfindungsvermögen, das sie dem äußeren Licht, welches ihre sichtbaren symmetrischen Organe durchflutet, entgegensetzen können. Für die Inkarnation des Astralleibes ist eine asymmetrische Organisation im Dunkelraum des Leibes notwendig.

Es bleibt jedoch die Frage: Weshalb existieren auch im Dunkelraum des Leibes symmetrische Organe? Hier fällt uns insbesondere das Knochenskelett auf. Doch gerade dieses wird maßgeblich auch über den Lichtprozess, den Vitamin-D-Stoffwechsel gebildet. Hier wird gleichsam Licht umgewandelt, der Lichtprozess in den Organismus hineingenommen, und dieses Licht baut auch dort noch symmetrisch weiter. Das gilt wohl ebenso für die Zahnbildung.

Was hat der Zahnwechsel mit diesem Prozess zu tun? Dieser formgebende Vorgang ist zunächst eng an das Organ gebunden und arbeitet an den Zähnen selbst. Die Milchzähne sind mit etwa drei Jahren vollständig ausgebildet. Bis zum siebten Lebensjahr wird das gesamte Dauergebiss in den Schmelzkappen fertig, mit Ausnahme der Wurzeln und der Weisheitszähne. Die Wurzeln bilden sich erst im zweiten Jahrsiebent, wenn die bleibenden Zähne in die Lücken der ausgefallenen Milchzähne nachrücken. Doch die Kronen, die härteste Leibessubstanz, sind zu diesem Zeitpunkt bereits vollendet (mit Ausnahme der Weisheitszähne). Das *Härteste* ist geleistet. Die Kräfte, die daran geschafft haben, werden nun für das Lernen frei, wie es Rudolf Steiner immer wieder schilderte.[8] Das Milchgebiss wird schließlich abgeworfen. An seine Stelle rückt ein Gebiss, das im eigenen Lichtstoffwechsel erbaut wurde und nicht mehr der Dunkelheit der Embryonalzeit entstammt. Es ist zwar physikalisch undurchsichtig, aber seelisch durchlichtet. Diese Erfahrung einer inneren Seelenoffenheit lässt sich in der Begeisterung der Schulkinder in den ersten Klassen unmittelbar spüren. Sie sind wieder offen für das äußere Licht, weil sie nun ein inneres Licht in der eigenen Organisation tragen.

Da rühren wir an Lichtqualitäten, wie sie insbesondere Goethe erleben konnte: Licht als seelische Tatsache; Licht als sinnlich-sittliches Erlebnis. Die Farben begriff er als die Taten und Leiden des Lichtes. Er besaß in einem besonderen Maße die Fähigkeit, an Licht und Farben tiefgreifende psychische Erlebnisse bis hin zur Erschütterung zu haben. Eine seiner schönsten Schilderungen beschreibt seinen Abstieg vom verschneiten Brocken im Harz am 10.12.1777, als er in das besondere Licht der Abenddämmerung eintauchte.[9]

Er hatte den Förster Degen vom Torfhaus lange überreden müssen, bis dieser bereit war, mit ihm über die vereisten und verschneiten Sümpfe und Moore zum Gipfel des Brockens aufzusteigen. Als sie schließlich abstiegen, sank die Sonne rötlich zum Horizont. Alle Schatten wurden grasgrün, smaragdgrün, leuchteten in der Gegenfarbe auf. Dieses Erlebnis nahm Goethe in tiefer Empfindung als eines der Urerlebnisse für seine Farbenlehre in sich auf. Vieles, was er dann von dem Grün qualitativ schilderte, ist aus dieser Erlebniskraft herausgekommen.

Wir dürfen uns sagen, dass diese Intensität des seelischen Farberlebnisses allen Kindern im Alter zwischen sieben und vierzehn Jahren eigen ist. Die Entwicklungspsychologie hat das Phänomen der Eidetik beim Kinde beschrieben:

Kinder können viel intensiver sehen und das Wahrgenommene besser behalten als es Erwachsenen möglich ist. Diese eidetische Begabung geht zumeist mit der Pubertät verloren, hält sich allerdings bei einigen Menschen auch bis ins Erwachsenenalter hinein. Goethe war ein bleibender Eidetiker in diesem Sinne.

Wie können wir an das Qualitative des seelischen Farberlebnisses wieder herankommen? Der Weg führt über die künstlerische Übung. Damit nähern wir uns dem Licht nicht nur als seelischer Tatsache, sondern als etwas, wo alle Seelenempfindung von der Geistnatur des Lichtes ein wenig ahnen lässt. Wie kann man beschreiben, wo das Licht für uns beginnt, Geist zu werden? Das Licht ist da seelisches Erlebnis geworden, wo es als äußere Tatsache verinnerlicht und in die Innenorgane eingebaut wurde. Das beginnt mit der Photosynthese der Pflanze, von der wir uns ernähren, setzt sich fort in unserem eigenen Lichtstoffwechsel, mit dem wir unser Knochensystem, die Muskulatur und Sinnesorgane aufbauen und den Hormonmetabolismus haben. Wo das Licht sich in uns von den organischen Vorgängen frei macht, wird es immer seelisch. Hier ist es im Eigenraum der Seele abgeschlossen von der Welt. Wir erleben, was wir als Seelenlicht haben, als unser persönliches Licht. Aber es ist getrennt von der Welt. Was ist dann das Licht draußen? Wir befragen es, wir bilden physikalische Theorien und suchen nach seiner eigentlichen Realität. Da, wo wir aus dem leiblichen Dunkelraum und dem seelischen Lichtraum wieder die Brücken hin finden zu dem, was Licht außerhalb der menschlichen Organisation als Welttatsache ist, wird Licht als Geisttatsache erfahrbar.

Dieser Weg vom Geistigen des Menschen hin zum Geistigen des Weltalls, das ist Anthroposophie. Wenn uns dies gelingt, finden wir Licht als Weltengeistigkeit vor und ahnen Beschreibungen Rudolf Steiners, der vom Licht spricht als dem Kleid der Ungeborenen oder dem Kleid der Verstorbenen. So mögen Worte Rudolf Steiners über das Sonnenlicht den Abschluss bilden:

«Sonne, Du strahlentragende,
Deines Lichtes Stoffgewalt
zaubert Leben aus der Erde
unermesslich reichen Tiefen.

Herz, Du seelentragendes,
Deines Lichtes Geistgewalt
zaubert Leben aus der Menschen
unermesslich tiefem Innern.»[10]

Zur Charakteristik der Radioaktivität und die geschichtliche Dimension von Tschernobyl (1986)

Radioaktivität und ihre Stellung in der Natur

Die Katastrophe von Tschernobyl in der Nacht vom 25. auf den 26. April hat begonnen, Geschichte zu schreiben. Wir können nicht mehr umhin, nach allen Ursachen zu fragen. Das Wissen um die Tatsache der Radioaktivität ist gerade einmal 90 Jahre alt. Der Franzose Henri Becquerel entdeckte sie an dem natürlichen Uranerz Pechblende, ein Jahr nach der Entdeckung der Röntgenstrahlen. Das Uranerz schwärzte, wie Röntgenstrahlen, unbelichtete Photoplatten. Die wissenschaftliche Folge waren Entdeckungen, die den bisherigen Totalanspruch der klassischen Physik und Chemie schwer verunsicherten. Der kausalistische Determinismus, der für jedes Ereignis eine nachweisbare eindeutige Ursache fordert, war ebenso wenig aufrechtzuerhalten wie die klassischen Erhaltungssätze, nach denen bei allen chemischen und physikalischen Vorgängen die Summe aller beteiligten Massen und die Summe aller beteiligten Energien jeweils konstant bleiben. Die hohen Energiebeträge radioaktiver Umsetzungen entstammen nämlich einem Massenverlust; und beim Aufbau neuer künstlicher Elemente, die noch schwerer als das schwerste natürliche Element (Uran) sind, wird ein Teil der aufgebrachten Energien als Masse in der Bindung der Kernbausteine gespeichert (Massenzuwachs). Zwar konnte Einstein bereits 1905 die Äquivalenz von Masse und Energie ($E = m \cdot c^2$) neu formulieren – und damit den verallgemeinerten Masse-Energie-Erhaltungssatz, der die beiden klassischen Sätze vereint –, doch die Aufhebung des Determinismus im Bereich der Mikrophysik blieb bestehen. Sie besagt, dass beim radioaktiven Zerfall keine Ursache dafür angegeben werden kann, warum ein einzelner Atomkern zu einem exakt bestimmten Zeitpunkt zerfällt. Nur das statistische Mittel, in welcher Zeit die Hälfte eines radioaktiven Materials zerfallen sein wird – seine Halbwertszeit – ist unveränderlich konstant. Das heißt praktisch aber auch, dass der radioaktive Zerfall durch keinen Eingriff der klassischen Physik oder Chemie beeinflussbar ist. Ob das Uran-Isotop 235 als gediegenes Metall vorliegt, ob als natürliches oder künstliches Uranoxid, ob als gasförmiges Uranhexafluorid, ob als hocherhitzte Flüssigkeit oder tiefgekühlt, ob es unter großem Druck steht oder nicht – an der Zerfallsrate ändert sich nichts. Sie ist nur von der Gesamtmenge, der verstrichenen Zeit und der jeweiligen nuklidspezifischen Konstante abhängig.

Worum handelt es sich bei der Radioaktivität? Womit hat man es hier zu tun? Warum entzieht sie sich unserem normalen, auf die gewöhnliche Umwelt eingestellten Verständnishorizont? In der Unbeeinflussbarkeit der Zerfallsraten radioaktiver Abläufe begegnen wir einer Grunderscheinung – ja, dem *Urphänomen der Radioaktivität*. Was liegt hier vor? Alle gewöhnlichen Vorgänge der anorganischen Natur sind außenbestimmte Abläufe: Wasser kocht, weil es erhitzt wurde; die Glühlampe leuchtet, weil der Schalter betätigt wurde; die Billardkugel rollt, weil sie angestoßen wurde. In seinem grundlegenden Erstlingswerk «Grundlinien einer Erkenntnistheorie der Goetheschen Weltanschauung» bezeichnet Rudolf Steiner dies als das Prinzip der anorganischen Natur: «Es hängt hier der Verlauf eines Vorganges oder das Charakteristische eines Verhältnisses von äußeren Bedingungen ab, […]»[1] Im Durchschauen der darin ablaufenden Gesetzmäßigkeiten wird das Urphänomen im Goetheschen Sinne erfasst: Es offenbart die Gesetzlichkeit einer Bestimmung, die rein durch äußere Faktoren erfolgt. Die Faktorenanalyse legt dabei jenen bedingenden Weltausschnitt offen, der ein Phänomen verursacht. So bekommt man jedoch nie eine erschöpfende Ganzheit in den Blick, sondern immer nur ein aus dem Weltgetriebe ausgegrenzten Teil einer Ursachenkette. Was muss folglich das Ziel der anorganischen Wissenschaften sein? Es besteht darin, so lange einzelne Verständnissegmente zu sammeln, bis sich ein Ganzes ergibt. Doch worin liegt dieses Ganze? Rudolf Steiner beschließt das herangezogene Kapitel über «Die unorganische Natur» in diesem Sinne:

«Wissenschaftliche Befriedigung wird uns von einer Ansicht erst dann, wenn sie uns in eine abgeschlossene Ganzheit einführt. Nun zeigt sich aber die Sinnenwelt als unorganische an keinem ihrer Punkte als abgeschlossen, nirgends tritt ein individuelles Ganzes auf. Immer weist uns ein Vorgang auf einen andern, von dem er abhängt; dieser auf einen dritten usw. Wo ist hier ein Abschluss? Die Sinnenwelt als unorganische bringt es nicht zur Individualität. Nur in ihrer Allheit ist sie abgeschlossen. Wir müssen daher streben, um ein

Ganzes zu haben, die Gesamtheit des Unorganischen als *ein* System zu begreifen. Ein solches System ist der *Kosmos*.

Das durchdringende Verständnis des Kosmos ist Ziel und Ideal der unorganischen Naturwissenschaft. Jedes nicht bis dahin vordringende wissenschaftliche Streben ist bloße Vorbereitung; ein Glied des Ganzen, nicht das Ganze selbst.»[2]

Unsere dringende, unabweisliche Frage ist, ob auch die Radioaktivität unter diese erkenntnistheoretische Charakterisierung der unorganischen Welt fällt. Ist auch sie außenbestimmt – oder nicht? Davon hängt unser Bewusstsein über diesen so gefährlich gewordenen Naturbereich entscheidend ab.

Die Unbeeinflussbarkeit der Halbwertszeiten scheint der für die unbelebte Natur hervorgehobenen Außenbestimmung zunächst zu widersprechen. Es ist kein äußerer physischer oder chemischer Faktor auszumachen, der den spontanen Zerfall auslöst. Trotzdem verläuft der Zerfall einer definierten Menge einer spezifischen Substanz nicht chaotisch, sondern die Zerfallsquote wird über die Zeit hinweg strikt eingehalten. Es wirkt fast so, als stünde der einzelne Atomkern in einer Beziehung zur Gesamtheit aller Kerne, um – unter Berücksichtigung der bereits stattgehabten und der noch anstehenden Zerfälle – genau in jenem Moment zu zerfallen, den die Statistik des radioaktiven Zerfalls vorgibt. Wer zählt hier mit, behält die Summe im Blick und plant den einzuhaltenden Wert voraus? Solche anthropomorphistischen Überlegungen, als ob der einzelne Atomkern ein Bewusstsein von den vergangenen und künftigen Zerfällen der anderen Atomkerne habe und nach Maßgabe einer bestimmten Halbwertszeit seinen Zerfall danach einrichte, sind zwar immer schon sehr beliebt gewesen, helfen jedoch in keiner Weise, weil die scheinbar fehlende Ursache durch ein hypothetisch postuliertes Bewusstsein in der Materie ersetzt wird. Die Lösung dieser Verständnisfrage muss woanders liegen. Sieht man sich das Grundphänomen an, so besteht zwar keine Verursachung durch einen einzelnen Kausalfaktor. Doch als anorganischer Vorgang kann der Kernzerfall nur außenbedingt sein. Was löst den Zerfall aus, wenn es keine punktuelle Ursache gibt? Was ist das Außen, wenn es kein ausgrenzbarer, isolierter Faktor ist? Es kann nur das Ganze sein, in dem der Vorgang steht: der gesamte räumliche Kosmos.

Die Grunderscheinung der Radioaktivität weist uns darauf hin, dass der Kantsche Begriff des Raumes, der für die Mechanik des 19. Jahrhunderts noch hinreichte, hier völlig ungenügend ist. Kant fasste den Raum als eine vorgegebene (apriorische) Anschauung des betrachtenden Subjektes auf, als ein leeres, dreidimensionales, endloses Nichts, in dem sich die gegenständliche Welt befindet. – Dass der Raum aber mehr ist als ein geometrisches Konstrukt, erkannte in der Physik als Erster Michael Faraday.[3] Bis dahin interpretierte man magnetische und elektrische Anziehung als mysteriöse «Fernwirkung». Faraday hingegen begriff den (selbst luftleeren) Raum als Träger magnetischer, elektrischer und gravitativer Felder. Jedes Raumdifferential stellt in kontinuierlicher Verbindung den direkten Zusammenhang zwischen den durch Felder bewegten Massen her (Nahewirkungstheorie). Damit ist Raum kein bloß gedachtes Konstrukt mehr, sondern naturwissenschaftlich erforschbar. Er besitzt dabei weder einen rein gegenständlichen Charakter noch einen rein subjektiven. Da er sich ebenso wenig objektivieren wie subjektivieren lässt, gehört er zu jener universalen Seite der Welt, die nicht die Trennung, sondern den Zusammenhang per se darstellt. Rudolf Bubner begann schon 1959, anlässlich des ersten Sputnik-Starts (1957), das Raumproblem anthroposophisch aufzuarbeiten.[4] Er bezeichnete den Raum als die «Außenrinde des Ätherischen». Schon physikalisch ist Raum mehr als ein leeres Nichts. Die Arbeiten zur projektiven Geometrie haben von mathematischer Seite dazu beigetragen, doch können sie den Übergang zur naturwissenschaftlichen Seite nicht leisten, sondern durch Lebendigmachen der Denk- und Vorstellungsfähigkeiten nur dazu vorbereiten. Entscheidend ist der Einbezug der physikalischen Seite des Raumes als polares Gegenstück zum punktuellen, zentrischen Massebegriff. Schon Einstein wagte den Versuch, etwa die Gravitation nicht als Masse-, sondern als Raumwirkung zu denken. Das Urphänomen besteht darin, dass Massen, die sich gleichzeitig im Raum befinden, sich aufeinander zubewegen. Was vorliegt, sind *Massen* im *Raum*. Das *Punktbewusstsein* verlegt die Verursachung in die Massen und interpretiert den Vorgang als gegenseitige Anziehung. Das *umgreifende Bewusstsein* hingegen bezieht die real vorliegende Gesamtheit des umgebenden Raumes ein und sieht in ihm den Verursacher. Demnach besitzt der Raum die Fähigkeit, Massen so zu bewegen, dass mehr Raum ohne Massen entsteht. Der Raum *wirft* also die Massen gleichsam fortwährend aus sich heraus dorthin, wo sich bereits andere Massen befinden. Die Massen üben Gravitation nicht aktiv aus, sondern erfahren passiv die Wirksamkeit des Raumes. Alle Gravitationserscheinungen und die sie beschreibenden Gleichungen lassen sich mit dieser Ursachenverlegung in den Raum ebenso ableiten wie mit der Verlegung in die Massen. Gleiches gilt für die Deutung magnetischer und elektrischer Felder.

Die physikalischen Felder sind nichts anderes als differenzierte Zustände des Raumes selbst. Dass wir von beiden möglichen Vorstellungen spontan die Ursachenverlegung in die Massen vorziehen, liegt an der psychischen Vorliebe unseres Punktbewusstseins. Für die genannten Felderscheinungen sind jedoch die Punkt- und die Raumvorstellung bezüglich der Ursachenfrage noch absolut gleichwertig.

Anders verhält es sich jedoch mit dem Kernzerfall. Hier scheidet die Verlegung der Verursachung in den Kern selbst aus. Ebenso wenig lässt sie sich in einen anderen äußeren Faktor – etwa ein bekanntes Kraftfeld oder andere Massen – verlegen. Übrig bleibt nur der zu fordernde gesetzmäßige Zusammenhang zwischen allen Atomkernen gleicher Zerfallsrate im Weltall. Dieser Zusammenhang besteht jedoch ausschließlich im gemeinsam eingenommenen Raum. *Die Gesamtheit des äußeren Kosmos ist der geschlossene Verursacher der Radioaktivität.* Sie entzieht die Ursachenfrage ihrer spontanen Zerfallszeiten jedem abgegrenzten, konkretisierbaren Einfluss. Damit haben wir eine tragfähige Grundlage für ihr Verständnis gewonnen.

Treten wir an den Bereich des *Lebendigen* heran, so stellen wir fest, dass die gesamtheitliche wie ausschnitthafte Einwirkung der Außenwelt partiell zurückgedrängt wird. Zwar ist jeder Organismus auf äußere Einwirkungen angewiesen, er wird jedoch nicht durch sie konstituiert: «Wir müssen den Einwirkungen der äußeren Umstände etwas zugrunde legen, das sich nicht passiv von jenen bestimmen lässt, sondern sich aktiv aus sich selbst unter dem Einflusse jener bestimmt.»[5] Jede nähere Untersuchung der Lebensvorgänge erbringt eine solche Eigenbestimmung insbesondere in der Zeitordnung. Es gibt Phasen, in denen sich ein Organismus von außen bestimmen lässt, und solche, in denen er sich verschließt – die Physiologen sprechen hier von der «sensiblen Periode». *Das Was bedenke, mehr bedenke Wann!* möchte man in Abwandlung eines Goethe-Wortes sagen. Festzuhalten bleibt, dass wir im Reich des Lebendigen auf eine erste *Autonomie* treffen, eine *Eigengesetzlichkeit* gegenüber all dem, was der Organismus selbst nicht ist. Jeder Lebensprozess besteht im Aufbau zeitspezifischer Homöostasen. Er kann sich dadurch beständig von allem abgrenzen, was er nicht selbst ist, solange er lebt.

Wenden wir uns der *beseelten Natur* zu – dem tierischen Leben –, so begegnen wir in allen Abstufungen empfindenden Wesen. Über eine Sinnes-Nerven-Organisation, die jeder Pflanze fehlt – der einzige ausnahmslose Unterschied zwischen pflanzlichen und tierischen Mehrzellern –, wird ein Außenreiz von einem verinnerlichten Subjekt empfunden. Ein Inneres tritt hier einem Äußeren gegenüber. Das Seelisch-Subjektive verwirklicht damit einen weit höheren Grad an Eigenwelt, als es die physiologische Autonomie der Pflanze bereits vermag. Mit der Existenz von Lebewesen und beseelten Wesen, von Pflanze und Tier, hat sich im Kosmos etwas gebildet, das sich funktional in einer ersten und zweiten Steigerung aus ihm herauslöst und zunehmend eigene Mikrokosmen entwickelt hat. Das Faktum der Evolution spricht in zahllosen Erscheinungen davon: sei es die räumliche Verinnerlichung aller haploiden Gewebe (Gametophyten) beim Übergang von der niederen zur höheren Pflanzenwelt oder die zunehmende Fähigkeit zum individuellen Lernen von den wirbellosen Tieren bis hin zu den niederen und höheren Wirbeltieren. Stets haben wir es mit einer Steigerung der Individualisierung zu tun.

Im *Menschen* erfährt dieser Vorgang eine dritte Steigerungsstufe – sowohl in der räumlichen Gestalt (Freiwerden von Kopf und Händen) als auch in der physiologischen Autonomisierung (starkes Immunsystem, extrem stabiler Wärmeorganismus) sowie in der seelischen Emanzipation von Triebstrukturen, zunächst durch die allgemeine Kultur, dann durch die Selbstbestimmung. Der Mensch ist jene Wesenheit, die im Kosmos am weitestreichenden ihren eigenen Mikrokosmos aufbauen kann und damit zur Individualität gefunden hat. Er ist nicht nur ein *in die Freiheit geworfenes* Wesen, sondern dazu freigestellt, sich selbst immer weiter zu befreien. Damit erreicht er eine dritte Schwelle zur höchsten eigenen Autonomie.

Pflanze, Tier und Mensch sind so Steigerungen zunehmend eigenbestimmender, mikrokosmischer Existenzen. Darin liegt auch untereinander ihr existenzieller evolutiver Zusammenhang und ihre tiefe Zusammengehörigkeit begründet. Nach all dem Gesagten wird nun deutlich, welche Stellung die Naturerscheinung der Radioaktivität zur Natur hat. Sie wird, noch radikaler als die stabile Materie, vom *Total des äußeren Weltganzen* bestimmt. Die Radioaktivität stellt damit den vollkommenen Gegensatz zum Pflanzen-, Tier- und Menschenreich dar. Darin liegt begründet und daraus wird verständlich, warum sie so antithetisch zur übrigen Natur wirkt, und jede *Individualisierung behindert.* Sie untergräbt die Autonomie des Lebendigen, indem sie die Homöostasen unterbricht (Sofortschaden), die Gestaltfindung jedes Organismus rückgängig macht (Krebserzeugung) und die genetische Autonomie spezifischer Reaktionsnormen gegenüber den Umwelteinflüssen außer Kraft setzt (Erbschäden). Ebenso wird verständlich, warum Radioaktivität von Tier und Mensch nicht empfunden werden kann. Sie existiert so, als ob es keine empfindenden Wesen gäbe. In ihrer totalen *Außenheit* stellt sie sich einem verinnerlichten Wesen als solchem nicht. Sinnesorgane brauchen ein seelisches Innen und ein konkretes begrenztes Außen. Die Radioaktivität ist eine kosmische Tatsache, die prinzipiell nur vom totalen Makrokosmos konstituiert ist und die evolutive Individualisierung ignoriert.

Radioaktivität und Ich-Lähmung

Wie wirkt die Radioaktivität auf den Menschen und auf sein eigentliches Wesen, das *Ich*? Zum einen übt sie auf die egozentrischen Anteile des Ich eine vorher nie dagewesene intellektuelle Faszination aus: die Aussicht nämlich, durch den Verlust einer verschwindend geringen Menge an Materie – die uns ja überall im Überfluss umgibt – eine gewaltige Energie freizusetzen. Man muss die stabilen Stoffe mit Hilfe natürlicherweise radioaktiver Stoffe nur auch radioaktiv machen. Die Einstein'sche Formel hebt tiefenpsychologisch die immanenten Machtinstinkte im *Homo technicus* mit einem nicht zu übertreffenden Versprechen ins Bewusstsein: für einen äußerst geringen Massenverlust einen überragenden Energiebetrag eintauschen zu können. *Nur schade*, dass die großtechnische Ausführung so viel aufwendiger ist, als die einfache Äquivalenzformel vermuten lässt. Während sich Elektrizität leicht in Magnetismus, Licht oder Wärme umsetzen lässt, gelingt die Wandlung von Masse in Energie nur äußerst schwer. Diese Naturtatsache – den bloßen Stein in der Hand nicht sogleich in gewaltige Energie umsetzen zu können – lässt nach dem Sinn der *Stabilität* physischer Massen fragen. Eine wesentliche Eigenschaft von Masse ist ihre Schwere und Trägheit; sie lässt sich nur schwer in Bewegung setzen. Den Umgang mit geballter Materie erlebt der Mensch immer als schweißtreibend. Sie bietet ihm Widerstand. Sie bietet ihm die Herausforderung, sich mit ihrem Widerstand so auseinanderzusetzen, dass er ihm seine eigenste Aktivität entgegensetzt. Am greifbaren Widerstand der Materie, schon an der Überwindung der eigenen Leibesschwere, schlägt der Mensch den Funken des Ich-Willens zur Aufrichtung gegen die Schwerkraft, zum *Trotzdem* seiner Selbstgewinnung heraus. Jede Auflösung von Materie bedeutet im Prinzip den Verlust dieser existenziellen Aufgabenstellung für das Ich. Die Radioaktivität verringert die materielle Masse und greift damit den Sinn an, der in der Materie für das Erdenleben des menschlichen Ich liegt. Jede erdenflüchtige Religion und Philosophie hat die Radioaktivität deshalb, offen oder verdeckt, begrüßt. Die Endzeiterwartung einer Erlösung aus dem *Jammertal* schien nun endlich technologisch untermauert zu sein. Der physikalische Vorgang der Materieauflösung wird dabei in der Vision einer zerstrahlenden Erde mystisch glorifiziert. Dies jedoch kehrt den eigentlichen Erdensinn um: die materielle Welt in ihrer Sinnhaftigkeit für die leidvolle und schweißtreibende Anstrengung biographisch anzuerkennen, um die geistige Auflichtung der materiellen Welt zu tätigen. Diesen urchristlichen Nerv traf Goethe, als er den aus dem Schlaf erwachenden *Faust* sagen lässt:

«Du, Erde, warst auch diese Nacht beständig
Und atmest neu erquickt zu meinen Füßen,
Beginnest schon, mit Lust mich zu umgeben,
Du regst und rührst ein kräftiges Beschließen,
zum höchsten Dasein immerfort zu streben.»[6]

Solange dem Menschen die geistige Entwicklung möglich und nötig ist, darf die Erde sich nicht auflösen. Ihre geistige Verwandlung – die Transsubstantiation – geschieht durch bewusst geistige Arbeit und nicht durch physische Radioaktivität. Den kapitalistischen Gewinn mit einer gegenteiligen Haltung zu entschuldigen, verstellt den Blick auf die goetheanistische, anthroposophische und christologische Dimension. Dies muss heute mit aller Deutlichkeit gesagt werden, gerade auch eingedenk des Todes von Peter von Siemens kurz nach der Katastrophe von Tschernobyl, welche die erdenzerstörende Dimension der Kernenergietechnik manifestierte.

Wir sehen, dass die Tatsache der Radioaktivität nicht nur die lebendige und die empfindende Seite der Welt infrage stellt, sondern auch alle Seiten des Ich herausfordert und es gleichsam blank stellt: seine Gefährdung durch autistischen Selbstbezug, die Verdrängung der Erkenntnisfragen, die erdenflüchtige Überhöhung – und zugleich seine Kraft zur eigensten Anstrengung, zum Ja zur Erde und zur Verantwortung für alles künftige Leben für Jahrhunderttausende. Allein die Halbwertszeit des erstmals in unserem Jahrhundert vom Menschen wägbar erzeugten Plutoniums von ca. 24.400 Jahren bedeutet, dass in 100.000 Jahren immer noch gut fünf Prozent dieses schlimmsten Giftes vorhanden sein werden. Die menschlichen Iche sind als Individualitäten, die sich freiwillig selbst in die Pflicht nehmen, durch die Entdeckung und Verwendung der Radioaktivität nicht bloß theoretisch, sondern unmittelbar in ihrer Fähigkeit zu Beschluss und Handlung in geschichtlicher Dimension gefordert. Treten sie für alle bisher und künftig sich individualisierenden Wesen, die es ja nur auf der Erde gibt, stellvertretend ein, oder überlassen sie alles der sinnlosen Leere des äußeren physischen Kosmos, dessen extremste Äußerung der radioaktive Zerfall ist? Hat dieser nicht nur lebenstötende und empfindungsleere Wirkungen, sondern auch ich-lähmende? Das ist eine der historischen Kernfragen unserer Zeit, die sich so existenziell und zugleich bewusst noch nie in der Menschheitsgeschichte gestellt hat.

Für die Biosphäre ist fachwissenschaftlich bereits heute eines gesichert. Durch die bei der Katastrophe von Tschernobyl freigesetzte Radioaktivität wurde der Nullpegel – die allgemeine durchschnittliche Strahlendosis – auf lange Sicht erhöht. Am 16.7.1945 wurde in Los Alamos die erste Atombombe der Welt gezündet; sie war bewusst obszön auf den Namen «Trinity» getauft worden. Am 6. und 9.8.1945 folgten die Abwürfe der Atombomben über Hiroshima (Uran 235) und Nagasaki (Plutonium 239). Die vernichtende Gewalt traf dabei nicht nur die unmittelbaren Opfer; eine die Menschlichkeit zersetzende Wirkung erfasste ebenso die Akteure: Die Abwürfe wurden bewusst als «Experimente» deklariert. Die daraufhin an den Schauplätzen der Vernichtung errichteten radiologischen Kliniken der US-Atomenergiekommission durften nur die Diagnose der Auswirkungen betreiben, jedoch keine Therapie, um jeden Anschein eines Schuldeingeständnisses zu vermeiden. Der sich öffentlich für mitschuldig erklärende Claude Eatherly, der als Pilot des Wetter-Erkundungsflugzeugs das Startsignal für den Abwurf der Atombombe auf Hiroshima gab, litt zeitlebens an schweren Depressionen und Angstzuständen, unternahm mehrere Selbstmordversuche und wurde mehrfach in psychiatrische Kliniken eingewiesen. Zwischen 1955 und Mitte 1963 erfolgten 259 amerikanische, 126 russische, 32 englische und 6 französische oberirdische Atom- und Wasserstoffbombenversuche. Die Radioaktivität dieser sowie der späteren französischen, chinesischen und indischen Tests ist bis heute nicht abgeklungen; sie hob den Nullpegel auf 110 Becquerel (= Bq) an. Seit Tschernobyl liegt dieser Wert noch weitaus höher.

Die Becquerel-Werte allein geben nicht an, um welche Isotope es sich handelt. Erst deren Kenntnis gibt die Möglichkeit, die biologische Strahlenbelastung einzuschätzen, die in *rem* gemessen wird. Thomas McKeen[7] unterscheidet zwischen akuter, chronischer und genetischer Schädigung. Die akute Gefährdung durch Isotope mit relativ kurzen Halbwertszeiten – wie Jod 131 (8,05 Tage) und Tellur 132 (3 Tage), die bei uns zusammen 63% des gesamten Fallouts ausmachten – ist in der Umwelt inzwischen weitgehend abgeklungen, wobei die langfristigen Folgen der besonderen Jod-Anreicherung in der Schilddrüse abzuwarten sind. Die chronischen Schäden durch langlebige Isotope wie Ruthenium, Caesium, Kobalt, Strontium oder Plutonium bleiben hingegen für lange Zeiträume aktuell, auch wenn die politische Berichterstattung bezeichnenderweise nur die «akute Gefahr» bald dementierte. Diese langlebigen Isotope werden langfristig in den Bodenkolloiden gebunden. Selbst starke Regenfälle werden sie nicht so bald auswaschen; und sollten sie dennoch in die Flüsse geschwemmt werden, gelangen sie einerseits in unser Trinkwasser und verbleiben andererseits dauerhaft in der biologischen Nahrungskette – über die Wasserpflanzen bis hin zu den Fischen im Meer.

Von den drei unterscheidbaren biologischen Schädigungen durch Radioaktivität – 1. der *akuten*, rasch zum Tode führenden Schädigung, 2. der *chronischen*, somatischen Schädigung, die zu Tumorerkrankungen und Störungen der Gestaltordnung führt, sowie 3. der *genetischen* Schädigung, die an nachfolgende Generationen weitergegeben wird – verlangt die letztere den größten Weitblick der Verantwortung. Hier herrscht das unerbittliche Gesetz, dass es für genetische Schäden weder eine Schwellendosis noch eine aktive Selbstheilung des Organismus gibt; alle mutativen Effekte summieren sich, ungeachtet ihrer Häufigkeit. Nun stellt sich die Frage, wieso die Entwicklung des Lebens auf der Erde überhaupt möglich war, wenn sie doch stets dem Einfluss natürlicher Radioaktivität ausgesetzt war. Eigentlich müsste der Erbstrom im Laufe geologischer Zeiträume längst abgebrochen sein. Doch dies ist er nicht, obgleich der weitaus größte Teil aller Mutationen schädlich ist. Die Antwort liegt in zwei Tatsachen begründet. Zum einen sind die meisten Genveränderungen rezessiv, das heißt, sie kommen neben einem gesunden Partnergen (Allel) nicht zur direkten Auswirkung. Zum anderen führen massive, dominante Genschäden zum Absterben der Keimzellen – da diese haploid sind und ihnen somit das komplettierende Allel fehlt – oder, wenn es noch zur Zeugung eines Nachkommen kommt, zum Absterben desselben in der frühen Entwicklungsphase. Damit wird der genetische Schaden aus der Fortpflanzungskette eliminiert; nur der gesunde Erbstrom setzt sich auf Dauer fort. Evolutiv fand somit immer eine Selbstreinigung der Lebewelt von Strahlenschäden statt. Diese kann sich im Grenzfall über viele Generationen hinziehen, bis rezessive Gene in einer Population so stark angereichert sind, dass sie vermehrt reinerbig auftreten. Erst dann kommen die Folgen dieser Schäden in der Ausbildung des Organismus zum Durchbruch, sodass ihre volle Wirkung oft erst Jahrhunderte später sichtbar wird.

Das Charakteristische und zugleich Beunruhigende ist dabei, dass das Individuum diese Art radioaktiver Schädigung nicht beeinflussen kann. Ja, das Individuum wird hier evolutiv gleichsam geopfert, so dass die anonyme Gruppe der Population überlebt. Hierin kommt wiederum der anti-individuelle Eingriff der Radioaktivität zum Vorschein. Über diese Grauzone langfristig rezessiv mitgeschleppter Genschäden und ihre statistischen Auswirkungen auf die nächsten Jahrhunderte ist schlichtweg eine breite öffentliche Aufklärung geboten. Die gängige Schutzbehauptung, man wisse aufgrund der langen Generationsdauer des Menschen von etwa 30 Jahren noch kaum etwas und kenne nur die Verhältnisse bei Taufliegen oder Mäusen, stimmt sicher nicht. Die Zerstörung von Hiroshima und Nagasaki liegt über 40 Jahre zurück und wurde in ihren medizinischen Spätfolgen, wenigstens über *eine* Generation hinweg, akribisch untersucht und diagnostiziert. Hier steht der weltweiten Aufklärung offensichtlich die politisch motivierte Geheimhaltung entgegen. Wenn die Zahlen jedoch vorliegen: Warum werden sie nicht allerorts in die öffentliche Debatte eingebracht?

Wir treffen in der laufenden Debatte auf das schon berührte Symptom. Nie wurde die Einführung einer neuen Technik mit so viel unlauterer Beschwichtigung betrieben. (Ich erspare mir vielfältige Nachweise. Man lese dazu nur die Ausgabe 31/1955 im «Der Spiegel» mit dem Titel «Das Gold von morgen», welche die Kernenergie als die ultimative Lösung aller Energieprobleme feierte.) Die Radioaktivität wirkt ihrem Charakter gemäß lebensbehindernd, empfindungsverweigernd und ich-neutralisierend, solange das menschliche Ich sie nicht durchschaut. Man kann, ohne in eine bloße Vorwurfshaltung zu verfallen, die menschlichen Auswirkungen von Tschernobyl nüchtern so beschreiben, dass selbst die institutionalisierten Moralschützer weitgehend dieselben Symptome zeigen: Denkverweigerung den Grundphänomenen der Kernphysik gegenüber, Verlust der Verantwortlichkeit für alles künftige Leben, fehlende Bereitschaft zur Übernahme der Schuld an der durch Radioaktivität an der Biosphäre in den letzten Jahrzehnten eingetretenen Schäden, Anonymisierung des Gewissens (unter dem Vorwand man sei doch immer durch *die anderen* dazu gezwungen), Meinungsmanipulation mittels aller Raffinessen der Werbepsychologie und nicht zuletzt die meist verschwiegene, aber durch Propaganda von zahllosen Menschen am Ende aller Überlegungen gedachte Vorstellung: Es seien ohnehin zu viele Menschen auf der Erde (wobei merkwürdigerweise *zu viele* immer nur die anderen sind). Geht man dieses Haltungsspektrum durch, so erkennt man darin die Verweigerung eben jener Eigenschaften, die den Menschen in seiner Mündigkeit konstituieren: die selbstverantwortete Gewissens- und Handlungsfähigkeit. Nicht nur für Pflanze und Tier, sondern weltweit auch für den Menschen stellt die Radioaktivität die existenzielle Bedrohung all dessen dar, was die Individualisierung braucht und ausmacht.

Das 20. Jahrhundert in der Bewusstseinsgeschichte

Der einzelne Mensch leistet seit jeher mehr als die Gesellschaft. Man muss nur darauf achten, auf welchen Lebensbereich dies zutrifft. Die verschiedenartigen Kulturkreise der Menschheit waren bei aller kulturhistorischen Dynamik bis vor kurzem weitgehend von einer unbefangenen Zuwendung zu ihrer jeweiligen Lebenswelt getragen. In dieser wussten sie sich trotz Krisen und Umbrüchen letztlich stets aufgehoben – eingebettet in seit alters her gewachsene Traditionen, die Geborgenheit, Sicherheit und Zukunftsvertrauen gaben. Zwar haben sich seit dem Erwachen des griechischen Denkens immer wieder Individuen daraus gelöst und das Vorgegebene infrage gestellt. Doch auch sie lebten zuerst als Kinder in der Geborgenheit und im Vertrauen zu einer von ihnen angestaunten Erwachsenenwelt, die ihnen dem Weg ins Leben wies. Dieser allgemeine Kindheitszustand der Menschheit geht in unserem Jahrhundert in bergrutschartigen Erosionen zugrunde. Nicht nur den indigenen Völkern in Australien, Afrika, Amerika und Polynesien, sondern auch uns in Europa gehen die gewachsenen Kulturgüter Jahrzehnt für Jahrzehnt massiv verloren. Diese kulturelle Entwurzelung begleitet von den Surrogaten der «Coca-Cola-Gesellschaft» ist globales und überstaatliches Phänomen.

Am Ende und im Bruch mit der Kindheit entfaltet sich im individuellen Menschenleben die Reifezeit der Pubertät. Massive Änderungen in der Einstellung zur Natur, zum kulturellen Erbe und zur eigenen Existenz treten hervor. Zwei selten artikulierte, aber stets präsente Auseinandersetzungen gehören zur Intimsphäre dieser Altersstufe der menschlichen Biographie: Der seelisch pubertierende Jugendliche wird sich der Tatsache bewusst, die ihm als Kind nie in den Sinn gekommen wäre, nämlich, dass er die faktische Möglichkeit besitzt, aus eigenem Entschluss aus dem Leben zu scheiden. Soll man aber wirklich alles machen, was man vermag? An dieser Schwelle findet eine innere Verarbeitung der Sinnhaftigkeit der eigenen Existenz statt: Welchen Sinn hat mein Dasein, wozu sollte ich da sein, wenn mein Weiterleben freiwillig von mir selbst motiviert sein muss? Zugleich gehört es in dieses Alter, bewusst zu realisieren, dass mit der eintretenden Geschlechtsreife erstmals die physische Verfügung über Zeugung und Empfängnis gegeben ist. Beide inneren Erlebnisse gehören zusammen: die Entdeckung der Verantwortung für Anfang und Ende des menschlichen Lebens. An beiden Lebenstoren erwachen die noch kaum artikulierbaren, aber umso tiefer erfahrenen Sinnfragen menschlichen Selbstverständnisses: Woher kommt der Mensch, wohin geht er? Geburt und Präexistenz sowie Tod und Postexistenz werden zur gelebten Frage. Allein der Umstand, danach überhaupt fragen zu können, ist staunenswert. Die Fragen nach Daseinssinn und Berufung, nach Aufgabenstellung und Zukunftsentwürfen – diese ganze Welt halbtraumhafter Jugendideale – werden im wortlosen Selbstgespräch oder selteneren Dialogen bewegt und bewältigt. So wird die Mündigkeit vorbereitet.

Was jeder einzelne Mensch im seelischen Intimbereich schon immer leistet, wird heute zum gesamtgesellschaftlichen Problem. Das öffentliche, naturwissenschaftlich aufgeklärte Bewusstsein realisiert in dieser zweiten Jahrhunderthälfte zum ersten Mal in der Geschichte, dass die Menschheit die physische Möglichkeit besitzt, sich selbst inklusive aller anderen Lebewesen auszulöschen. Es ist die Fähigkeit zum globalen Selbstmord; das Waffenarsenal reicht gar zum 60-fachen Overkill aus. In welche Bewusstseinslage ist sie damit gekommen?

Was ist der Sinn der Menschheit auf der Erde, was der Sinn alles Lebens auf der Erde, was der Sinn der Erde selbst im Kosmos, dass es sich lohnt, sie zu erhalten? Kann die geschichtliche Realität der Gegenwart geistig überhaupt verarbeitet werden? – Zugleich findet sich unsere Zeit in der nie dagewesenen Lage wieder, die menschliche Fortpflanzung technisch handhabbar zu machen. Genkartierung, Genchirurgie, Samenbanken, genetische Auswahl, extrakorporale Befruchtung, Leihmutterschaft und künstlich eingeleitete Geburten – all das liegt im Bereich des Machbaren und bereits Vollzogenen. Doch ab wann beginnt denn der werdende Mensch nicht mehr bloß Sache zu sein, sondern Individualität? Die *geistige Präexistenz autonomer menschlicher Geistigkeit* ist die verdrängte oder offen im Raum stehende Frage. Wie gehen wir mit ihr um?

Wir sehen: Die Todestechnik der Reaktorphysik und die Fortpflanzungstechnik der Tier- und Humanmedizin treten als zusammengehörige Signaturen einer Menschheit auf, die ihre Kindheit abstreift und in die Pubertät gerät. Darin liegt der menschheitliche Sinn dieser scheinbaren Sinnlosigkeiten. Alles muss nun darauf gerichtet sein, die Mündigkeit nicht nur zahlloser einzelner Menschen zu verwirklichen, sondern durch sie die rechte Vorbereitung und Verwirklichung einer *Mündigkeit des öffentlichen, menschheitlichen Bewusstseins.* Woher kommen die Mündigkeitskräfte der Menschheit, die für sich die spirituelle Sinnhaftigkeit der Erde bejahen werden? Wie vollzieht sich die Annahme des *Menschheits-Ich*? Bereitet sich diese nicht bereits seit langem in einem menschheitlichen Christentum vor? Rudolf Steiner sprach die Bedeutung des Christentums so aus, dass er sagte: Das Christentum ist viel mehr als nur Religion. Es kann alles durchdringen. Nicht allein die Religion, auch die Kunst und die Wissenschaften können *durchchristet* werden. Alles, was der Mensch vermag, kann von dieser Kraft ergriffen werden. Gerade das menschliche Denken und die daraus entstandenen Wissenschaftsformen bedürfen des Wissens um diese Möglichkeit. So soll im Folgenden ein weiterer Gedankenweg beschritten werden, der das Rätsel der Radioaktivität berührt.

Radioaktivität als Scheinleben

Betrachtet man die Beziehung der natürlichen Radioaktivität zur Biosphäre der Erde näher, so kommen wichtige Faktoren ins Blickfeld.[8]

1. Die *kosmogene Höhenstrahlung* – im Unterschied zur erdgebundenen Strahlung – erzeugt in der hohen Atmosphäre seit jeher zwei radioaktive Iso-

tope von Elementen, die besonders eng mit dem Leben verbunden sind: das ^{14}C des Kohlenstoffs und das ^{3}H (Tritium) des Wasserstoffs. ^{14}C klingt mit einer Halbwertszeit von 5.730 Jahren ab, Tritium mit einer solchen von 12,3 Jahren. Die aus der Atmosphäre und den Oberflächengewässern aufgenommenen Spuren dieser Isotope gehören zum *Modus vivendi* aller Organismen. Während ihrer Lebenszeit reichern sie diese *kosmogen* beeinflussten Substanzen stärker an, als dies im stabilisierten, fossilen Kohlenstoff und Wasserstoff der unbelebten Natur der Fall ist. Welch auffällige Beziehung des atmosphärischen Stoffwechsels der Erde zum Stoffwechsel der Lebewelt!

2. Eine andere Beziehung besteht in der *Verletzung der Parität*, also der Gleichwertigkeit und beliebigen Vertauschbarkeit von Rechts und Links. In der klassischen anorganischen Chemie wird die Parität gewahrt. Der lebendige Stoffwechsel hingegen durchbricht sie fortwährend durch die Bildung eindeutig asymmetrischer Substanzen (z. B. Rechts-Traubenzucker, Links-Aminosäuren). Auch der radioaktive Beta-Zerfall zeigt eine solche Verletzung der Paritätsregel. In dieser strukturellen Einseitigkeit offenbart sich eine Verwandtschaft zwischen dem organischen Prozess und dem Kernzerfall.

3. Eine weitere lebensanaloge Erscheinung zeigt sich in der *krebserregenden Wirkung* der Radioaktivität. Tumore entstehen dadurch, dass – biologisch gesehen – die begrenzte Teilungsfähigkeit von Zellen in eine unbegrenzte übergeht (Entsomatisierung). Ist das nicht wie eine fatale Art der Revitalisierung?

4. Die *Autonomie der Halbwertszeiten* simuliert die für jedes Lebewesen charakteristische, von der Außenwelt unabhängige, spontane Zeitstruktur.

Diese Tatsachen führten in der bisherigen Diskussion sogar dazu, radioaktiver Strahlung in geringen Dosen eine lebensfreundliche, ja lebensfördernde Qualität zuzusprechen. Führen nicht manche Badeorte die Heilkraft ihrer Wässer – etwa die radonhaltigen Quellen von Bad Gastein – auf deren radioaktiven Gehalt zurück? Spiegelt nicht die vielfach gestörte Kristallstruktur von Uranmineralien eine Überwindung des Toten wider? Haben wir es hier nicht mit der Bildung eines *schöpferischen Chaos* zu tun, vergleichbar der Milchreife pflanzlicher Samenkörner? Erscheint die Radioaktivität so gesehen nicht womöglich als die «Keimkraft des Mineralreiches»?[9]

Geht man die auffälligen Analogien radioaktiver Erscheinungen und Wirkungen durch, so ergibt sich Folgendes:

1. Die kosmogene natürliche Strahlung wird zum größten Teil von der Atmosphäre, insbesondere ihrer Ozonsphäre, abgefangen und unschädlich gemacht. Was dennoch bis zur Erdoberfläche vordringt – sei es direkt oder gebunden in ^{14}C und ^{3}H –, kann durch jene Selbstreinigung mittels Keimselektion in den Organismen ausgeglichen werden. Dieser Prozess schädigt zwar

nicht die fotlaufende Generationenreihe, trifft jedoch immer das einzelne Individuum.

2. Die Verletzung der Paritätsregel demonstriert, dass der kosmische Raum selbst nicht in alle Richtungen gleichwertig ist, sondern asymmetrische Polarisierungen besitzt. Rudolf Steiner sprach 1921 einmal davon, dass ein zutreffendes Bild des Weltalls nicht die gleichförmige Kugelsphäre sei, sondern am ehesten der Form eines Vogeleis entspreche.[10] Der Vogelembryo liegt im Ei in 70 % aller Fälle so orientiert, dass in der Aufsicht auf den quer zur Hauptachse des Eies liegenden Embryo der Kopf vom Betrachter weg und der Schwanz auf ihn zu zeigt, wenn der stumpfe Pol des Eies links und der spitze rechts liegt.[11] Hier herrscht keine bloße Zufallsverteilung, aber auch kein starres Gesetz. In den Asymmetrien organischer Gestaltung findet – anders als beim Beta-Zerfall mit seiner absoluten Asymmetrie – stets eine bewegliche Auseinandersetzung zwischen den Polen von Symmetrie und Asymmetrie statt. Bezeichnenderweise erhöht sich bei Alterungsvorgängen der Anteil spiegelbildlich symmetrischer Antipoden in der organischen Substanz (Racemisierung), was sogar zur Altersbestimmung genutzt werden kann.[12] Das Lebendige ist also wesensgemäß asymmetrisch; erst das Ersterben führt zur Symmetrie.

3. Wie lebensfeindlich eine bloße Hyper-Revitalisierung im Organismus wirkt, demonstrieren Tumorerkrankungen auf tragische Weise. Ein anschauliches Bild bietet die moderne Abtötung des Bewuchses an Straßenrändern. Diese geschieht heute oft nicht durch Direktgifte, sondern durch den Einsatz von Wuchshormonen. Stoffwechsel und Wachstum werden dabei so massiv angetrieben, bis das System unter seiner eigenen Last zusammenbricht. Leben ist eben nicht bloßes, wucherndes Leben, sondern eine reichstgestufte Auseinandersetzung zwischen Aufbau und Abbau, zwischen Vitalisierung und Entvitalisierung. Leben im vollen Sinne ist die sinnvolle Spannung zwischen Leben im engeren Sinne und darin geordnet wirkendem Tod. Die kanzerogene Wirkung der Radioaktivität verhindert genau diese sinnvollen Todesprozesse – also die notwendige Einschränkung des Wachstums zugunsten funktionsreifer Organe.

4. Die Autonomie der Halbwertszeiten ist mit der Autonomie lebendiger Zeitordnung keineswegs gleichzusetzen. Radioaktive Halbwertszeiten sind vollkommen starr; es gibt keinerlei Hinweise darauf, dass sie sich über geologische Zeiträume hinweg verändert hätten. Wäre dies der Fall, dann müssten die Halbwertszeiten aller radioaktiven Stoffe kollektiv verkürzt oder verlängert worden sein. Untereinander jedoch traten keine Zeitverschiebungen auf. Das ist bei Organismen prinzipiell anders. Hier ist Zeit niemals starr. Es herrscht kein genormter Takt, sondern ein dehnbar- und verkürzbarer Rhythmus, der ebenso anpassungsfähig wie selbsterhaltend wirkt. Die lebendige Zeitstruktur

atmet. Auch in erdgeschichtlichen Zeiträumen zeigen sich hier reichste Abstufungen. Es gibt Tierarten, die sich seit dem frühen Erdaltertum kaum verändert haben – wie die Zungenmuschel *Lingula*, die seit dem Kambrium nahezu unverändert existiert. Demgegenüber stehen jene Lebewesen, die sich evolutiv außerordentlich vielseitig metamorphosiert haben, wie etwa die Leitfossilien, die jeweils nur kurze geologische Abschnitte charakterisieren. Dazwischen gibt es alle Übergänge.

5. Bei radioaktiven Kurwässern stellt sich die Frage, ob es sich dabei um eine bloße Reiztherapie handelt – vergleichbar mit Eiswasser, das den Wärmehaushalt des Kurgastes lediglich kurzzeitig zu einer Gegenreaktion stimuliert; oder ob die tatsächliche Heilwirkung nicht auf ganz anderen Komponenten der Mineralquelle beruht.

6. Es gibt natürlicherweise sowohl kristallisierte (anisotrope) wie auch nicht kristalline (isotrope, amorphe) Uranmineralien. Den pechartigen Zustand mancher Pechblende jedoch als eine ähnliche Qualität zu deuten, die dem amorphen Teer – dem Rückstand organischer Stoffe – vergleichbar wäre, ist eine unzulässige Analogiebildung.[13]

Bei den aufgezählten Erscheinungen hat man es mit Phänomenen zu tun, die – von der klassischen Physik und Chemie her gesehen – dem Leben näherzustehen scheinen. Erscheint nicht die Heisenbergsche Unschärferelation und der daraus abgeleitete Indeterminimus wie eine Annäherung an den nichtkausalen Bereich der Lebensvorgänge? Solche in bloßen Analogien steckenbleibenden Kurzschlüsse sind in den letzten 300 Jahren immer dann aufgetaucht, wenn eine neue physikalische Kraft entdeckt wurde. Als Galvani die Elektrizität am berühmten Froschschenkelversuch demonstrierte, glaubte man sogleich, die *Vis vitalis* – die Lebenskraft aller Organismen – gefunden zu haben. Zahllose Ärzte der Barockzeit versuchten, kranken Menschen neue Lebenskräfte zuzuführen, indem sie sie mit «Leidener Flaschen» elektrisierten. Zur Goethe-Zeit wiederum erklärten viele Gelehrte und Ärzte, im Magnetismus die «tierische Lebenskraft» gefunden zu haben. Der «Mesmerismus» des Arztes Franz Anton Mesmer (1734–1815), Patienten mit Magneten zu bestreichen, grassierte weithin jahrzehntelang. Als man schließlich den Indeterminismus der Quantensprünge im Elementarteilchenbereich entdeckte, verstieg sich der berühmte Physiker Pascual Jordan sogar zur Behauptung, damit sei die menschliche Freiheit in den Elektronensprüngen der Hirnsubstanz nachgewiesen; in dieser Lücke der Weltmaschine wirke nun Gott. (Ich sehe noch vor mir, wie in einem Vortrag Jordans in den fünfziger Jahren die anwesenden Theologen sich eifrigst diesen «endgültig geglückten naturwissenschaftlichen Beweis Gottes» notierten.)

Es mag psychologisch verständlich sein, dass die aufgezählten Analogien der Radioaktivität zum Lebendigen manche dazu verleiten, jene Strahlung fälschlich mit Ätherstrahlen gleichzusetzen. Doch in Wahrheit hat man es mit deren wesenhaftem Gegenteil zu tun! Rudolf Steiner schilderte die evolutive Bildung der verschiedenen Ätherarten im Übersinnlichen. Der Wärmeäther setzt sich fort im Lichtäther, im Klangäther und schließlich im Lebensäther. Der übersinnliche Wärmeäther hat sein physisches Korrelat in der sinnlich erfahrbaren, natürlichen Wärme. Der Lichtäther besitzt sein untersinnliches, da völlig ungeistiges, geronnenes Gegenbild in der Elektrizität. Die untersinnliche Realität zum Klangäther ist der Magnetismus. Zum Lebensäther ist das nur indirekt zu ermittelnde Untersinnliche die Radioaktivität. Darauf eben beruhen die Scheinanalogien der Radioaktivität zum Lebendigen. Alles Ätherische hingegen, weil selbst übersinnlich, entzieht sich jeglicher Quantifizierung. Es ist reine Qualität in der Zeit. Alles Untersinnliche ist in den Masse-Energie-Erhaltungssatz eingebunden und damit immer quantifizierbar, als materielles Schattenbild, ja Gegenbild des Lebensäthers von diesem unterscheidbar. – Die Verwechslung der Radioaktivität mit dem Ätherischen gründet in der Unfähigkeit, Übersinnliches vom Untersinnlichen unterscheiden zu können.

Eine etwas merkwürdige Angelegenheit ist die gelegentlich geäußerte Behauptung, Torf könne Radioaktivität abschirmen, wobei hierfür fälschlicherweise auch noch Rudolf Steiner in Anspruch genommen wird. Tatsache ist, dass in den Jahren des Rohstoffmangels nach dem Ersten Weltkrieg Henry Smit auf der Suche nach neuen Textilrohstoffen auf die Torffaser (Grasreste aus Wollgras- und Seggentorf) verfiel und Rudolf Steiner 1920 fragte, ob er daraus Kleidung herstellen solle. Nun lässt sich feststellen, dass Steiner in ähnlichen Fällen nie eine Initiative bremste, sondern jeden Fragenden meist ermutigte; so auch hier. Dies wurde jedoch bald fälschlich als eine gezielte «Angabe Rudolf Steiners» betrachtet. Den vermeintlichen Schutz dieser Kleidung gegen Radioaktivität leitete man später sogar aus dem «Landwirtschaftlichen Kurs»[14] ab, in dem Rudolf Steiner geraten hatte, biologisch-dynamische Präparate in Torf zu lagern, um deren Strahlung zurückzuhalten. Was er dort jedoch als *Strahlungskraft* dieser Präparate bezeichnete, hat aber weniger als nichts mit der radioaktiven Strahlung zu tun. Daher ist die Verwendung von «Mooröl» oder Torffaserkleidung als Schutz gegen Radioaktivität ein technischer wie geistiger Trugschluss – zumal die Textilien aus Torffaser ohnehin rasch zerfallen.

Die Anthroposophie hat das Befreiende an sich, dass sie von der Worterklärung befreit. Wörter sind Hinweise für das Verstehen, geben aber als Wörter noch nicht das Verstehbare – das eigentlich gemeinte Wesen des Begriffs. Dies gilt auch für die Worte «Strahlung» oder «Kosmos». In diesem Beitrag wurde mehrfach der Gesamtaspekt des Kosmos thematisiert, welcher die physische Welt ausmacht. Dieser äußere Raum-Kosmos ist – wie wir gesehen haben – nicht bloß geometrischer Natur, sondern stellt eine Sphäre mit spezifischen empirischen Qualitäten dar, welche die Naturwissenschaft erforscht. Thomas McKeen hat zudem die Universalkräfte des Kosmos einbezogen, von denen Rudolf Steiner als dem Ursprung der Lebenskräfte sprach – im Gegensatz zu den Zentralkräften wägbarer Stofflichkeit.[15] Es ist offensichtlich, dass diese beiden kosmischen Wirkungen nicht identisch sind. Vielmehr das Gegenteil ist der Fall, wie wir zu zeigen versucht haben, um verbreiteten Verwechslungen entgegenzutreten. Der *kosmische Aspekt der Lebenskräfte* weist auf das Ätherische als erfülltes Zeitgeschehen hin. Ätherisches ist aktiv gestalthafte Zeit, deren kosmische Rhythmen der Kosmos selbst als Lebensquell vorlebt. Die Raumvorstellung dieses Kosmos ist nur der Abglanz, die Außenrinde eines Dynamismus, in welchem der räumliche Kosmos im Zeitenkosmos aufgehoben und mit ihm eins ist. Hier wird der Raum dynamisch und die Zeit gewinnt Ausdehnung, Gestalt. Beide erweisen sich nur im Gegenstandsbewusstsein als getrennt. Der physikalische Raum, in welchem die Radioaktivität sowie die Felder der Elektrizität, des Magnetismus und der Gravitation verortet werden, ist dagegen der bloße Außenraumaspekt, in dem Zeit zur Linearität, zur Monotropie erstarrt ist.

Die psychischen Anforderungen durch die Radioaktivität

In welchem seelischen Raum steht die Katastrophe von Tschernobyl? Wir bemerken, dass das öffentliche Bewusstsein zu vielschichtigen Antworten fähig ist, von denen wir aber vielfach sogleich fühlen, wie wenig sie die neue Realität umgreifen. Johannes Kühl[16] weist auf die unheimliche Diskrepanz hin, die uns alle in den ersten Maiwochen 1986 entsetzt hat: Ein selten schöner, geradezu dramatischer Frühling brachte nach der langen Kühle des Aprils die Natur im Laubausbruch, in der Kirsch- und Apfelblüte sowie im Vogelgesang zu einem berstenden Jubel – und zugleich herrschte das Wissen, dass alles tödlich bestaubt, beregnet, verseucht war, ohne dass wir das Geringste davon wahrnehmen konnten. Was die natürlichen Sinne uns sagen und worüber die Nachrichten uns informieren, passt nicht mehr zusammen – und doch ist beides wahr. Unzählige Menschen haben diesen Frühling anders erlebt als alle zuvor. Die freudige Empfindung, das erwachende Leben der Natur werde schon vieles wieder gutmachen, greift nicht mehr. Die Natur ist prinzipiell überfordert.

Der Mensch weiß es zumindest, die Natur kann es nicht einmal bemerken. Die Spontaneität unserer Frühlingsempfindungen geht ins Leere. Die Empfindungsseele erweist sich als untauglich, mit dieser neuen Realität fertig zu werden.

Die anthroposophische Psychologie unterscheidet von der Empfindungsseele die Fähigkeiten der Verstandes- oder Gemütsseele. Letztere steht dadurch über der Empfindungsseele, dass sie nicht nur spontane Unmittelbarkeit, ichberührt, erlebt, sondern sehr viel autonomere, individuellere Züge trägt. Die Verstandesseele will selbst verstehen, was ihr entgegenkommt; sie analysiert, misst das Gegebene und schließt daraus auf allgemeingültige Gesetze. Genau dies bringt sie nun auch angesichts der Reaktorkatastrophe sofort in Anschlag: Becquerel-Werte werden ermittelt, Isotopensorten bestimmt, Zeitpunkte zurückberechnet und Halbwertszeiten veranschlagt. Geht es jedoch um Fragen von Schuld, Gewissen und Zukunftskonsequenzen, erklärt sie rasch ihre Unzuständigkeit: «Wir wissen noch zu wenig, um Stellung nehmen zu können.» Oder: «Das gehört nicht in mein Ressort.» Die Verantwortung wird abgeschoben, das zu Verantwortende abgewiegelt. Die Ausschnitthaftigkeit alles Verstandesdenkens, das die Welt nur in Ausschnitten zu analysieren vermag, macht es in seiner Weise untauglich, dem Problem der radioaktiven Hypothek aller künftigen Generationen gewachsen zu sein. – Die begleitende Seelenfähigkeit zum Verstand ist die Gemütsseele. Sie pflegt die Seite des persönlichen Klimas, des individuellen Geschmacks und der Privatsphäre. Doch auch sie ist dem Ausmaß des Geschehens nicht gewachsen und fühlt sich tief verunsichert. Die *Gemütlichkeit* ist am Ende. Das Gefühl, «es wird schon irgendwie wieder werden», wird als untauglich bemerkt. Furcht, Angst und Panik sind die Reaktionen, weil die Bürgerlichkeit keinen Halt mehr bietet. Während die Verstandesseele in ihrer rationalen Kühle das Problem bagatellisiert, gerät die Gemütsseele in ihrer Privatkultur in die schiere Verzweiflung. Beides hilft nicht weiter; auf der Ebene der Verstandes- oder Gemütsseele ist keine Bewältigung möglich.

Wir sind Teilnehmer, nicht nur Zuschauer; wir sind Mitgestalter eines historischen Vorgangs. Nicht nur die Empfindungsseele, auch die Gemüts- und Verstandesseele, die Bürgerlichkeit und die Expertenbeschränkung, haben ihre Unschuld verloren. Wer heute Furcht schürt, erzeugt lediglich Strohfeuer oder Resignation; wer die Katastrophe als eine alle angehende leugnet und Aufklärung als Panikmache abtut, reagiert lediglich opportunistisch und meist interessenabhängig.

Was wir benötigen, ist die dritte Seelenkraft, die der Mensch zu entwickeln vermag. Rudolf Steiner nennt sie ganz schlicht *Bewusstseinsseele*. Sie ist bereit, der Wirklichkeit voll ins Auge zu blicken, innerlich anzunehmen, was ist, und aus einer geistigen Überschau heraus zu handeln – jenseits von bloßer Aufregung oder kühlem Verstand. Diese Kraft der Bewusstseinsseele wird in unserer Zeit von all jenen verlangt, die erkannt haben, was sich tatsächlich vollzogen hat. Indem wir uns auf diese Ebene heben und mit dem, was faktisch vorliegt, nun so umgehen, dass wir zu Erkenntnissen gelangen, die dem Wesen der Dinge entsprechen, erwachsen daraus auch sinnvolle Handlungen. Der Verstand erweitert sich zur Vernunft, das analytische Denken zum synthetischen Verständnis, zur Intuition. Die Bewusstseinsseele zu entwickeln, ist unsere Aufgabe heute. Nimmt der Mensch diese Entwicklung nicht selbst in die Hand, wird er durch Katastrophen dazu gezwungen werden – denn ohne diese Kraft wird er den heraufziehenden Problemen nicht gewachsen sein. Tschernobyl ist dafür ein mahnendes Beispiel, eine reale und zwingende Herausforderung. Werden wir den Ausstieg aus der Scheinalternative finden, die Dinge entweder nur berechnend oder in bloßen Gefühlswallungen zu behandeln? Kommen wir dazu, bewusst zu wissen, was uns im Kleinen wie im Großen zu tun möglich ist? Der spontane Empfindungsmensch, der bürgerliche Gemütsmensch und der kalte Verstandesmensch haben durch Tschernobyl ihre Unschuld und Kompetenz verloren. Sie allein wirksam werden zu lassen, macht uns schuldig, weil wir so nicht bewältigen können, was notwendig ist.

Zur Überschau der Bewusstseinsseele gehört die Überwindung der punktuellen Reaktion und der Einbezug menschheitlicher Dimensionen. Vor 25.000 Jahren ritzten Eiszeitmenschen die ersten Höhlengravuren in den Fels; in weiteren 25.000 Jahren wird erst die Hälfte jenes Plutoniums *verstrahlt* sein, das unser Jahrhundert erstmals auf der Erde erzeugt hat. Dies hat fundamentale Konsequenzen für alles künftige Leben. Werden diese Tatschen verdrängt und nicht vernunftgemäß aufgearbeitet – und zwar nicht nur von Technokraten und Politikern, sondern vor allem von der bisher durch Wahlpropaganda und Werbepsychologie konditionierten Bevölkerung selbst –, so werden kollektive Depressionen auftreten. Denn was der Mensch nicht bewusst verarbeitet, schlägt ihm auf die unbewusst arbeitenden Organe wie Magen, Darm, Leber und Milz und löst absehbar eine Welle psychopathologischer Erkrankungen aus. Schon in den letzten Jahren rechnete man damit, dass sich 25% der Bevölkerung im Laufe ihres Lebens in psychiatrische Behandlung begeben. Nur öffentliche Aufklärung, sinnvolle Verarbeitung und vernünftiges Handeln aus überpersönlicher Konsequenz werden die Menschen davor bewahren. Dies müssen wenigstens die Verantwortlichen in der Politik begreifen, damit sie endlich das volle Ausmaß ihres Tuns ermessen.

Spricht man mit verschiedenen Menschen über das Geschehene, so hört man oft: «Das ist bald vergessen.» Es ist erschütternd zu sehen, wie reibungslos die Verdrängungsmechanismen in unserer Gesellschaft funktionieren. Doch ich möchte dem entschieden widersprechen. Was mit Tschernobyl geschehen ist, lässt sich nicht verdrängen. Dass man mit den Mitteln, die von durchsichtigen Machtstrukturen bestimmt sind, uns einreden möchte, wir könnten wieder zum Alltag übergehen wie vorher, ist zumindest bewusstseinsmäßig nicht mehr möglich. Wir erleben jeden Tag, jede Woche und jedes weitere Jahr anders und blicken mit geschärfter Aufmerksamkeit auf das, was wir selbst aus Vernunft und Einsicht zu gestalten vermögen. Jeder Vorwurf, eine bewusste Auseinandersetzung mit dem Unfall würde lediglich Furcht und Schrecken verbreiten, ist unberechtigt. Es geht nicht darum, bloße Gefühlswallungen zu schüren, sondern in aller Ruhe und zugleich voller Betroffenheit der Wirklichkeit ins Auge zu blicken und das Nichtvergessen zu stärken. Die Mechanismen von Verstand und Gemütlichkeit werden diesmal nicht funktionieren, denn auch das wider besseres Wissen Verdrängte wirkt zerstörerisch weiter. Die Folgen nehmen europäische Ausmaße an. Seit 1948 haben sich weltweit bereits zwölf schwere Kernkraftunfälle ereignet. Noch kurz vor der Katastrophe von Tschernobyl äußerte der Vorsitzende des sowjetischen Staatskomitees für die Nutzung von Atomenergie, Adranik Petrosjanz: «Die Wahrscheinlichkeit eines Unglücks in einem Kernkraftwerk entspricht einer Größenordnung von eins zu einer Million im Jahr.»[17] Diese fatale Risikoeinschätzung wurde auch im Westen geteilt.[18] Einen erheblichen Anteil kritischer Vorfälle hat man im Osten wie im Westen vertuscht. Um sich nicht demselben Vorwurf der Geheimhaltung auszusetzen, den man den sowjetischen Behörden machte, wurden im Westen – wenn auch zögerlich und unvollständig – viele Fakten mitgeteilt. Dennoch bleibt die Glaubwürdigkeit jener, die kein freies Geistesleben betreiben oder unterstützen, sondern von Machtstrukturen abhängig um ihre privaten Vorteile bangen, erschüttert. Der praktizierte Versuch vom Mai 1986, aus dem Reaktor Hamm-Uentrop unbemerkt radioaktiven Kohlenstoff während des Fallouts aus Tschernobyl abzublasen (was bis heute nicht widerlegt wurde), ist doch bemerkt worden. Was heute in jedem weiterdenkenden Menschen lebt, ist, jetzt auch der Solidarität zur gesamten Menschheit und Natur auf der Erde in der Tagespolitik zum Durchbruch zu verhelfen.

Ist dies nicht eine Aufgabe, die von allen Parteien und somit überparteilich aufzugreifen ist? Der einzelne Politiker – außerhalb des Machtspiels, in dem er steckt – wird im Privatgespräch weit mehr an Sorge zugeben, als er im Namen seiner Institution öffentlich zugibt. Der Einzelne in Wirtschafts- und Politikerkreisen fühlt sich Systemzwängen unterworfen, denen er nicht ausweichen zu können meint. Hier zeigt sich erneut die Dringlichkeit eines neuen Selbstverständnisses unserer Sozialordnung: Alles, was gedacht, erforscht und weitergeben werden kann, muss frei von solchen Zwängen sein. Ein freies Geistesleben ist die unerlässliche Bedingung jeder sinnvollen Weiterentwicklung. Dies entspricht dem eigentlichen Freiheitsideal des Westens. Wie weit diese Freiheit jedoch gesellschaftlich tatsächlich lebt, erfährt in diesen Tagen ihre entscheidende Nagelprobe.

Eines ist bereits deutlich: Zwar haben die USA nach dem Unglück von Harrisburg keinen neuen Reaktor mehr in Betrieb genommen, doch geschah dies nicht aus Solidarität mit einer globalen Aufgabe. Es war eine rein pragmatische Entscheidungg aus Kostengründen, nachdem Gerichte den Betreibern untersagt hatten, die angerichteten Schäden auf den Steuerzahler abzuwälzen. Dennoch stehen die USA und die UdSSR in einem Machtpoker, der massiv auch auf dem Energiesektor ausgetragen wird. Die russische Führung fühlte sich seit jeher einem derartigen Erfolgsdruck unterworfen, dass sie ein Kernkraftwerk nach dem anderen errichtete; im gesamten Ostblock war kein Ende dieser Anhäufung von Reaktoren abzusehen. Welche Menschheitsschuld die marxistischen Machtapparate damit auf sich geladen haben, ist an Tschernobyl besonders offenkundig geworden. Denn das System aus Machtzentralismus und Gehorsamszwang erlaubt keine Umkehr von der Basis her. Die Völker der Volksdemokratien können sich am wenigsten artikulieren; sie werden nicht nur nicht aufgeklärt, sondern es ist ihnen auch untersagt, sich untereinander darüber auszutauschen. Die Handlungsschuld der Verantwortlichen wiegt dadurch umso schwerer.

Wo die Vernunft des einzelnen Bürgers beginnt, sich im Umgang mit der Kerntechnik durchzusetzen, zeichnet sich ein schmales Band zwischen den Machtblöcken quer durch das mittlere Europa ab: von Finnland und Schweden über Dänemark und die Niederlande bis hin zur Bundesrepublik und Österreich. Hier beginnt die Wahrnehmung einer allgemeinen, grenzüberschreitenden Überlebensaufgabe.

Die institutionalisierten Moralhüter sind an diesem Prozess wenig beteiligt. Hans Maier rät in Bayern den Kirchen, dass ihnen Technikfeindlichkeit noch nie gutgetan habe. Als ob die Entwicklung gefahrloser, zukunftsfähiger Energietechnologien ein Zeichen von Rückschrittlichkeit wäre. Das Problem rührt jedoch an die Geburtsstunde der neuzeitlichen Naturwissenschaft, an die Biographie Galileo Galileis. Er war der Erste, der die messende Methode konsequent zur Entdeckung physikalischer Grundsätze einsetzte. Dieser Mann wurde von der kirchlichen Macht seiner Zeit im Prozess mit dem Scheiterhaufen bedroht – und fiel um. Bertolt Brecht hat die Folgen dieses Einknickens in seinem Drama «Leben des Galilei» auf die Bühne gebracht. Er lässt den greisen Galilei zu seinem Schüler Sarti sagen:

«Ich hatte als Wissenschaftler eine einzigartige Möglichkeit. In meiner Zeit erreichte die Astronomie die Marktplätze. Unter diesen ganz besonderen Umständen hätte die Standhaftigkeit eines Mannes große Erschütterungen hervorrufen können. Hätte ich widerstanden, hätten die Naturwissenschaftler etwas wie den Hippokratischen Eid der Ärzte entwickeln können, das Gelöbnis, ihr Wissen einzig zum Wohle der Menschheit anzuwenden! Wie es nun steht, ist das Höchste, was man erhoffen kann, ein Geschlecht erfinderischer Zwerge, die für alles gemietet werden können. Ich habe die Überzeugung gewonnen, Sarti, dass ich zudem niemals in wirklicher Gefahr schwebte. Einige Jahre lang war ich ebenso stark wie die Obrigkeit. Und ich überlieferte mein Wissen den Machthabern, es zu gebrauchen, es nicht zu gebrauchen, es zu missbrauchen, ganz wie es ihren Zwecken diente. Ich habe meinen Beruf verraten.»[19]

Dieser Geburtsfehler der modernen Naturwissenschaft, ist er die Schuld der katholischen Kirche, des Galileo Galilei oder beider? Jedenfalls ist dieser Geburtsfehler heute zu einem absoluten Überlebensrisiko geworden. Die moderne Wissenschaft hat das technische Vermögen zur Erbgutmanipulation und zur Totalzerstörung allen Lebens errungen. Wir benötigen dringend einen «Eid des Hippokrates», den alle Naturwissenschaftler leisten, bevor sie aus dem Studium in die Berufsverantwortung treten – so, wie es für Ärzte seit jeher gilt. Erst dann endete jene fatale Abhängigkeit, durch die heute in den westlichen Ländern zwei Drittel aller in wissenschaftlichen Berufen Tätigen in irgendeiner Form an der Rüstungsindustrie beteiligt sind. Im Osten dürfte die Lage wohl noch prekärer sein. – An einigen Universitäten der USA haben sich schon Wissenschaftsgremien gebildet, die sich auf einen ethischen Grundkanon im technischen Umgang mit ihren Entdeckungen geeinigt haben. Das sollte weltweit zur Norm werden.

Was kommt heute auf jeden Einzelnen zu? Das wird jeder aus seinem persönlichen Lebenszusammenhang heraus fragen, beobachten und zu beurteilen versuchen. Der Mutterboden für jede individuelle Entscheidung aber darf fortan wohl ein gemeinsamer sein: Nach der Katastrophe von Tschernobyl können wir die Begegnung mit der lebenden Pflanze, dem fühlenden Tier und dem Mitmenschen täglich viel bewusster annehmen. Leben, Seele und Geist sind es, die sich auf der Erde – entgegen der radioaktiven Wirkung des äußeren Kosmos – entwickelt und gestaltet haben. Es bedarf nur eines Grashalms in der Betonritze, eines Spatzes auf der Drahtleitung oder eines kleinen Kindes. Kein Technokrat kann sie erschaffen. Sie selbst sind die zunehmende Vermenschlichung des Kosmos. Die Radioaktivität hingegen ist als die prinzipiell antiindividualisierende Kraft die größte Herausforderung der Menschheit bei der Sinnfindung des Lebens auf der Erde.

«Tschernobyl» ist ein Fanal – und zugleich der Appell, der uns geschenkten lebenden Natur, deren Verantwortung seit diesem Jahrhundert in unseren Händen liegt, bewusster, erlebnistiefer und wesenhafter zu begegnen. Dann werden wir sie auch zu schützen wissen.

Die Radioaktivität in physikalischer, biologischer, psychologischer und spiritueller Hinsicht (2013)

Die Entdeckung der Radioaktivität im Jahre 1896 durch den französischen Physiker Antoine Henri Becquerel (1852–1908) kam völlig unerwartet. Seitdem der französische Chemiker Antoine Laurent Lavoisier 1785 das Gesetz von der Erhaltung der Masse bei chemischen Umsetzungen und Julius Robert Mayer 1845 das Gesetz von der Erhaltung der Energie für alle Energieumwandlungen formuliert hatten, galt es als undenkbar, dass Masse in Energie umgewandelt werden kann oder gar neue Elemente entstehen könnten. Dies wurde jedoch nach 1896 bald offensichtlich. 1905 machte schließlich Albert Einstein mit der Formel $E = m \cdot c^2$ das Energie-Masse-Äquivalent quantitativ berechenbar, wobei die Konstante c^2 die Lichtgeschwindigkeit im Quadrat ist. Damit wurde vorhersagbar, dass die enormen Energiemengen radioaktiver Prozesse einem winzigen Massendefekt ($m = E/c^2$) entspringen. Dies schien eine nahezu unbeschränkte Energiequelle zu eröffnen: die Kernenergie – so benannt, weil hierbei die Umsetzungen nicht wie in der klassischen Chemie in der Atomhülle, sondern im Atomkern stattfinden.

Nach der Katastrophe von Tschernobyl am 26. April 1986 brachte «Der Spiegel» eine Recherche über die Initiatoren der Kernkrafttechnik.[1] Es waren in Deutschland weder die Wirtschaftsspitzen noch die Politiker oder die Fachfront der Kernphysiker, sondern einige wenige Technokraten, welche die Menschheit endgültig *beglücken* wollten und in der Energiepolitik jeden Einwand als «steinzeitlich» abtaten. Angela Merkel – bislang die einzige promovierte Naturwissenschaftlerin mit Schwerpunkt Quantenchemie unter den Regierungschefs weltweit – nutzte nach der Katastrophe von Fukushima die Gelegenheit, selbst ihrer eigenen Partei beizubringen, dass die Sicherheitsprobleme der Kernkraftwerke und insbesondere die Endlagerung des Atommülls über historische und erst recht geologische Zeiträume prinzipiell unlösbar sind, und zog die politischen Konsequenzen.

Die Entdeckung der Kernspaltung lässt sich nicht rückgängig machen. So bleibt die offene Frage: Hat diese Entdeckung nicht nur einen historischen Stellenwert, sondern lässt sich dieser auch sinnhaft und verstehbar beschreiben? Dieser Frage ist der erste Teil dieses Beitrages gewidmet.

*

Der Mensch ist das einzige uns bekannte Wesen, das verstehen kann. Hierin ist er seine eigene Voraussetzung, und so muss er zuerst nach sich selbst fragen. Dabei nimmt er wahr, dass er im Laufe des Lebens unterschiedliche Bewusstseinszustände durchläuft. Als Embryo schläft er wohl völlig; als Fötus überwiegen seine Schlafphasen noch bei Weitem die ersten kurzen Wachphasen. Beim Kleinkind nehmen die Wachzeiten sukzessive zu. Mit den frühesten Erinnerungen beginnt auch die Verfügbarkeit über die eigene Vergangenheit. Schon ab dem siebten Monat nach der Geburt wird eine möglichst enge, persönliche Bindung an die betreuende Bezugsperson gesucht, ja energisch gefordert. Diese ist dem Kleinkind sehr viel präsenter, als es von sich selbst weiß. Denn zumeist erst im Laufe des dritten Lebensjahres beginnt die Entdeckung des eigenen Selbstbewusstseins. Doch bleibt noch lange die unhinterfragte Anerkennung, ja Verehrung der geliebten Vertrauensperson bestehen.

Mit dem so gewonnenen Vertrauen in das Hier und Jetzt wendet sich das Kind zunehmend der näheren, dann der weiteren Umgebung – der Welt – zu. Dies ermöglicht die Fähigkeits- und Wissensbildung, die in der Mitte der Kindheit eine Intensität erreicht, wie sie später nur genialen Biographien verbleibt. Schon in der Jugendzeit lernen wir durchweg langsamer.

Mit dem Eintritt der physiologischen und psychischen Reife wird die Kindheit leiblich und bald auch seelisch abgestreift. Zum eigenen Erstaunen findet man sich nunmehr als eine noch völlig andere Person vor, als man es bisher von sich gewohnt war. Dafür fehlt erst einmal die Sprache: «Mich versteht sowieso niemand.» Die Introversion in den neu gewonnenen, eigenen, intimen Seelenraum bestimmt das Erleben und führt zur Ablösung von den meisten bisherigen, so auch den familiären Bindungen. Viele Kinderfreundschaften zerbrechen in dieser Phase. Um neue zu finden, muss man erst einmal ein Stück weit mit sich selbst einig werden.

In diesem meist nonverbalen Selbstgespräch der Pubertierenden werden längst bekannte Tatsachen völlig neu gesehen und erstmals existenziell hinterfragt. Das betrifft insbesondere die Grenzfragen des Lebenslaufs: Lebensbeginn und Lebensende. Mit der Geschlechtsreifung wird dem Jugendlichen bewusst, dass er nun die Verantwortung für die Fortpflanzung und damit für seine zukünftigen Nachkommen trägt. Zugleich wird sich fast jeder in diesem Alter der Tatsache bewusst, dass er faktisch die Macht über sein eigenes Leben besitzt. Diese Erkenntnis birgt eine Dimension, die sich dem Kind zumeist nicht eröffnet: die Möglichkeit des Selbstmords. Beide Grenzfragen – Zeugung auf der einen Seite und die Suizidmöglichkeit auf der anderen – führen an die Sinnfrage des Daseins heran: Wozu das Ganze? Gibt es einen Sinn in meiner Zukunft? Nur dann lohnt es sich, weiterzumachen. Daraus ergeben sich die inwendigen Fragen der eigenen Lebensgestaltung: Habe ich eine Aufgabe, eine Mission, eine Berufung? Was könnte mein Beruf einmal sein? Daran keimt der immer vorhandene, wenn auch oft verborgene Jugendidealismus auf. Indem der Heranwachsende seine eigenen Antworten gebiert, gewinnt er die Mündigkeit als bewusst angenommene Selbstverantwortung vor sich und der Gesellschaft.

Wozu diese Aufzählung altbekannter Entwicklungsschritte? Weil wir eine empirische Grundlage für die eingangs gestellte historische Frage brauchen. Es zeichnet sich ein deutlicher Parallelismus zur Kulturentwicklung der Menschheit ab. Alle Kulturen der Frühgeschichte, gleich ob poly- oder monotheistisch, zeigen eine fraglose Bindung an göttliche Vorbilder, die als Eltern und Erzieher des Menschen verehrt wurden. Steht man vor den Pyramiden oder in den Felsengräbern der Pharaonen, so ist uns Heutigen kaum noch einfühlbar, dass ein ganzes Volk seinem gottgleichen Herrscher mit unfassbarem Aufwand seine Totenarchitektur errichtete. Mit dem Erwachen des Abendlandes setzte bei den Philosophen Altgriechenlands die Hinterfragung ihrer Götter ein. Ihre Mythologie zeigte immer mehr menschliche Züge und wurde deshalb zunehmend bezweifelt. Dem drohenden Verlust der bisherigen Bindungen an das über dem Menschen Stehende wurde in der Spätantike und im beginnenden Frühmittelalter durch das Christentum und, auf seine Weise, durch den Islam entgegengewirkt.

Der Beginn der Neuzeit setzte weitere Kräfte des selbstständigen wissenschaftlichen Denkens frei. Die Entdeckungen des astronomischen Kosmos und die geographische Erschließung der Erde begannen. Doch nicht nur in Europa vor 500 Jahren, sondern zunehmend bis heute über den gesamten Globus hinweg setzte sich der Austritt aus der Menschheitskindheit fort. Insbesondere seit dem 19. und 20. Jahrhundert ist ein weltweiter Verlust jahrtausendealter Kulturtraditionen im Gange. Nicht nur der europäische Kolonialismus entwurzelte die Menschen aller anderen Kontinente; auch wir selbst sind inzwischen von unserer einst gewachsenen Kultur entfremdet. Wo spielen die Glaubensinhalte der mittelalterlichen Dome oder die Hochblüte der Denker und

Dichter der Klassik noch eine wirksame Rolle in der heutigen Wirtschafts-, Finanz- und Bildungspolitik?

Dieser Verlust der Menschheitskindheit ist global und trägt alle Kennzeichen eines allgemein gewordenen Umbruchs im Sinne einer gesamtgesellschaftlichen Pubertät. Das ist keine Abwertung der globalen Gesellschafts- und Ökokrisen – im Gegenteil. Es gibt keinen direkten Übergang von der Kindheit in die Mündigkeit ohne den Durchgang durch die krisenhafte Jugendphase; andernfalls bliebe die Zukunft infantil. Dass dieser Durchgang sowohl biographisch als auch menschheitlich hoch risikobeladen ist, darin liegt die unmittelbare gemeinsame Evidenz. Hier geht es um mehr als um einen äußeren Vergleich. Er ermöglicht es, die erdrückenden derzeitigen Krisen als geschichtliche und zugleich individuelle Aufgabenstellung zu begreifen.

Wenn ein Kind müde ist, schläft es bald ein – ein Jugendlicher noch lange nicht. Wenn ein Kind hungrig ist, sucht es nach Essen – ein Jugendlicher noch lange nicht. Er macht die Nacht zum Tag, steigt aus jedem gesunden Lebensrhythmus aus und unter- oder überernährt sich. Er hat den unwiderstehlichen Drang, gegen seine Leibesgesundheit zu leben, um sich seiner seelischen Autonomie gegenüber der biologischen Grundlage zu vergewissern, wohl wissend, dass er sich damit schädigt.

Die gleichen Symptome zeigt die globalisierte Zivilisation: Sie lebt gegen ihre natürliche Grundlage, indem sie die Wälder der Erde zerstört, die Flusssysteme durch landwirtschaftliche Gifte verseucht, das Großklima überhitzt und die Polkappen abschmelzen lässt. Sie tut dies im vollen Bewusstsein der Folgen, da kurzfristiger Finanzgenuss die Machtgefühle steigert. All das hat es in begrenzten Räumen schon früher gegeben, aber noch nie global. Die Gesundheit der gesamten Biosphäre ist in Gefahr und das für die nächsten Jahrhunderttausende durch den Atommüll.

Die moderne Medizin hat durch Eindämmung der großen Seuchen, insbesondere auch der Tropenkrankheiten, die frühere natürliche Selektion weitgehend ausgeschaltet, sodass bald zehn Milliarden Menschen auf der Erde leben werden. Dabei ist es zu begrüßen, dass das individuelle Menschenleben Vorrang vor Kollektivstatistiken hat. Die Überbevölkerung wird sich nicht durch Gewährung von Finanz- und Nahrungsmitteln normalisieren. Nachweislich wirksam ist allein die Hebung des Bildungsniveaus der Bevölkerung – insbesondere das der Frauen. Die Fortpflanzungsrate eines Landes sinkt zuverlässig mit steigendem Bildungsstand.

Die öffentliche Kommerzialisierung der Sexualität bis in die tägliche Werbung demonstriert die gesellschaftliche Pubertät ebenso deutlich.

Im Zuge der Kernenergie entwickelte das 20. Jahrhundert zudem eine Waffentechnik, die ausreicht, um nicht nur alles menschliche Leben, sondern alles Leben auf der Erde vielfach auszulöschen. Die Menschheit besitzt de facto nun die technische Macht zum globalen Suizid. Das gehört zur historischen Dimension der Entdeckung der Kernenergie.

Damit ist der Zukunftsausblick ungeschönt gegeben: Wo bleibt das bisherige gesellschaftliche Bewusstsein in seinem pubertär beliebten Eigengenuss und Machttrieb stecken – gleich ob er in Religionskriegen, nationalpolitisch oder technokratisch auftritt? Und wo zeigen sich global wirksam die überlebenswichtigen Mündigkeitsfähigkeiten? Hierzu ist – wie jedes Gespräch zeigt – jeder Einzelne längst befähigt. Doch noch immer beruft man sich gerne auf *die gesellschaftlichen Zwänge*. Dabei besteht die Gesellschaft aus niemand anderem als den sie ausmachenden einzelnen Menschen. Und diese sind immer schon weiter, als die kollektive Gesellschaft in ihrer heutigen Medienmanipulation durch den oft abhängigen Journalismus – die Ausnahmen bestätigen die Regel. So lautet die zentrale Frage: Wo zeigen sich hier und heute die Anzeichen gesamtgesellschaftlich wirksamer Mündigkeit? Auf sie gilt es mehr denn je zu achten.

Das sind in erster Linie die abwägende Vernunft statt bloßer Verstandeszwänge und die bereitwillige Übernahme der Verantwortung für alles Leben auf der Erde: für die *Schwester Pflanze*, für den *Bruder Tier* und für jeden Menschen in Nächstenliebe und Fernstenliebe. Dafür gibt es – ist man einmal darauf aufmerksam geworden – überall schon zahllose Ansätze.

Dazu gehört auch, dass jeder Mensch die Halbwertszeit des Plutoniumisotops 239 kennt – des schlimmsten radioaktiven Giftes, das die Menschheit des 20. Jahrhunderts erstmals in nennenswerten Mengen produzierte. Sie beträgt 24.110 Jahre; erst nach dieser Zeit wird das Plutonium zur Hälfte zerfallen sein – eine unbeeinflussbare Naturkonstante. Nach 48.220 Jahren wird noch ein Viertel, nach 72.330 Jahren noch ein Achtel der vielen hundert Tonnen vorhanden sein, die seit den 1940er-Jahren entstanden sind. Wie leicht auszurechnen ist, wird es knapp 193.000 Jahre dauern, bis das Plutonium der letzten 70 Jahre auf 0,4 Prozent abgeklungen ist – was für die Biosphäre immer noch zu viel ist. Das ist eine Zeitspanne in Zukunft, die – zurück in die Vergangenheit geblickt – nach heutiger Kenntnis zur Entstehungszeit des *Homo sapiens* führt. Diese Halbwertszeit des Plutoniums muss jeder Mensch heute kennen, und sie seinen Kindern, Enkeln und Urenkeln über gut 6.400 Generationen hinweg weitergeben. Denn sie müssen dafür sorgen, dass davon nichts in die Biosphäre gelangt – selbst wenn ab heute alle Kernkraftwerke weltweit stillgelegt würden. Erst die Erforschung und Datierung der menschlichen Evolution ermöglichen es uns heute überhaupt, uns gedanklich an solche Zeitspannen für die Zukunft zu gewöhnen, die wir für die Beherrschung des Atommülls benötigen.

In diese Verantwortungsübernahme muss die Menschheit unaufschiebbar gesamtgesellschaftlich eintreten. Dazu ist sie seit der Entdeckung der Radioaktivität und der Entwicklung der Kernkrafttechnologie faktisch gezwungen. Macht man sich diese naturwissenschaftlichen Fakten klar, so gebietet die historische Lage, nicht nur die Kindheitsphase der Menschheit, sondern auch ihre Pubertät hinter sich zu lassen und ins verantwortungsvolle Erwachsenenalter einzutreten.

Nun kann man sich natürlich sagen: Die Risikobelastung in der Zukunft ist so exorbitant gewaltig, dass eigentlich niemand, der davon weiß – und das sind wir alle, denn jede Schule vermittelt im Physikunterricht dieses Wissen – noch in Ruhe schlafen kann. Also verdrängen wir normalerweise dieses Wissen, um unseren Seelenfrieden zu wahren. Doch Verdrängung erzeugt, wie jede Tiefenpsychologie lehrt, psychosomatische Erkrankungen. Wenn ganze Kulturräume diese kollektive Verdrängung zelebrieren, entsteht die Frage, welche Verklemmungen und Sozialpathologien dann eine solche Gesellschaft unbemerkt produziert. Diese Frage sei zur Analyse hiermit weitergegeben.

Eine andere Art der Verdrängung als die ins Unbewusste ist der bloße persönliche Selbsterhaltungstrieb: «Hoffentlich gerate wenigstens ich in keinen Super-GAU – und nach mir betrifft es mich ja nicht mehr.» Oder: «Wenn es jetzt schon die berühmten fünf Minuten nach zwölf sein sollten, dann bitte erst nach mir die Sintflut.» Eine große, ja entscheidende Hilfe gegen diese habituelle Apathie bietet der Gedanke der Wiederverkörperung. Über ihn sollte immer mehr vernunftgetragen gesprochen werden, erst recht in einem Rahmen wie dem der Stiftung Rosenkreuz. Aus der Perspektive der Reinkarnation hatten wir alle und werden wir alle an der Entwicklung der Menschheit Anteil haben, wie es der größte deutsche Aufklärungsphilosoph Gotthold Ephraim Lessing 1780 erneut entdeckte[2] und wie es in der Anthroposophie des 20. Jahrhunderts vertieft wurde.[3] Im Rhythmus der Jahrtausende nehmen wir lernend und gestaltend an dem Gang der Geschichte teil. Das «Nach-mir-die-Sintflut» verliert damit seine Grundlage. Wir werden unsere Aufgabe am Schicksal der Erde nicht los. Wie gut! Wer menschheitliche Verantwortung offen oder still übernimmt, trägt sie auch nach dem Tode geistig weiter, um sie immer wieder erneuert in Angriff zu nehmen.

Wilhelm Busch, der von Schopenhauer eine eher pessimistische Fassung einer bloßen «Seelenwanderung» übernahm, dichtete zwar:

> Man schwebt herum und gibt nicht acht,
> Und schwupp ist man zur Welt gebracht.[4]

Hier zu sein, sei demnach ein Unheil. Aber nur notorische Pessimisten halten ihre Existenz für einen Unglücksfall. Die Möglichkeit der Wiederverkörperung hingegen ist das Glück, auch über Jahrtausende hinweg mithelfen zu können, dass die Evolution des Lebens auf der Erde weitergeht und sie ihre Mission im Kosmos erfüllt. Die Biosphäre wird sich ohne den Menschen nicht mehr allein helfen können.

Dies darf aber nicht bedeuten, das heute Notwendige auf eine ungewisse Zukunft zu verschieben. «Jedes zu seiner Zeit» ist der Kairos – der rechte Augenblick. Dieser beinhaltet immer auch das Risiko des Scheiterns, wenn wir die Gefahrenzonen bagatellisieren. Eine recht verstandene Idee der Reinkarnation führt keineswegs zur Passivität.

Goethe, der während einer schweren Erkrankung in seiner Studentenzeit mehrmals Nahtoderlebnisse durchgemacht hatte, war durch seinen behandelnden Frankfurter Arzt Johann Friedrich Metz (1720/24–1782) mit dem Rosenkreuzertum in Berührung gekommen. Seitdem war er lebenslang von der Wiederverkörperung des menschlichen Geistes überzeugt, auch wenn er nur selten davon sprach.[5] Diese Gewissheit ermöglichte ihm eine immer positive, offene Zukunftseinstellung. Sie gab noch dem 66-Jährigen die Verse ein:

> «Die Zukunft decket
> Schmerzen und Glücke.
> Schrittweis dem Blicke,
> Doch ungeschrecket
> Dringen wir vorwärts.»[6]

*

Wir kommen im zweiten Teil zu dem im Titel genannten Thema. Was kennzeichnet die Radioaktivität in physikalischer Hinsicht?

Die wohl bedeutendste Entdeckung der klassischen Chemie war das *natürliche System der Elemente, das Periodensystem*. Es ermöglicht die Übersicht über die Verwandtschaftsordnung der Elemente und erlaubt präzise Voraussagen ihres chemischen Verhaltens. Hinter dieser Ordnung stand die Hoffnung, die unendliche Fülle der Stoffe durch chemische Analyse auf wenige *Elemente* zurückzuführen. Immerhin sind es doch 94 natürliche und darüber hinaus 24 künstliche Elemente geworden. Also versuchte man diese neuerliche Fülle auf möglichst wenige *Elementarteilchen* zurückzuführen, von denen erst einmal drei als ausreichend erschienen, nämlich die Protonen und Neutronen in den Atomkernen sowie die Elektronen in den Atomhüllen. Aus ihren Interaktionen lassen sich fast alle chemischen und physikalischen Vorgänge ableiten:

Protonenübergabe: alle Säure-Base-Reaktionen (Brønsted-Lowry-Konzept)
Elektronenübergabe: alle Reduktions-Oxidations-Prozesse (Redoxreaktionen)
Neutronenübergabe: nukleare Prozesse und Atomkernumwandlungen

Bei Letzteren wird Masse in Energie verwandelt – oder umgekehrt. Die dabei freiwerdende Energie entspringt jeweils einem winzigen Massendefekt der beteiligten Atomkerne. Dies ist das mit der klassischen Physik unvereinbare Grundereignis der Radioaktivität und aller Kernprozesse.

Dieses Grundereignis beinhaltet, dass die Sicherheit, die uns die Konstanz materieller Masse hier auf der Erde gibt, nicht mehr uneingeschränkt gegeben ist. Scheinesoterismen haben daraus auf eine «Durchgeistigung der Materie», ja auf ihre dadurch vorhandene und durch den Menschen verstärkte «Transsubstantiation» geschlossen. Ein großer Irrtum. Denn laut Einsteins Gleichung entsteht aus dem Massenverlust eindeutig quantifizierbare, also messbare, ja berechenbare und deshalb physikalische Energie, die schon deshalb nichts mit geistiger Energie oder Kraft zu tun hat. Wahrer Geist ist nicht vermessbar, Kernenergie hingegen immer. Wir können genau umgekehrt die Frage stellen: Was an der Konstanz der Elemente bei nichtradioaktiven Prozessen ist das gerade für die menschliche Existenz Entscheidende? Es ist ihre Verlässlichkeit, uns täglich den irdischen Widerstand zu bieten, den wir als Geistwesen für unsere Weiterentwicklung brauchen. Wir haben uns ja deshalb zur Inkarnation in die Erdenmaterie entschlossen, um an ihrem Widerstand mehr zu gewinnen, als wir in der geistigen Welt allein könnten. Goethe lässt so den aus nächtlichem Schlaf ins Tagesbewusstsein erwachenden *Faust* als Erstes sagen:

> «Du, Erde, warst auch diese Nacht beständig
> Und atmest neu erquickt zu meinen Füßen,
> Beginnest schon, mit Lust mich zu umgeben,
> Du regst und rührst ein kräftiges Beschließen,
> zum höchsten Dasein immerfort zu streben.»[7]

Diese Beständigkeit gehört zur geistigen Mission der Erde. Sie wird jedoch im Ansatz gefährdet durch eine verfrühte Auflösung der Erdenmaterie – eine Auflösung, die eintritt, bevor die Erde ihre Mission vollenden konnte.

Was kennzeichnet die Radioaktivität in biologischer Hinsicht? «Radioaktivität» bedeutet wörtlich «Strahlungstätigkeit». Beim Kernzerfall werden drei Strahlungsarten frei, die als α-, β- und γ-Strahlen bezeichnet werden. Diese ionisierende Strahlung zertrennt in lebenden Zellen lebensnotwendige Großmoleküle, und zwar nicht nur im Zellplasma, sondern auch im Zellkern.

Letzteres führt zur Schädigung der Erbsubstanz DNA, die unbegrenzt an die Nachfolgegenerationen weitergegeben wird, wenn die Schädigung nicht schon vorher zum Tode geführt hat. Die Radioaktivität ist damit prinzipiell lebensfeindlich.

Dagegen gibt es berechtigte Einwände, nämlich die Tatsache der natürlichen Radioaktivität, die seit jeher auf der Erde wirkt. Sie verursacht fortwährend erbliche Schädigungen, für die Zellen während jeder Zellteilung besonders anfällig sind. Bevor aus einer Mutterzelle zwei identische Tochterzellen hervorgehen, wird zuerst die in Form der DNA gespeicherte Erbinformation – die exakte Basenabfolge – verdoppelt, sodass nach deren Verteilung auf die zwei neuen Zellkerne genetisch identische Tochterzellen entstehen. Bei diesem Kopierprozess kommen unweigerlich Abschreibfehler vor, die unter anderem durch die allgegenwärtige Hintergrundstrahlung induziert werden. Daher folgt auf jede Verdoppelung eine strenge zelluläre Kontrolle, bei der Fehlstellen sofort repariert und ausgeheilt werden. Ohne diesen selbstregulierten Restitutionsvorgang bei jedem Zellteilungszyklus wäre längst alles Leben auf der Erde unter der Einwirkung der natürlichen Radioaktivität erloschen.

Diese zelluläre Anpassungsfähigkeit hat sich im Laufe der Evolution präzise auf das Maß der natürlichen Radioaktivität eingestellt. Letztere stammt zum einen aus den radioaktiven Mineralien der Erdrinde, zum anderen aus der kosmischen Höhenstrahlung. Nun kommt seit dem 20. Jahrhundert als dritte Quelle die menschengemachte, in die Biosphäre entweichende Radioaktivität hinzu. An diese künstliche Erhöhung kann sich die Lebenswelt nicht im Laufe weniger Jahrhunderte oder auch Jahrtausende anpassen.

Beim Tschernobyl-GAU 1986 gelangten 16 radioaktive Elemente in die Erdatmosphäre und über den Regen weltweit in die Böden und Ozeane.[8] Die mengenmäßig ins Gewicht fallenden Isotope von Ruthenium 103 und 106, Tellur 132, Jod 131 und Caesium 134 waren nach wenigen Tagen, Wochen oder Jahren dank ihrer kurzen Halbwertszeiten abgeklungen. Nicht so das zu 12,8 Prozent in Westdeutschland niedergegangene Caesium 137 mit seiner Halbwertszeit von 30 Jahren. 2016 wird es erst zur Hälfte zerfallen, und erst in 200 Jahren auf etwa 1 Prozent gesunken sein. Aber wer denkt heute noch daran oder weist in den Medien darauf hin, dass seitdem die globale Radioaktivität allein schon dadurch für 200 Jahre, das heißt über den Zeitraum von fast sieben Generationen, über die natürliche Dosis hinaus erhöht bleibt? Und wer thematisiert diese bereits bestehenden und künftigen Zusatzbelastungen weiter? Und wer hält dieses Wissen aus? Schon vor Tschernobyl gab es seit 1948 13 schwerste Kernkraftunfälle.[9] Die drei außer Kontrolle geratenen Blöcke von Fukushima kommen seit dem 11. März 2011 hinzu – von den in den Weltmeeren versenkten Atommüllfässern, die unweigerlich durchrosten werden, ganz zu schweigen. Der heutige Strahlenpegel ist über seinen natürlichen Wert für lange Zeit erhöht. Wer hat nach dem Verursacherprinzip die Verantwortung, oder wer übernimmt sie? Die Nationalstaatenpolitik hat hier versagt. Nicolas Sarkozy bot noch Politikern wie Gaddafi und Mubarak den Verkauf von Kernkraftwerken an. Das Wort seines Vorgängers François Mitterrand hingegen «Le nationalisme, c'est la guerre» trifft heute in besonderem Maße auch auf den Zerstörungskampf gegen die Natur zu.

In psychologischer Hinsicht stellt die Radioaktivität ein rätselhaftes Phänomen dar, nämlich ein *Nichtphänomen*. Wir haben keine unmittelbare Wahrnehmung von ihr, weil wir, wie alle empfindungsfähigen Wesen, keine Sinnesorgane dafür besitzen. Sinnesphysiologisch betrachtet ist sie ein offensichtliches Negativum, denn erst durch physikalische Apparaturen wie Photoplatten, Geigerzähler, Nebelkammern und Szintillationsschirme können wir indirekt von ihrer Existenz erfahren.

Natürlich gibt es auch andere Energiearten, für die wir keine spezifischen Sinnesorgane haben: magnetische und elektrische Felder sowie die elektromagnetischen Wellen jenseits beider Seiten des sichtbaren Lichtspektrums. Wir spüren auch die Radiowellen nicht direkt. Die γ-Strahlung jedoch ist die extremste und härteste Form der elektromagnetischen Strahlung. In ihrer Wirkung ist sie vergleichbar mit der hochenergetischen Röntgenstrahlung, die bekanntlich ebenfalls lebensschädlich wirkt.

Ich komme zur spirituellen Relevanz der Radioaktivität. Darunter möchte ich im wörtlichen Sinne die geistig-ethische Ebene ansprechen – insofern sie durch das Faktum der Radioaktivität beeinflusst wird. Es lässt sich nahezu durchgängig konstatieren, dass noch nie bei der Einführung einer neuen Technik so sehr missinformiert, gelogen, ja betrogen wurde.[10] Sie hat offenbar eine lähmende Wirkung auf die nur vom einzelnen Menschen erbringbare, eigenverantwortliche Urteilskraft. Schon die Einführung dieser Technik als zivile Energiequelle, besonders aber die Vertuschung ihrer wahren Kosten und erst recht ihrer Unfälle, geschah bisher ohne jede gesamtgesellschaftliche Konsensfindung. Hätte man die vielen Milliarden an Entwicklungskosten von vornherein nicht dem Steuerzahler, sondern den beteiligten Wirtschaftsunternehmen aufgebürdet, so wäre mit dieser Technik weniger als nichts verdient worden – ungeachtet der Tatsache, dass ein Kernkraftwerk mittlerer Größe pro Tag Strom im Wert von rund zwei Million Euro erzeugt. Dies gilt erst recht, wenn man die Kosten der vollständigen Entsorgung ausgedienter oder havarierter Anlagen noch aufschlägt.

Bei der Katastrophe von Fukushima waren die gewohnten Vertuschungsrituale erneut zu beobachten. Es gibt verständliche, wenn auch nicht entschuldbare Gründe für die irrationale Faszination, welche die Kernkraft bei Befürwortern und Betreibern ausgelöst hat. Ursächlich dafür ist die Konstante c^2 in Einsteins Formel – das Quadrat der Lichtgeschwindigkeit. Sie beträgt als höchste vorfindbare Geschwindigkeit knapp 300.000 Kilometer pro Sekunde (exakt: 299.792.458 Meter pro Sekunde). Dieser Zahlenwert im Quadrat ergibt etwa $9 \times 10^{16}\ m^2/s^2$ – eine Zahl, die fast die Dimension von 10^{17} erreicht, in Worten: 100 Billiarden. Gewaltige Energiemengen lassen sich damit aus so geringen Massenverlusten gewinnen, dass es hochentwickelter Messverfahren bedurfte, sie überhaupt nachweisen zu können. Welche Verlockung! Angesichts solcher Aussichten setzte die rationale Selbstkritik bei den Technokraten schlichtweg aus.

Die Einstein'sche Formel ist eine Gleichung, die – wie jede mathematische Gleichung – besagt, dass die linke Seite des Gleichheitszeichens der rechten Seite entspricht: $E = m \cdot c^2$, umgestellt also $m = E/c^2$. Sie bilanziert zeitenthoben das Verhältnis von Masse (m) und Energie (E). Inhaltlich sagt sie jedoch nichts über den Vorgang, die Prozesse oder das Verfahren der Umsetzung aus, *wie* Masse in Energie bzw. Energie in Masse umgewandelt wird. Sie kann nur die Äquivalenz des am Anfang Gegebenen mit dem am Ende Gegebenen feststellen, nichts aber über die Art des realen Übergangs dazwischen mitteilen. Die Gleichung sagt prinzipiell nur etwas über das *Was*, nichts über das *Wie* aus. Dies wurde im Größenrausch vermeintlich unbegrenzter Möglichkeiten übersehen. Es war der Faktor c^2, der die Befürworter trunken gemacht hat.

Ich fasse zusammen: Wir konnten die Auswirkungen der Radioaktivität auf vier kategorialen Seinsebenen verfolgen. *Physisch* entsteht sie aus einem Massenverlust, wobei die freiwerdende Energie weiterhin rein quantitativer und damit physischer Natur bleibt. Es stellt sich dabei die Frage, warum sich nicht in allen Atomen die Protonen mit den Elektronen zu Neutronen neutralisieren – warum sich also nicht schon längst jede körperliche Materiestruktur aufgelöst hat. Dies ist erst quantentheoretisch ableitbar und erfordert Prämissen, welche die klassische Physik nicht bietet. Diese nicht herleitbaren, aber beschreibbaren Gesetzmäßigkeiten (wie das Pauli-Prinzip) sichern den Bestand greifbarer Materie. In ihr konstituiert sich die Sinnhaftigkeit, den menschlichen Geist – ja letztlich jede Naturgeistigkeit – am Widerstand lernen zu lassen. Darin besteht die Mission der Materie im Allgemeinen und der Erde im Besonderen.

Radioaktivität schädigt alle *Lebensvorgänge*: die vergangenen, gegenwärtigen wie die zukünftigen. Diese konnten sich über geologische Zeiträume hinweg nur durch zelluläre Reparaturvorgänge an der Erbsubstanz DNA erhalten. Eine künstliche Erhöhung der Strahlung durch den Menschen überfordert diese zellulären Regulationen und untergräbt die Verantwortung für alles Leben auf der Erde.

Radioaktivität ist *psychisch* nicht wahrnehmbar. Sie trifft bei allen empfindungsfähigen Lebewesen auf keinerlei entsprechende Sinnesorgane. Deswegen blieb sie bis zum Ende des 19. Jahrhunderts in der gesamten bisherigen Menschheitsgeschichte unbekannt und kann nur apparativ ermittelt werden. Sie ist für die Psyche ein Nullum.

Die durch Radioaktivität freigesetzten Energiemengen liegen um sechs Zehnerpotenzen höher als jene, die auf üblichem chemischem Wege erreichbar sind. Die dadurch eingetretene Machtausweitung befeuert Machtphantasien, die zu massiven Fehlleistungen im Vernunft- und Moralverhalten durch Verheimlichungen, bewusste Falschaussagen und Täuschungen in einem Ausmaß führen, die eine neue, weil globale Verantwortlichkeit erfordern, wie sie in der ganzen bisherigen Menschheitsgeschichte noch nicht gefragt war. Die am 16. Juli 1945 beim weltweit ersten Test in New Mexico gezündete Atombombe trug den Namen «Trinity», was das erschreckende Ausmaß der kollektiven Selbstüberschätzung schon damals demonstrierte.

Mit dem Erwachen des auf eigene Einsicht gebauten Denkens traten viele Kulturkreise der Menschheit inzwischen aus ihrer gesellschaftsgebundenen Kindheit heraus. Mit der Entdeckung der Radioaktivität trat die Menschheit als Ganzes in das kollektive Risiko eines globalen Suizids ein. Sie befindet sich damit schon seit über einem Jahrhundert im Zustand jugendlicher Unter- und Überschätzung.

Daraus ergibt sich die Sinnfrage für die Existenzberechtigung der Menschheit in jedem Menschen, der darum weiß, nunmehr unerbittlich. In der Sinnsuche und Verantwortungsübernahme für sich selbst, für die globale menschliche Gesellschaft und darüber hinaus für alles Leben der Biosphäre können jene Mündigkeitsfähigkeiten entwickelt werden, die der Einzelne oft schon besitzt, die nun aber so bald wie möglich die gesamte Sozietät entwickeln muss. Dieser Prozess findet vielerorts bereits statt, doch ist sich die Gesellschaft ihrer voll verstehbaren Historizität noch nicht bewusst geworden. Dieser Beitrag ist ein Versuch, dieses Bewusstsein zu fördern.

Mineralogie

Vom Kristalle-Züchten (1973)

(mit Angelika von Kügelgen)

Im Chemieunterricht der 10. Klasse werden die etwa 16-jährigen Schüler ausführlich mit der Chemie der Säuren, Basen und Salze vertraut gemacht und damit zugleich in die mineralogische Chemie eingeführt. Steinsalzwürfel und Calcite, Bergkristalle und Turmaline faszinieren nicht nur, sondern werfen spätestens jetzt die Frage auf, wie Kristalle in ihrer geometrischen Regelmäßigkeit entstehen und wachsen können. Am eindrucksvollsten ist es für die Schüler, wenn sie das Wachsen von Kristallen nicht nur im praktischen Versuch vorgeführt bekommen, sondern selbst *eigene* Kristalle züchten können. Dass die kristalline Welt aus dem Flüssigen entsteht, ist eine eindrucksvolle Erfahrung: Irdische Verdichtung und doch durchlichtete Reinheit bilden hierbei das sinnlich-sittliche Erlebnis.

Immer wieder wird danach gefragt, wie man am leichtesten und effektivsten Kristalle züchten kann. Davon soll hier die Rede sein, und zwar unter Einbeziehung all der kleinen Kniffe, die dem noch Unerfahrenen praktisch helfen. Der Ausgangspunkt für diese Versuchreihen war das Büchlein von Erich Keller: «Wachstum und Aufbau der Kristalle».[1] Vor 4 Jahren übernahm es ein Schüler der Pforzheimer 12. Klasse als Jahresarbeit, nach diesem Buch Kristalle zu züchten. Dabei zeigte sich jedoch, dass der Autor die uns wichtige Versuchsanordnung nicht ausprobiert hatte, denn sie funktionierte nicht. Es musste daher eine neue Methode entwickelt werden. Aus der Schülerarbeit und weiteren Verbesserungen ergaben sich zwei äußerst einfache und sichere Verfahren, mit denen einerseits *Kupfersulfat* und andererseits *Kaliumaluminiumalaun* in Form schöner, großer Kristalle gewonnen werden können. Es gibt zwar auch andere geeignete Salze wie Natriumthiosulfat, Kaliumhexacyanoferrat (III) und Strontiumformiat, doch wir beschränken uns hier auf die beiden erstgenannten Substanzen. In jedem Fall handelt es sich um wasserlösliche Salze, die leicht in eine konzentrierte Mutterlösung überführt werden können. Die fertigen Kristalle müssen deshalb – im Gegensatz zu den meisten geologischen Mineralien – vor Feuchtigkeit geschützt und lufttrocken aufbewahrt werden.

Die wesentliche Bedingung für den Erfolg ist, dass der Kristall erschütterungsfrei und langsam wachsen kann. Je ruhiger er belassen wird und je langsamer sich die Kristallisation abspielt, desto regelmäßiger und klarer wird er. Diese empirische Regel beruht darauf, dass die Substanz nicht nur im wachsenden Kristall in Vorzugsrichtungen eingeordnet vorliegt, sondern ebenso schon in der flüssigen Phase der umgebenden Mutterlösung in nächster Nähe der Kristalloberflächen. Die ungerichtete Isotropie der Lösung wird hier von einer räumlichen Ordnung der kristallisierfähigen Substanz überlagert, die kurz vor dem Übergang in den festen Aggregatszustand steht. Jeder wachsende Kristall besitzt in seiner direkten Umgebung eine *flüssige Haut* von bereits anisotroper, gerichteter Ordnung. Der wachsende Kristall ist von einem *flüssigen Kristall* umgeben, der die künftige Form im flüssigen Zustand vorwegnimmt und sie im Moment des Ankristallisierens dann nur noch fixiert. Damit hängt zusammen, dass Störstellen, Löcher und sonstige Gestaltunregelmäßigkeiten leicht *regeneriert* werden können, solange sich dieser anisotrope Mantel in Ruhe ausbilden kann. Erschütterungen hingegen zerstören diesen *flüssigen Kristall* um den festen Kristall und machen letzteren, da die ankristallisierende Feinstruktur gestört wird, für Licht undurchlässiger – also trübe – und bei häufiger Beunruhigung auch in der Großstruktur gestaltlich unebenmäßig. Um ausreichend Zeit für diese langfristige Kristallisation zu gewinnen, schieden alle Arten von schnellen Abkühlungsverfahren (wie das Züchten aus heißer Lösung im Becherglas oder der Thermosflasche) aus. Erhöhte Wärme stört in jedem Fall die Ausbildung der Anisotropie in der flüssigen Phase.

Für die Zucht bei Zimmertemperatur sind nun zwei Verfahren empfehlenswert, wobei sich das erste eher für Schüler, das zweite vor allem zur Demonstration eignet:

1. Für Kupfersulfat: Das einfache Eindunsten.
2. Für Alaun: Das Umwälzen der Mutterlösung.

1. Züchten von Kupfersulfat-Kristallen im Verdunstungsverfahren

Kupfersulfat ($CuSO_4 \cdot 5 H_2O$) bildet tiefblaue trikline Kristalle. Alle Achsen, welche die Mittelpunkte der rhombischen Flächen verbinden, bilden untereinander ungleiche Winkel (Abb. 1). Dieses Salz hat jedes Chemikaliengeschäft und fast jede Drogerie vorrätig. Je nach Bedarf löst man ½ oder 1 kg Substanz in knapp 1 oder 2 l destilliertem Wasser. Die Lösung wird fast bis zum Sieden erhitzt und anschließend heiß filtriert (großes Filterpapier, z. B. 38,5 cm Ø). Beim Eingießen in den Filtertrichter und das Auffanggefäß ist wegen der Sprunggefahr Vorsicht geboten. Außerdem ist es von Vorteil, den Trichter mit einem sauberen Tuch abzudecken, um die Abkühlung zu verlangsamen und Staub fernzuhalten. Sollte bereits im Filter Substanz ausfallen, wird mit etwas heißem destilliertem Wasser nachgespült. Nach wenigen Stunden ist diese Mutterlösung abgekühlt und gibt nach Erreichen der Übersättigung den Substanzüberschuss in Form kleiner, 1 bis 2 cm groß werdender Kristalle ab.

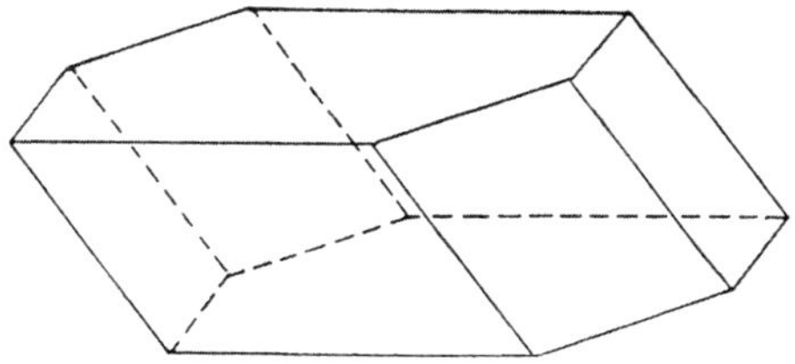

Abb. 1: Kristallform des Kupfersulfats. Alle drei Raumesachsen stehen nicht im rechten Winkel zueinander (trikline Kristallform).

Nach 24 Stunden sucht man die regelmäßigsten Einkristalle heraus, um mit ihnen bei Zimmertemperatur weiterzuzüchten. Die Kristalle werden in Petrischalen, Porzellanschalen oder flache Kunststoffwannen gelegt und wenige Zentimeter hoch mit der erkalteten, nun exakt gesättigten Mutterlösung übergossen. In den folgenden ca. 2 Tagen muss das Gefäß erschütterungsfrei stehen. Während das Wasser langsam verdunstet, konzentriert sich die Lösung erneut, wird übersättigt und lagert Festsubstanz an den vorhandenen Kristallen an. Diese wachsen dadurch stetig – mit Ausnahme der Fläche, die den Boden berührt.

Trotz Filtration und Staubschutz entstehen unweigerlich neue Kristallkeime, die als feiner *Kristallgrus* bald den Boden der Zuchtschale bedecken. Daher muss der Zuchtkristall etwa alle zwei Tage umgebettet werden: Man

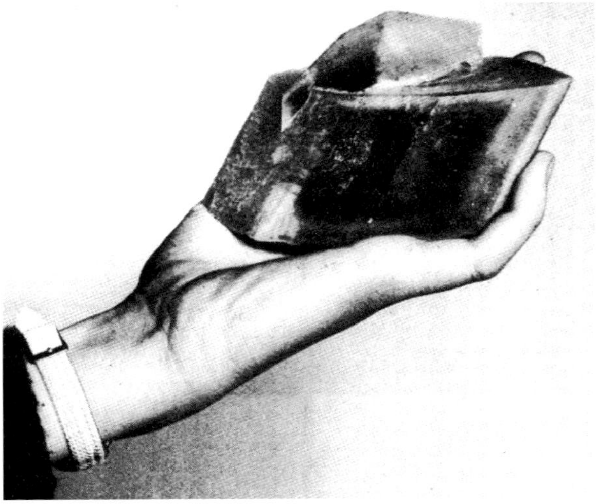

Abb. 2: In drei Chemieepochen wuchs dieser Kupfersulfat-Kristall immer größer.

1. gießt die Lösung ab und säubert sie wiederum durch Filtrieren;
2. befreit den gewünschten Kristall sowie den Boden der Schale vorsichtig von etwaigem anhaftenden Kristallgrus;
3. spült die Schale sauber und trocknet sie ab;
4. legt den Zuchtkristall zurück – nun mit der bisherigen Unterseite nach oben, damit auch diese Fläche weiterwachsen kann;
5. gießt die gefilterte Mutterlösung wieder zu.

Es empfiehlt sich, die Lösung nicht mit bloßen Händen zu berühren. Kupfersulfat liegt als saures Salz in Lösung leicht hydrolisiert vor; es kriecht unter die Fingernägel und kann Hautschrammen schmerzhaft reizen; außerdem ist es schlecht abzuwaschen. Eine Nickelzange ist ideal für die Handhabung. Werkzeuge aus Eisen (wie herkömmliche Pinzetten) setzen sich mit Kupfersulfat zu Kupfer und Eisensulfat um und verunreinigen so die Lösung.

Obwohl jede Umbettung den Kristallisationsvorgang kurz unterbricht und eine feine Trübung an der Oberfläche erzeugen kann, bleibt der optische Eindruck durch das intensive Blau erhalten. Auf diese Weise lassen sich über Wochen oder Monate handgroße Einzelkristalle heranziehen (Abb. 2). Da der wachsende Kristall Fremdstoffe meist abweist, reichern sich Verunreinigungen in der Restlösung an. Besonders Eisen(III)-Ionen können die Farbe mit der Zeit ins Grüne verfärben. Es empfiehlt sich darum, die letzte Schicht mit frisch angesetzter Mutterlösung aufzukristallisieren.

Eine reizvolle, beliebte und schnellere Variante ist das *Überzuckern* eines Steins mit kleinen Kupfersulfat-Kristallen: Hierzu gibt man so viel Festsubstanz in eine gesättigte Mutterlösung, wie später auskristallisieren soll, erhitzt auf 80–90 °C, filtriert die Lösung heiß und übergießt damit einen gut gesäuberten Sand- oder Granitstein in einem Becherglas. Kalkstein ist ungeeignet, da er im sauren Milieu der Lösung regiert und sie verunreinigt. Bereits nach 24 Stunden ruhigen Abkühlens (am besten mit einem Tuch abgedeckt, um die Abkühlung zeitlich hinzuziehen) erhält man wunderbar blau überkrustete Steine.

2. *Züchten von Alaun-Kristallen im Umwälzverfahren*

Alaune sind kristallwasserreiche Doppelsalze aus einem einwertigen und einem dreiwertigen Metallkation sowie Sulfat-Ionen: $Me^{I}Me^{III}(SO_4)_2 \cdot 12\ H_2O$. In der Natur findet sich am häufigsten als Verwitterungsprodukt schwefelhaltiger (z. B. vulkanischer) Gesteine der Kaliumaluminiumalaun ($KAl(SO_4)_2 \cdot 12\ H_2O$). Das Element Aluminium erhielt seinen Namen aufgrund seines Vorkommens in diesem Mineral. Alaune kristallisieren im kubischen System, wobei in der Kristalltracht meist die Oktaederform dominiert. Beim Kaliumaluminiumalaun (im Folgenden einfach als Al-Alaun bezeichnet) treten an den abgestumpften 6 Ecken oft Würfelflächen und an den abgestumpften 12 Kanten Rhombendodekaeder-Flächen hinzu (Abb. 3).

Die farblose Natur des Al-Alauns ermöglicht es, vollkommen klare, prismatisch lichtbrechende Kristalle zu züchten. Will man solche recht groß erhalten, verbietet es sich, sie wie die $CuSO_4$-Kristalle umzubetten. Über mehrere Wochen muss der Kristall ohne Unterbrechung, ja sogar ohne jede Erschütterung, wachsen können. Dies gelingt durch eine Apparatur, in der sich die Mutterlösung kontinuierlich selbst regeneriert (Abb. 4).

Als Zuchtgefäß dient z. B. eine weithalsige Glasstöpselflasche (ca. 1 l), als Regenerationsgefäß ein Rundkolben (ca. 1 l), der über dem Zuchtgefäß befestigt wird. Aus dem Rundkolben führen durch einen doppelt durchbohrten Gummistopfen 2 Glasrohre (Ø 8–10 mm) nach außen. Das längere Rohr (ca. 50 cm) ragt tief in den Rundkolben hinein, das kürzere (ca. 40 cm) nur wenige Zentimeter. Außerhalb des Kolbens sollte das kürzere Rohr jedoch etwa 5–6 cm weiter nach unten ragen als das längere. Wird nun der Rundkolben umgekehrt an einem Stativ so über dem Zuchtgefäß befestigt, dass die Glasrohre in dieses hineinragen, so ist die Apparatur schon fertig.

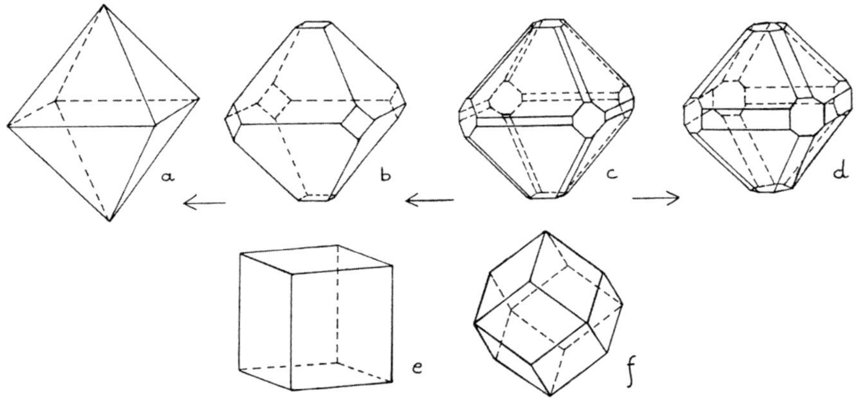

Abb. 3: Abwandlungen der Kristalltracht beim K-Al-Alaun. a Oktaeder, e Würfel, f Rhombendodekaeder, b Oktaeder mit Würfelflächen, c und d Oktaeder mit Würfel und Rhombendodekaeder-Flächen. Aus reiner Alaunlösung c, mit wenig Schwefelsäure b, mit mehr Schwefelsäure a, mit wenig Kalilauge d.

Nun stellt man sich aus 400 g Al-Alaun und gut 2 l destilliertem Wasser bei 70–80 °C die gesättigte Mutterlösung her. Diese wird filtriert und zwei bis drei Tage in einer Schale stehen gelassen, bis der Substanzüberschuss in Form kleinerer Kristalle ausfällt. Diese dienen später als Impfkristalle.

Der Rundkolben wird nun mit festem Alaun-Grus gefüllt. Die verbliebene Luft verdrängt man mit der erneut filtrierten Mutterlösung, entfernt durch mehrfaches Schütteln die meisten Luftblasen und setzt den Gummistopfen mit den Glasrohren vorsichtig so auf, dass das längere Rohr tief in den festen Kristallgrus hineinragt und möglichst keine Luftreste im Kolben verbleiben. Dann füllt man die Glasrohre vollständig mit Lösung auf und verschließt sie vorübergehend mit zwei kleinen Korkstopfen. Mit der restlichen Mutterlösung füllt man das Zuchtgefäß bis nahe zum Hals an und stellt es z. B. bei einem Plattenstativ auf dessen Fuß unter die Stativklemme. Den gefüllten und verschlossenen Rundkolben befestigt man mit der Klemme nun kopfüber so am Stativ, dass beide Glasrohrenden in die Mutterlösung des Zuchtgefäßes eintauchen. Unterhalb des Flüssigkeitsspiegels entfernt man mit einer Zange beide Korkstopfen aus den Rohrenden. Nun sind unteres und oberes Gefäß durch die beiden Rohre zu *einem* geschlossenen Flüssigkeitssystem aus gesättigter Mutterlösung verbunden. Die Höhe des oberen Gefäßes stellt man so ein, dass die unten höherstehende Glasrohröffnung wenige Millimeter unterhalb des Flüssigkeitsspiegels im Zuchtgefäß endet. Nun wartet man noch etwa 1 Tag ab, bis sich etwaige Konzentrationsunterschiede ausgeglichen haben.

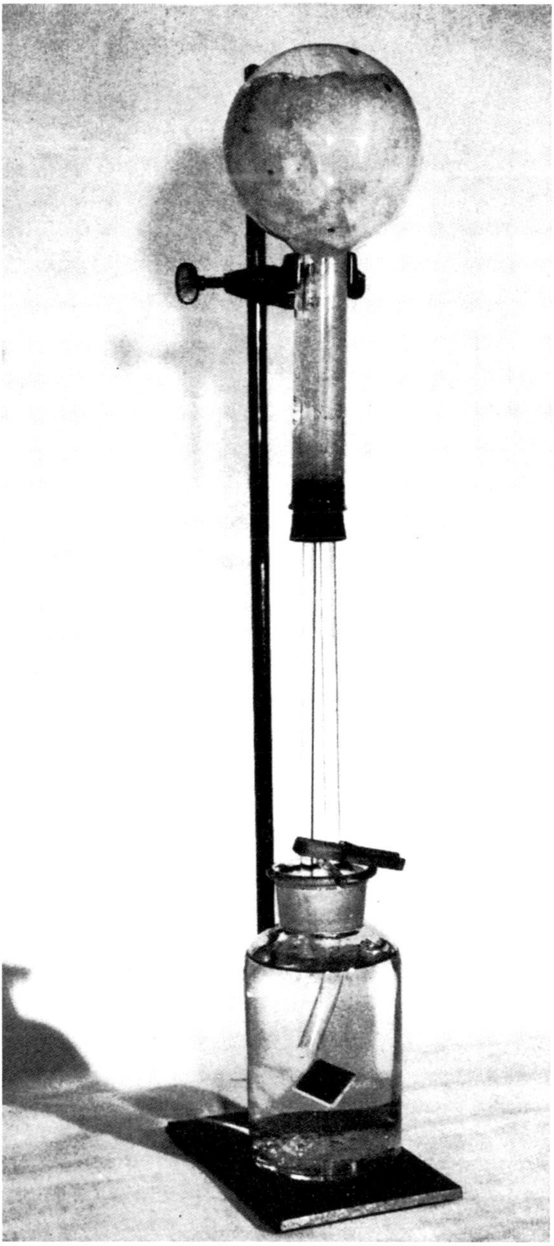

Abb. 4: Die Zuchtapparatur für Alaun-Kristalle. Zur Verdeutlichung hängt ein dunkler Chrom-Alaun-Oktaeder in der klaren Aluminium-Alaun-Lösung.

Einhängen des Impfkristalls: Zum Einhängen eines wenige Millimeter großen Impfkristalls beschafft man sich am besten in einem Jagd- oder Sportanglergeschäft 0,1 mm dicke Perlon-Fischersaite (lange Haare tun es auch, reißen nur leichter). Mit etwas Geduld gelingt es, den Impfkristall in eine Schlinge einzuknoten, wozu man ihn vorher mit einer Ampullen-Säge rundum einritzt, damit der Faden nicht abrutscht. Das freie Ende des Aufhängefadens klemmt man in einer Wäscheklammer fest (Die Länge ist so leicht variierbar). Um unerwünschtes Kristallwachstum am Faden zu vermeiden, fettet man diesen noch ein wenig zwischen zwei Fingern ein (Kenner reiben sich dazu vorher die Stirn: eine besonders talgreiche Hautstelle). Nun sind die letzten Handgriffe zu machen: Man taucht den Impfkristall kurz in destilliertes Wasser, um Unreinheiten der Kristalloberfläche anzulösen, und trocknet ihn mit Filterpapier ab. Man hängt schließlich den Kristallkeimling in das untere Gefäß so ein, dass er ca. 2 cm unter der Mündung des tiefer einragenden Rohres und ca. 5 cm über dem Boden schwebt. Sodann verschließt man die Öffnung des Zuchtgefäßes gegen Verdunstung von innen und Staub von außen mit einem Wattebausch und stellt das Ganze an einen auf Wochen hin ruhigen Ort, der nicht zu starke Temperaturschwankungen erfährt (also nicht in die Sonne). Alles übrige geschieht nun von selbst.

Was geschieht? Der Kristallkeim wächst. Die umgebende Mutterlösung gibt Substanz an ihn ab, wird dadurch spezifisch leichter und steigt nach oben. Unter der Oberfläche steigt sie über das dort mündende Rohr in den oberen Teil des Rundkolbens auf. Hier reichert sie sich am festen Alaun-Vorrat mit neuer, sich lösender Festsubstanz an. Die nun gesättigte, schwerere Lösung sinkt über das zweite Rohr zurück in das Zuchtgefäß und führt dem wachsenden Kristall neue kristallisierfähige Alaunsubstanz zu. So findet ganz von selbst eine langsame, kontinuierliche Umwälzung der Lösung genau im Maße des Kristallisationsprozesses statt. Treibende Kraft der Umwälzung ist allein die Fallhöhe der Festsubstanz im oberen Gefäß. – Nicht vermeidbar ist, dass die am meisten gesättigte und damit schwerste Lösung am Boden des unteren Gefäßes ebenfalls auskristallisiert, was aber nicht stört; nach Beendigung des Versuchs kann man den Bodenbelag vorsichtig mit warmem Wasser (nicht heißem, Sprunggefahr!) wieder auflösen.

Nach etwa vier Wochen erreicht der Kristall oft eine Kantenlänge von 2 cm und einen Durchmesser von ca. 3,5 cm. Doch kann man einige Monate weiterzüchten, bis der Kristall gerade noch durch den Flaschenhals passt. Nach der Entnahme wird er sofort mit einem Tuch abgetupft. Dabei darf er möglichst nicht angefasst werden, denn der Fingerschweiß ätzt die glasklare Oberfläche an. Es empfiehlt sich ferner, den Kristall nicht in Heizungsnähe aufzubewahren, da sonst Kristallwasser abdunstet, wobei sich der Kristall trübt. Ansonsten ist er jedoch gut in der trockenen Zimmerluft haltbar.

Variationen der Alaunzucht

Der benutzte Alaun ist durch die hydrolytische Fähigkeit des Aluminium-(III)-Ions ein saures Salz. Die gesättigte Lösung hat einen pH-Wert von 3. Auf der P_H-Skala gibt der Chemiker den Säuregrad bzw. Laugengrad, den man z. B. mit Farbindikatorpapier bestimmen kann, zahlenmäßig an. Kleine pH-Werte bedeuten hohen Säuregrad. Im Rahmen der Schülerjahresarbeit wurde auch untersucht, ob sich die Kristalltracht bei verändertem Säuregrad abwandelt. Dabei ergab sich, dass bei Zugabe zusätzlicher Schwefelsäure die Alaunkristalle die Rhombendodekaeder- und Würfel-Flächen abbauen und sich die Oktaeder-Flächen fast ganz durchsetzen. Umgekehrt verstärkten sich bei Zugabe von wenig Kalilauge (nur in geringen Mengen möglich, da sonst gelartige Flocken von Aluminiumhydroxid, $Al(OH)_3$, ausfallen) die Würfel-Flächen (Abflachungen der Oktaeder-Spitzen) und die Rhombendodekaeder-Flächen (Abflachungen der Oktaeder-Kanten), so dass der Kristallhabitus blockiger, abgerundeter erschien (Abb. 3: a, b und d). Zugleich wurden diese Kristalle durch ganz schwach ausfallendes Aluminiumhydroxid trüber (Hydroxidionen werden ins Gitter nicht aufgenommen, reichern sich um den wachsenden Kristall an, und fällen $Al(OH)_3$ aus, das dann als Verunreinigung miteinkristallisiert). Für unsere Zuchttechnik war es deshalb günstiger, die Mutterlösung mit einem Schuss Schwefelsäure zu versetzen, um möglichst klare Kristalle zu bekommen. Der Erfolg war z. B. bei einem pH-Wert von 1 auffallend.

Diese Abwandlung von Form und Klarheit entlang des Säure-Basen-Gradienten gibt Anlass zu weiteren Vergleichen: Jedes Mal ist die innere Kristallstruktur die gleiche, doch die aus dem peripheren Umkreismilieu bedingte äußere Gestalt verschieden. Zum Basischen hin verschoben, wird die Gestalt gedrungener und milchiger, zum Sauren hin spitzer und lichthafter. Die Gestaltvariabilität wird so zum natürlichen Indikator, zum ausdrucksvollen *Anzeiger* des Umkreismilieus. So leiten uns diese Formen an, über eine bloße Definition von Säuren und Basen (als Protonen- oder Hydroxidionen-Donatoren) hinaus zu Wesensbildern zu gelangen und die unterschiedlichen Charakteristiken von Säure und Base sinnlich erlebbar zu machen.

Abb. 5: Kupferchlorid-Kristallisation mit Zusatz von Salpetersäure.

Ist nicht auch schon die Indikatorwirkung der natürlichen Pflanzenfarbstoffe (Lackmus, Rotkohlsaft, Blütenanthocyane) ein ähnliches qualitatives Erscheinungsfeld? Die Säure lässt die aktiven, dynamischen Farben (insbesondere das Rot) aufleuchten, während die Base die ruhigen Hintergrundfarben wie Grün und Blau hervortreten lässt. Wenn im Frühling draußen das Lungenkraut (*Pulmonaria*) zwischen Anemonen und Schlüsselblumen blüht, entdecken wir beide Blütenfarben an ihm: Die jungen sich aufreckenden Blüten tragen das aktive Rot, die älteren bestäubten und bald abfallenden Blütenkronen das beruhigte Blau. Entsprechend verhält sich der Säure-Basen-Grad im Zellsaft der Blütenblätter und färbt das Anthocyan danach. Im Lebenszusammenhang offenbart sich so das Wesen von Säure und Base unmittelbar.

Kehren wir jedoch zurück zu den Kristallen. Die wohl größte Trachtvariabilität unter den löslichen Salzen hat Kupferchlorid ($CuCl_2 \cdot 2\ H_2O$), das auf organische Beimengungen sogar noch empfindlicher reagiert als auf anorganische. Diese von Ehrenfried Pfeiffer – auf einen persönlichen Hinweis Rudolf Steiners hin – entdeckte Eigenschaft hat die Kupferchlorid-Kristallisation zu

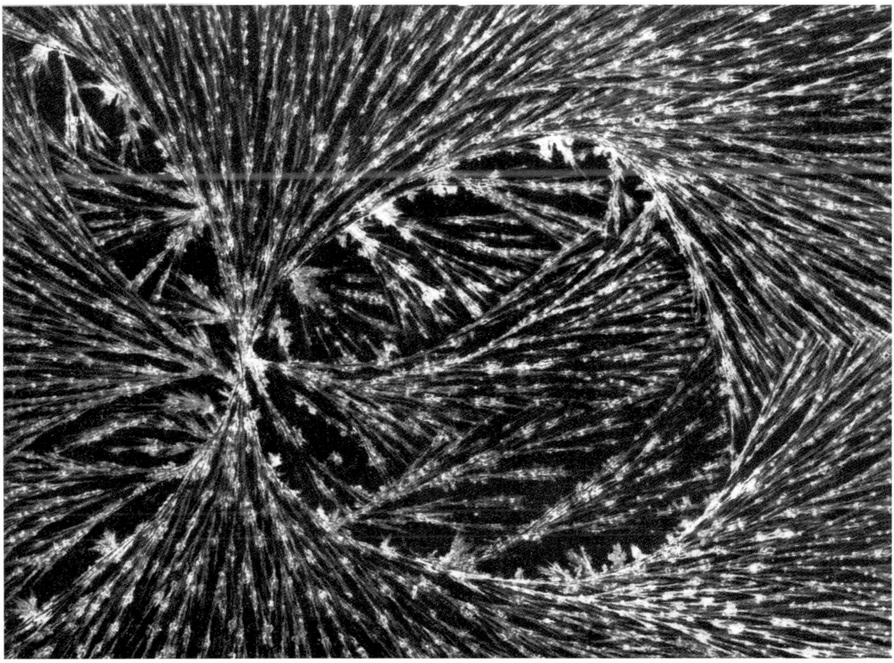

Abb. 6: Kupferchlorid-Kristallisation mit Zusatz von Natronlauge.

einem wertvollen Qualitätstest in der Pharmazie und Medizin gemacht. Wie reagiert $CuCl_2$ auf Säuren und Basenzusätze? Die Abbildungen (Abb. 5 und 6) zeigen außerordentlich charakteristisch die ausstrahlende Tendenz unter Säureeinwirkung, die einhüllenden Formen bei Laugenzusatz.[2] Was beim Alaun nur in Andeutungen sichtbar wurde, gelangt hier zum maximalen Ausdruck. Es würde sich lohnen, vor diesem Hintergrund auch die Formenmannigfaltigkeit natürlicher Mineralien neu zu betrachten. Der Calcit besitzt wohl die reichste Variabilität in seiner Tracht. Aber auch der Bergkristall bildet – wie jeder Sammler weiß – in jedem Gebirgsstock einen eigenen Habitus[3] aus, trotz identischen Gitterbaus. Dies ist ein deutliches Zeichen dafür, dass auch er ein sprechendes Reagenz für die Umkreiswirksamkeiten ist, die wir nur bis heute noch nicht vollständig lesen können.

Für das praktische Kristallzüchten bietet sich noch eine reizvolle Erweiterung mit dem Kaliumchromalaun ($KCr(SO_4)_2 \cdot 12\,H_2O$) an (im folgenden Cr-Alaun genannt). Er ist als dunkelrotes Kristallisat käuflich und wird wie der Al-Alaun zum Gerben benutzt (Chromleder). Cr-Alaun wächst leicht zu großen, sehr regelmäßigen Oktaedern aus. Eindrucksvoll ist dabei, wie aus der dunkelgrünen, turmalinfarbenen Mutterlösung tiefrote Kristalle entstehen. (Der grüne wie der rote Turmalin verdanken ebenfalls dem Chrom ihre Farbe.) Die bis ins Schwarzrot verdunkelten, durchsichtigen Kristalle sind jedoch neben den glasklaren Al-Alaun-Kristallen weniger attraktiv. In Abb. 4 ist ein solcher Kristall in die Al-Alaun-Lösung eingehängt, um seine Lage sichtbar zu machen.

Nun bilden Al-Alaun und Cr-Alaun in jedem beliebigen Mengenverhältnis Mischkristalle, da beide das gleiche Gitter haben und sich die Al-Ionen und Cr-Ionen gegenseitig ersetzen können. So kann man sich selbst die Farbtiefe oder -helligkeit des zu züchtenden Kristalles mischen. Zartrosa werden die Misch-Alaune bei starkem Überschuss von Al-Alaun. Dabei verfährt man so, dass man beide Alaunsorten z. B. im Verhältnis 4 : 1 bis 5 : 1 im Überschuss heiß löst, diesen auskristallisieren lässt und das Kristallisat und die neue Mutterlösung in einer zweiten, etwas kleineren Apparatur ansetzt. Wir sind so vorgegangen, einen Keimling von Al-Alaun erst in seiner reinen Mutterlösung großzuziehen, ihn dann 2 bis 3 Tage in die Mischlösung zu hängen und den rubinfarbenen durchscheinenden Kristall zuletzt noch mit einer klaren Al-Alaun-Schicht überzukristallisieren. Das Kristallwasser vom Cr-Alaun ist nämlich schwächer als im Al-Alaun gebunden, so dass es bei trockener, warmer Zimmerluft mit der Zeit oberflächlich abdunstet und so die Kristalloberfläche trüb *verwittert*. Ist die Außenhaut aus Al-Alaun, so besteht diese Gefahr auch bei Zimmertemperaturen von 20–30 °C nicht mehr.

Man kann auch einen kleinen, erst wenig gewachsenen Al-Alaun-Kristall bald in der Mischlösung rosa überkristallisieren und ihn danach wieder in Al-Alaun großziehen. Er trägt dann ein reizendes kleines farbiges Oktaeder in seiner Mitte. Wer diese Kunst noch weitertreiben möchte, kann mit verschiedenen Mischungsverhältnissen von Al- und Cr-Ionen verschieden starke Farbschichten in den klaren Al-Alaun einkristallisieren lassen. Legt er die tieferfarbenen Schichten zuinnerst und stufenweise im Wechsel mit Al-Alaun die durchsichtigeren Schichten nach außen, so kommen rötliche Mehrfachoktaeder ineinander zu liegen, die sichtbar bleiben. Die Phantomquarze mit milchigen und rauchigen Innenschichten zeigen diese Erscheinung natürlicherweise. Darin gelangt unmittelbar zur urbildlichen Anschauung, dass das Kristallwachstum immer bloße Anlagerung ist und letztlich allein in der Wiederholung der immer gleichbleibenden Grundform besteht. Dieses gleichförmige Wachstum, das dem sich fortwährend metamorphosierenden Leben fremd ist, aber gerade dadurch schon in jeder Größe vollkommen ist, macht das zeitlose Wesen alles Kristallinen aus. Es tritt in den zuletzt genannten Kristallen ganz in die Erscheinung.

Bergkristalle – Thema mit Variationen (1981)

Der durchsichtige Stein, der trotz Schwere und Härte das Licht widerstandslos durch sich hindurchfluten lässt, gilt den Menschen seit jeher als Symbol eines fernen Zukunftsideales: der Durchlichtung und Vergeistigung der Erde. Immer mehr Menschen, nicht nur die Experten, erfreuen sich an der naturgeschaffenen, durchsichtigen Härte der Kristalle und schätzen sie als Zimmerschmuck. Die geometrischen Gestalten sprechen von Ordnung und Gesetzmäßigkeit, die wir sonst nur aus unserem Denken kennen. Wie gefrorenes Wasser, das nicht mehr schmilzt, erschienen sie den Griechen, denn «krystallos» leitet sich von kryos = Eis ab.

Das Wort Bergkristall heißt also ursprünglich einfach «Berg-Eis». Plinius (ca. 23 bis 79 n. Chr.) erzählte: «Bergkristall wird nur gefunden, wo Winterschnee strengste Kälte bringt.» Und so sah es auch das Mittelalter. Der Schweizer Anton Cappeler verwendete 1723 in seinem Werk «Prodromus Crystallographiae» das Wort «Kristall» erstmals im heutigen Sinne und bezog es nicht mehr nur auf den Bergkristall. Von der Vielzahl sichtbarlich kristallisierter Mineralien findet der Sammler am häufigsten und klarsten den Bergkristall in Quarzadern (Klüften) oder Höhlungen (Drusen) kieselsäurehaltiger Gesteine. Doch gibt es auch ausnehmend wasserklare Bergkristalle im reinen Kalk als Muttergestein, wie z. B. die *Quarztränen* im Marmor von Carrara in Italien, aus dem Michelangelo seine Werke schuf.

Der Bergkristall im heutigen Sprachgebrauch ist die zu sichtbaren Kristallformen ausgewachsene Varietät des Quarzes. Quarz wird auch schlicht Kiesel genannt. Die Römer nannten den Kiesel silex, und das in ihm vorhandene Element Silicium bekam wieder daher seinen Namen. Das Wort Quarz stammt aus der sächsischen Bergmannssprache des 14. Jahrhunderts. Es entstand aus «Querklufterz», was zu Quertz bzw. Quarz zusammengezogen wurde, und bezeichnete ursprünglich die erztauben, mit Kieseladern ausgefüllten Gesteinsklüfte.

In der Mineralkunde werden verschiedene Arten der Quarzsubstanz unterschieden. Meistens finden wir in der Natur den α-Quarz; auch Tiefquarz ge-

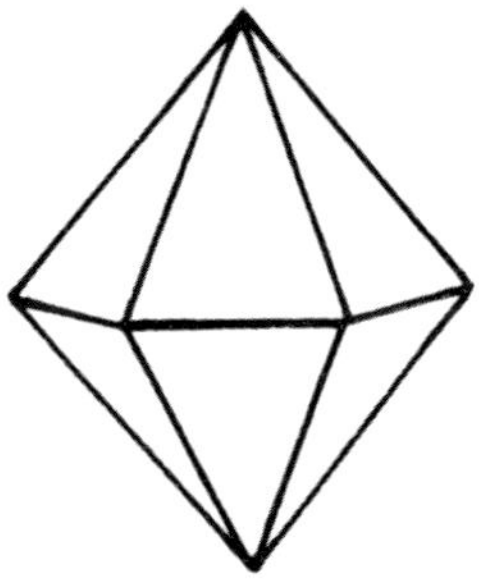

Abb. 1: Hexagonaler Kristall des Hochquarzes aus porphyrischem Eruptivgestein.

nannt, da er sich unter 573 °C bildet. Höhere Bildungstemperaturen ergeben den β-Quarz (Hochquarz; Abb. 1), ab 870 °C den Tridymit und ab 1470 °C den Cristobalit. Bei 1720 °C schmilzt der Kiesel schließlich – ein Vorgang, der in der Natur beispielsweise bei Blitzeinschlägen in Sandböden auftritt (sogenannte Blitzröhren). Den β-Quarz findet man in Porphyrgesteinen, etwa im Feldberggebiet des Schwarzwaldes; er kristallisiert in regelmäßigen, sechsseitigen Doppelpyramiden (hexagonal). Im Folgenden wollen wir uns mit dem Formenreichtum des Tiefquarzes beschäftigen, denn ihn können wir zumeist in der Natur finden oder kennen ihn als Zierde in unseren Wohnungen.

Wir dürfen annehmen, dass jeder Leser schon einmal oder gar oft Bergkristalle in den Händen gehalten und bewundert hat. Wie ist es ihm dabei ergangen? Je mehr er sich mit ihnen beschäftigt, desto deutlicher tritt neben dem bezaubernden Anblick, auch eine innere Selbsterfahrung hervor: Sinnlich erleben wir die endlose Vielfalt ähnlicher Gestalten, doch das Denken sucht unwillkürlich nach ausnahmslosen, vereinheitlichenden Gesetzmäßigkeiten. Es gehört zur Eigenart unserer menschlichen Seele, dass sie oft anderes denkt, als sie sieht – und anderes sieht, als sie denkt. Die zugleich vielfältige und doch geordnete Wirklichkeit bleibt dazwischen allzu oft ungesehen und unerkannt auf der Strecke.

Im Jahre 1669, gut zwei Jahrzehnte nach Ende des dreißigjährigen Krieges, entdeckte der Däne Niels Stensen (Nicolaus Steno) das Grundgesetz der Kristallgestalt, das «Gesetz der Winkelkonstanz»: Dieselbe Kristallsubstanz kann verschiedenartigste Formen (Habitus) annehmen, doch die Winkel zwischen den entsprechenden Kristallflächen bleiben stets gleich. Aus dieser Entdeckung entwickelte sich die Kristallographie, die heute sieben Kristallsysteme mit zweiunddreißig Kristallklassen unterscheidet. Der in der Natur gefundene

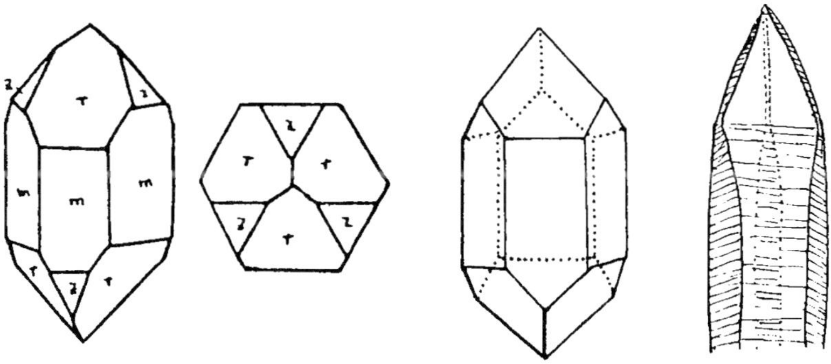

Abb. 2: Trigonale Kristalle des Tiefquarzes in verschiedener Ausprägung.

reale Kristall wird dabei gedanklich stets in seiner symmetrischen Idealgestalt nachkonstruiert – unter Einhaltung des Gesetzes der Winkelkonstanz.

Der Bergkristall stellt sich in seiner Idealgestalt als sechsseitiges Prisma mit an beiden Enden aufsitzenden sechsseitigen Pyramiden dar. Man könnte vermuten, dass der Bergkristall in dieser Form zum hexagonalen (sechswinkligen) Kristallsystem gehöre, doch zeigt die nähere Beobachtung etwas anderes. Betrachtet man einen Bergkristall und lässt dabei das Licht abwechselnd schräg auf die eine und andere Prismenfläche fallen, so kann man gelegentlich erkennen, dass diese unterschiedlich stark glänzen. Um die Hauptachse (die gedachte Verbindungslinie von Spitze zu Spitze) gedreht, folgt einer stark glänzenden Fläche stets eine mattere; es gehören also jeweils drei Flächen zusammen, die sich nicht berühren. Dieses Dreierprinzip drückt sich oft auch in der Flächengröße aus: drei solche Prismenflächen sind oft breiter als die drei alternierenden. Bei den Pyramidenflächen fällt dieses Dreierprinzip vielfach noch deutlicher ins Auge. Es kann so weit gehen, dass die Bergkristallspitze hauptsächlich zu einer dreiseitigen Pyramide wird, während die Flächen der alternierenden Pyramide ins Kleine zurückgedrängt sind. So gehört denn der Bergkristall (α-Quarz) in das trigonale (dreiwinklige) System. Seine Form ist primär ein dreiseitiges Prisma mit zugehörigen Pyramiden, deren Kanten zu weiteren Flächen abgeschnitten sind (Hemiedrie = Halbflächigkeit) (Abb. 2).

Hinzu treten – besonders häufig bei alpinen Quarzen – weitere Flächen als Abschneidungen weiterer Ecken und Kanten, so dass Kristalle mit neuen «Trachten» auftreten. Die Abbildung 3 zeigt einen solchen vielflächigen Bergkristall, des Weiteren nun alle die idealen Kristallkörper, die entstehen, wenn man jeweils eine Flächensorte (m oder r, z, x', s') in Gedanken allein auswach-

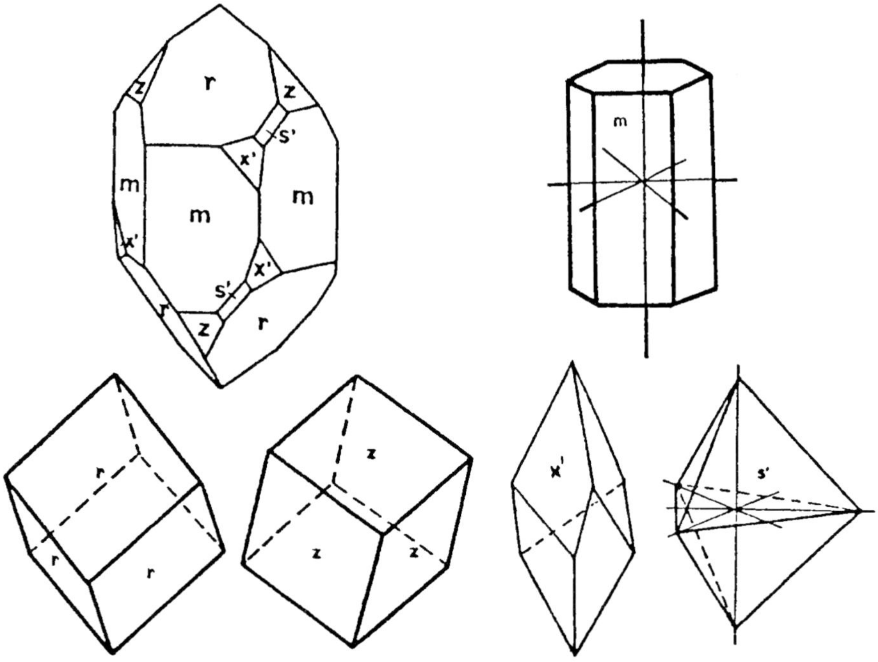

Abb. 3: Bergkristall in der Tracht der wichtigsten Flächen und die vollständigen Körper dieser Flächen: m Prisma, r und z Hauptrhomboeder, x' Trapezoeder, s' Bipyramide.

sen lässt, so dass die anderen Flächen jeweils unsichtbar werden. Fünf geometrische Idealkörper sind also in diesem Realkristall verwirklicht (Abb. 3).

Nun können aber noch weitere Winkeländerungen insbesondere bei der Spitzenbildung auftreten und damit zu den folgenden Varianten führen (Abb. 4).

Mit diesem geometrischen Rüstzeug wollen wir uns nun immer mehr der Fülle der Bergkristallvariationen nähern und sogleich eine ihrer interessantesten Sonderformen betrachten. In drei Gebirgen der Erde – und, soweit wir wissen, nur dort: am Pikes Peak (Rocky Mountains) in Colorado/Nordamerika, am Mont Blanc und im Aare- und Gotthardmassiv (Zentralalpen) in Europa und im subpolaren Gebiet des nördlichen Urals – finden sich unter den gewöhnlich ausgebildeten Bergkristallen höchst merkwürdig verdrehte Exemplare. In der Schweiz nennt man sie «Gwindel», im Deutschen «Wendel», weil sie wie eine Wendeltreppe sich spiralig winden (Abb. 5). Der Gestaltbezug zur üblichen Kristallform ist oft gut erkennbar. Es handelt sich dabei um eine Gruppe von Einzelkristallen, die mit ihren Prismenflächen aufeinanderstapelt und entlang

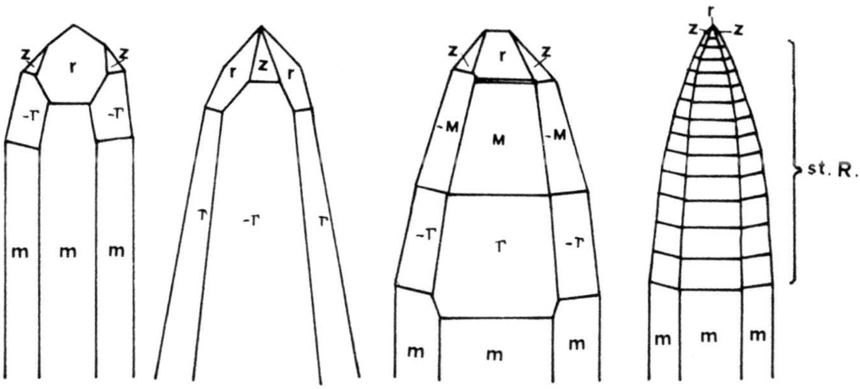

Abb. 4: Bergkristalle mit verschieden steilen Rhomboedern.

einer unsichtbaren Achse verdreht sind. Rechts und links schauen oft die einzelnen Pyramidenspitzen noch mehr oder weniger getrennt hervor (offene und halboffene Wendeln). Die neue Hauptachse der Wendel steht somit senkrecht zu den Hauptachsen der verschmolzenen Einzelkristalle. Beide Drehrichtungen, sowohl Rechts- wie Linksdrehungen sind möglich, wobei eine einzelne Wendel stets nur eine Drehrichtung beibehält. Da kleine Wendeln vielfach stufenlos verschmolzen sind, vermutet man, dass alle Wendeln zunächst als «geschlossene» zu wachsen beginnen, um sich erst mit zunehmender Größe in die offen gestufte Wendeltreppe aufzugliedern. Wendeln sitzen den üblichen säulenschäftigen Bergkristallen oft auf; sie scheinen als letzte Bildung besonders langsam auskristallisiert zu sein. Oder begann etwa jeder Bergkristall zuerst als winzige Wendel, um erst bei raschem Wachstum in die geradegestreckte Form überzugehen?

Die Wendel mag als äußere Gestalt selten auftreten, doch sie beherrscht den geheimen Bau eines jeden Bergkristalls. Schickt man polarisiertes Licht entlang der Hauptachse (optischen Achse) durch ein geschliffenes Bergkristallprisma, so dreht der Kristall die Polarisationsebene (Schwingungsebene des wellentheoretisch gedeuteten Lichtes) entweder nach rechts oder nach links. Diese «optische Aktivität» ist jedem Bergkristall eigen; man kann sie daher konsequent in Rechtsquarze oder Linksquarze unterteilen.

Bei genauerer Beobachtung kommt diese innere, geheimnisvolle Spiralstruktur gelegentlich auch an der äußeren Form gewöhnlicher Bergkristalle zum Ausdruck. Zwischen dem Prisma und den Pyramiden finden sich – besonders bei alpinen Quarzen – häufig kleine Zusatzflächen. Liegen diese an den rechten

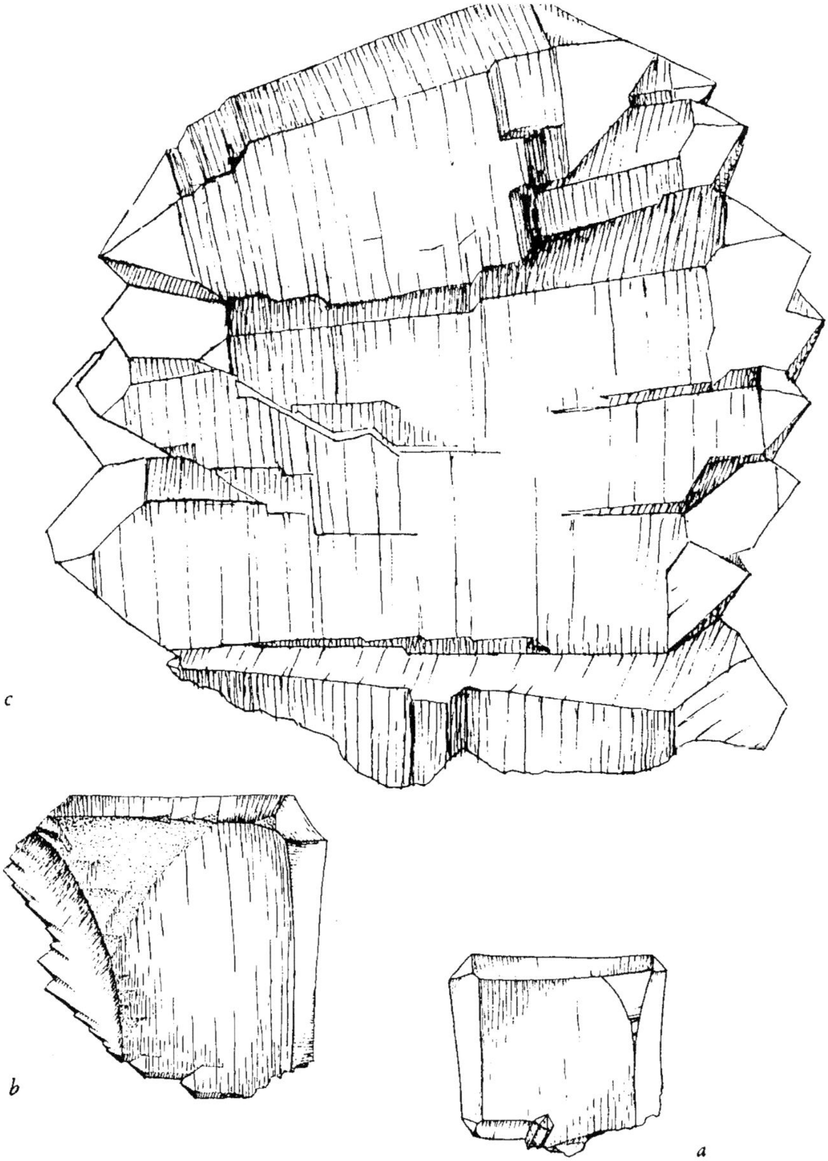

Abb. 5: Rauchquarzwendeln aus der Zentralschweiz; a geschlossene, b halboffene, c offene Gestaltung; natürliche Größe.

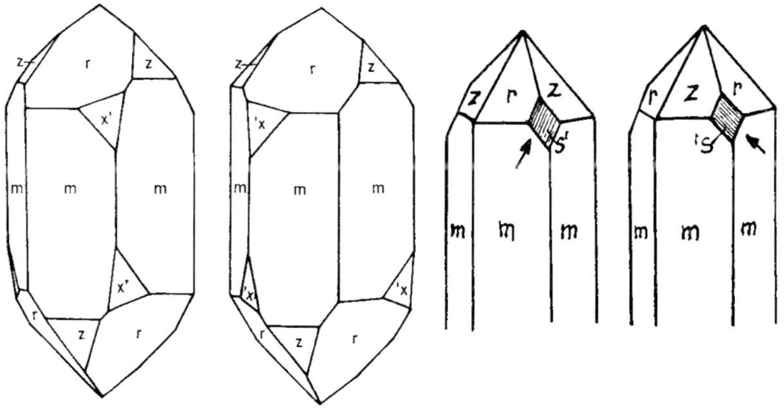

Abb. 6: Rechts- und Linksquarze; links: an den x-Flächen erkennbar; rechts: an der Streifung der s-Flächen unterscheidbar.

oberen Ecken der Prismenflächen, haben wir einen Rechtsquarz vor uns; liegen sie linksseitig, handelt es sich um einen Linksquarz. Vielfach weist nur jede übernächste Prismenfläche diese kleine Abschrägung auf, wodurch der trigonale Charakter des Kristalls erneut unterstrichen wird. Diese zusätzliche Flächenform (x) glänzt deutlich matter als die angrenzenden Prismen- oder Pyramidenflächen.

Stärker glänzen hingegen die s-Flächen, deren gelegentliche Streifung ebenfalls die innere Drehrichtung erkennen lässt (Abb. 6).

Bei einer Wendel haben, wie schon gesagt, alle beteiligten Einzelkristalle die gleiche Drehrichtung. Oft ist dabei sichtbar, dass die asymmetrischen, matten x-Flächen deutlich an Größe zunehmen. Im *Kampf* mit den Prismenflächen können sie sich stufenweise so weit über diese ausdehnen, dass erst dadurch die spiralige Verdrehung der Wendelflächen zustande kommt. Die in sich doppelt gebogene Fläche der Wendel ist – so häufig sie auch bei organischen Gestalten (z. B. beim Horn der Kudu-Antilope) vorkommen mag – im Reich der Kristalle eine bedeutsame Ausnahmeerscheinung. Und doch sind auch alle die sogenannten normalen Bergkristalle, sei es nun sichtbar oder verborgen, immer von dieser ihnen eigenen inneren Spiralstruktur beherrscht.

Nun gelangen wir zum wohl interessantesten Kapitel der Bergkristallvariationen. Jeder Sammler kennt die Tatsache, dass nahezu jeder Gebirgsstock, der Bergkristalle beherbergt, eine eigene, für ihn typische Kristallausbildung hervorbringt. Selbst in einer ihm unbekannten Sammlung erkennt der Erfahrene

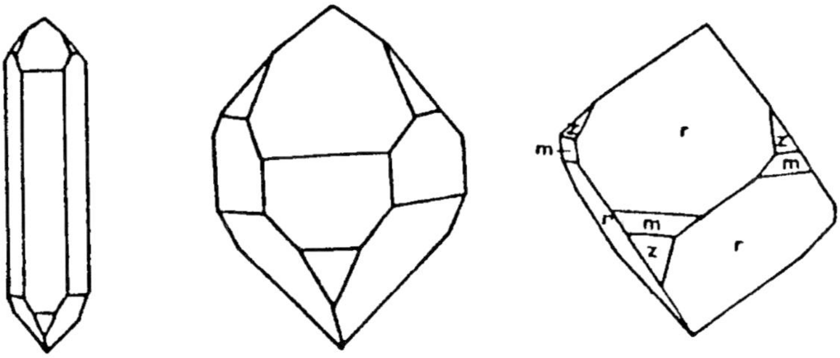

Abb. 7: Unterscheiden sich Kristalle eines Minerals nicht durch verschiedene Flächenarten (Tracht), sondern nur durch die verschiedene Gestalt gleichartiger Flächen, so spricht man von Habitusvarianten. Der nahezu prismenlose Habitus, ganz rechts, scheint fast einem Würfel zu gleichen, sind doch die Kantenwinkel der normalen Rhomboederflächen 86° bzw. 94°. Solche «Würfelquarze» finden sich sehr selten in Osttirol und in den Salzburger Alpen.

sofort, ob ein Bergkristall aus dem Großglocknergebiet oder vom Calanda bei Chur, ob er aus dem Tessin oder der Dauphiné, von Usingen im Taunus oder aus Suttrop am Nordrand des Sauerlandes kommt. All diese Kristalle gehören demselben Kristallsystem an, und doch sind ihr Habitus, ihre Größe, Durchsichtigkeit und Farbnuance ganz spezifisch.

Dieser Beobachtung wollen wir uns besonders zuwenden: der Tatsache, dass die realen Welterscheinungen immer vielfältiger sind, als wir denken. In der Natur gibt es Kristalle, deren äußere Tracht die unmittelbare und unmissverständliche Folge ihrer inneren, stofflichen Struktur (des Gitterbaus) ist. So zeigt der Steinsalzkristall die Würfel- bzw. Quaderform mit ausschließlich rechten Winkeln, entlang derer er auch spaltet, wenn er zerspringt. Anders verhält es sich beim Flussspat, der äußerlich als Oktaeder, als Würfel oder in Übergangsformen auftreten kann, während seine innere Struktur – wie beim Bruch erkennbar – immer eine perfekte oktaedrische Spaltbarkeit aufweist. Der Kalkspat wiederum spaltet immer rhomboedrisch, zeigt diese Form nach außen hin jedoch höchst selten; stattdessen bringt er in Tracht und Habitus eine unerschöpfliche Vielzahl an Formen hervor.

Der Bergkristall weist beim Bruch keine eigengesetzlichen Spaltflächen auf. Er springt muschelig wie Glas, sodass nicht einmal seine Spiralstruktur in Erscheinung tritt. Wenn er auch in seiner äußeren Gestalt nicht die unerschöpfliche Formenfülle des Kalkspats erreicht, so ist seine Variabilität doch erstaunlich genug.

Betrachten wir die der äußeren Gestalt nach verschiedenartigsten Bergkristalle, so studieren wir ihren Habitus: Ist der Kristall groß oder klein, schlank oder gedrungen, wirkt er mehr trigonal oder hexagonal (Abb. 7)? Von wenigen Ausnahmen abgesehen stellt sich dabei heraus, dass in Europa die größten, klarsten und schlankesten Kristalle aus den Zentralmassiven der Alpen und den benachbarten Zügen der alpiden Faltung stammen. Als geologisch junge Faltengebirge bilden Pyrenäen, Alpen und Karpaten die höchsten Erhebungen Europas, da sie im Vergleich zur viel längeren Erdgeschichte noch wenig verwittert sind. Wesentlich älter sind die niedrigeren Mittelgebirge wie Schwarzwald, Taunus, Rheinisches Schiefergebirge, Harz, Thüringer Wald, Erzgebirge und Riesengebirge. Die meisten Bergkristalle dieser Gebirge sind kurz und gedrungen; sie besitzen oft nur sehr kurze Prismen bei gleichzeitig großen Pyramidenflächen und erreichen selten die Dimensionen alpiner Quarze. Häufig sind sie milchig-trüb bis undurchsichtig und klaren allenfalls in den Spitzen auf. Dieser Wechsel zwischen Trübung und Durchsichtigkeit führt vielfach zu Kappenquarzen (Wuchsform, bei der sich die Spitze wie eine Kappe abnehmen lässt). Dabei darf man nicht vergessen, dass es auch innerhalb der Mittelgebirge keinen uniformen, also nur den gedrungenen Habitus gibt, sondern jede Fundstelle ihre ganz eigene, charakteristische Formung hervorbringt.

Das Gleiche gilt für die Alpenquarze. Im Gegensatz zu den recht regelmäßig geformten Kristallen nördlich des Gotthards im Urseren- und Grimsel-Gebiet sind die zwar ebenfalls vielfach klaren und schlanken Bergkristalle südlich davon im Tessin, im Blenio- und Misoxtal deutlich anders. Hier durchdringen sich Prisma und Pyramide fortwährend in vielen Stufen, sodass die Gesamtgestalt letztlich konisch zuläuft und nur zuoberst eine kleine, vollständige Pyramide trägt (Tessiner Habitus; Abb. 8). Weniger extrem, aber dennoch merklich, weisen auch die typischen Bergkristalle des Großglocknergebietes leichte konische Verengungen im Prismenbereich auf. Im Gegensatz dazu finden sich in den französischen Westalpen (Dauphiné) sehr langstielige und besonders klare Bergkristalle mit stark verzerrten Pyramiden. Dem Kristallographen sind das nur unwesentliche Variationen des Idealkristalles; er setzt die *Unvollkommenheit der realen Welt* voraus und abstrahiert begrifflich von ihr.

Was liegt vor? Sicherlich verdanken die verschiedenen Kristallgestalten desselben Materials ihre spezifische Ausgestaltung den unterschiedlichen Bildungsbedingungen wie Temperatur, Konzentration, Druck und Wachstumsgeschwindigkeit. Das Interessanteste dabei sind aber gerade die sogenannten Verunreinigungen. Deren Einfluss auf die Kristallgestalt hat die analytische Forschung bisher in keine deutliche Ratio gebracht. Einem Hinweis Rudolf Steiners verdanken wir jedoch die Erforschung der Auswirkungen von Bei-

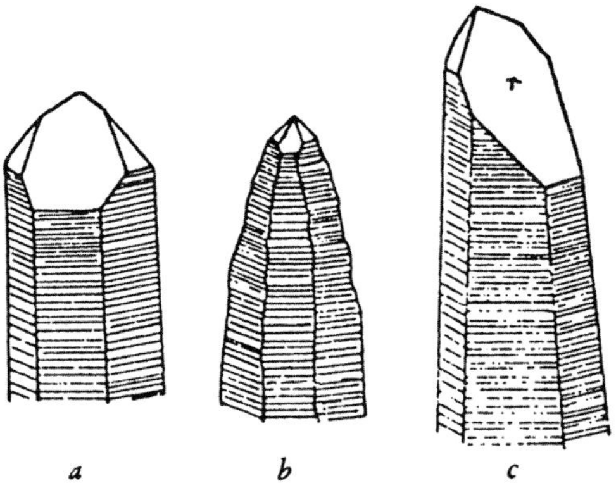

Abb. 8: a normaler Bergkristall mit der typischen Querstreifung (Wachstumslinien) der Prismenflächen; b Tessiner Habitus; c Dauphiné-Habitus.

mengungen – insbesondere organischer Substanzen – auf die Kristallbildung. Im Jahre 1920 frage der Chemiestudent und spätere Agrarchemiker Ehrenfried Pfeiffer Rudolf Steiner, ob es eine Möglichkeit gäbe, die Bildekräfte des Lebendigen experimentell sichtbar zu machen. Rudolf Steiner riet ihm, organische Substanzen solchen Salzlösungen beizumengen, die beim Auskristallisieren sensibel auf die Qualität der Zusätze reagieren. Pfeiffer untersuchte daraufhin verschiedenste kristallisierbare Salze, bis er im Kupferchlorid das empfindlichste Reagenz identifizierte. Durch die Arbeiten von ihm, Bessenich und besonders Krüger wurde die Kupferchlorid-Kristallisation bekannt und bewährte sich in Medizin und Ernährungskunde als verlässliche, weil reproduzierbare Methode.[1] Gegenüber dem chaotischen Zufallsaggregat reiner Kupferchloridlösungen treten bei Zugabe organischer Press-Säfte auffällig durchgestaltete, formkräftige Kristallisationsbilder auf, die je nach Organismus, Organ und Organzustand in physiognomischer Anschaulichkeit etwas von den im Leben tätigen Vorgängen charakteristisch zeigen (Abb. 9, 10).

Die kristallographische und röntgenographische Untersuchung des Kupferchlorids mit organischem Zusatz hat ergeben, dass die innere Kristallstruktur (der Gitterbau) praktisch unverändert bleibt, während die eigentliche Auswirkung sich in der habituellen Verformung der äußeren Gestalt und der Gliederung zu individuenreichen Kristallaggregaten zeigt. Nicht die Innenstruktur, sondern die gestaltgebenden Außenflächen werden von jenen Wirkungen erfasst, die zuvor im lebenden Organismus tätig waren. Der Pflanzensaft aus Blüte, Blatt und Wurzel der gleichen Pflanze bewirkt verschiedene Kristallbil-

Abb. 9: Kupferchlorid-Kristallisation, reines $CuCl_2$.

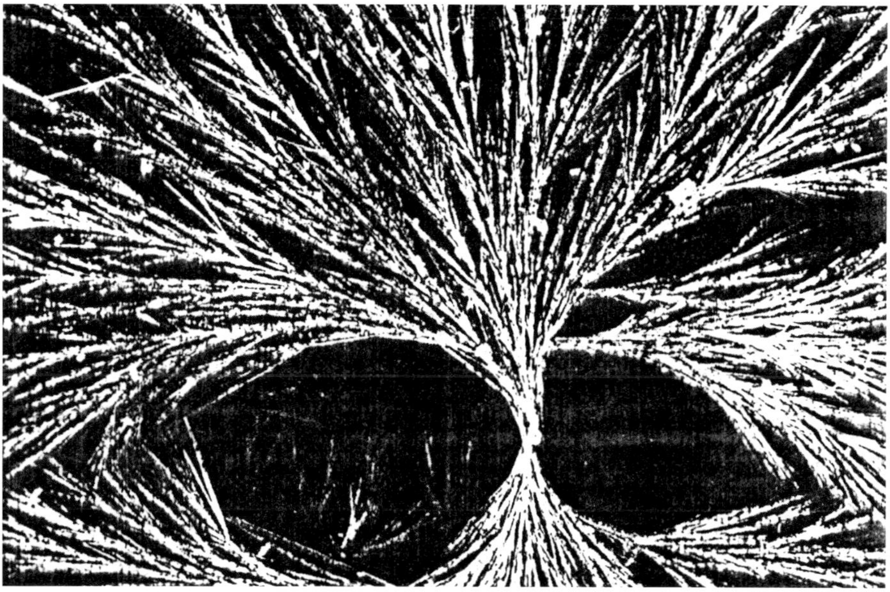

Abb. 10: Kupferchlorid-Kristallisation, mit Zusatz von organischer Substanz (Gallenblase des Menschen).

der, die zusätzlich davon abhängig sind, ob morgens, mittags oder abends geerntet wurde, ob es sich um junge oder ältere Blätter handelt, ob sie frisch dem Leben oder einer Konserve entnommen sind. Man mag einwenden, dass der Chemismus des Lebens so labil ist, dass jede Änderung der Lebensvorgänge auch die stoffliche Feinstruktur beeinflusst. Das Entscheidende aber ist dabei die Beobachtung, dass die qualitative Aussagekraft des Kupferchloridbildes die Lebenskräftigkeit oder die Lebensarmut, den Blüten- oder den Wurzelcharakter, den Unterschied von Hirn, Herz oder Nieren unmittelbar ausspricht, wenn man sich einmal in das Lesen dieser Bilder eingeübt hat.

Eine wesentliche Beobachtung ist zudem, dass Kupferchloridkristalle bei organischen Zusätzen viel häufiger verzwillingt sind als im rein anorganischen Kristallisat.[2] Oft bilden sich nicht nur Zwillinge, sondern Mehrlinge, die sich zu spiraligen Gebilden zusammenfügen – ganz so, wie wir es bereits an den seltenen Wendeln des Bergkristalls beobachtet haben. Der Gegensatz zwischen Einkristallen und Zwillings- bzw. Mehrlingsbildung lässt sich in der Natur auch schön an Orthoklasen oder Gipskristallen der jeweils gleichen Fundorte beobachten. Wir wollen hier diese Erscheinungen jedoch gezielt im Reich der Bergkristalle weiterverfolgen.

Eine häufige Zwillingsbildung bei Alpenquarzen liegt vor, wenn die matten Trapezoederflächen nicht an alternierenden, sondern an allen sechs Prismenflächen auftreten. Wir haben es dabei faktisch mit zwei ineinandergeschobenen, gleichdrehenden Bergkristallen zu tun, die um 60° gegeneinander verdreht sind und so eine regelmäßige hexagonale Tracht vortäuschen (Dauphiné-Zwilling; Abb. 11). Dies trifft auf die Mehrzahl der Alpenquarze zu; sind die Prismenflächen nahezu gleich groß, liegt meist diese Verzwillingung vor. Davon zu unterscheiden ist die Verzwillingung von Rechts- und Linksquarzen, bei der Trapezoederflächen sowohl an den rechten als auch an den linken Prismenecken erscheinen. (Brasilianer-Zwilling). Wieder eine andere Zwillingsbildung ist der Japaner-Zwilling, bei dem zwei abgeplattete Bergkristalle so in einer Ebene verwachsen, dass ihre Hauptachsen immer einen Winkel von 84°33’ bilden. Er kommt in den Alpen nur als große Rarität vor. Die eindrucksvollste Verzwillingung ist jedoch die Gruppierung vieler Einzelkristalle entlang einer gemeinsamen Achse, wie wir sie bei den Wendeln behandelt haben. Es gibt dabei auch Kristallaggregate, welche nicht drehen, sondern in einer Ebene verbleiben (Abb. 12)!
Versuchen wir, das Spektrum der Bergkristall-Variationen zu überblicken, so erkennen wir ein Hin- und Herpendeln zwischen zwei Raumqualitäten: der trigonalen Gestalt mit ihren ebenen Prismen- und Pyramidenflächen einerseits und den spiralig verwundenen Formen andererseits. Letzteres Prinzip

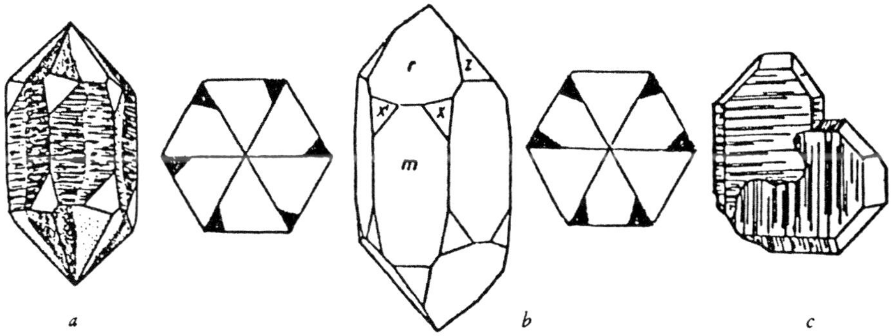

Abb. 11: Zwillingsbildungen: a Dauphiné-Zwilling mit Spitzenaufsicht; b Brasilianer-Zwilling mit Spitzenaufsicht; c Japaner-Zwilling.

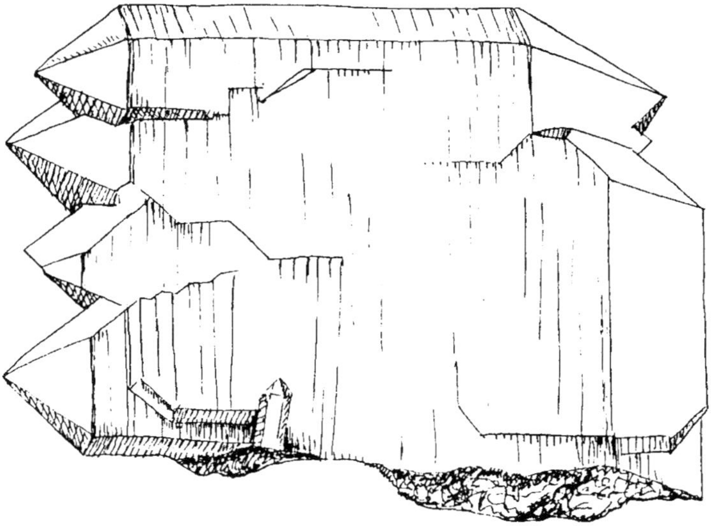

Abb. 12: Aggregat mehrerer gleichgerichtet verwachsener Bergkristalle ohne Wendelspiralisierung, rechts zum Teil geschlossen verwachsen; natürliche Größe.

bestimmt den inneren Bau eines jeden Bergkristalls. Umso erstaunlicher bleibt die Tatsache, dass die überwiegende Mehrzahl gut ausgebildeter Kristalle die Ausbildung ebener Flächen vorzieht. Dazwischen wogt gleichsam der Kampf zweier sich widerstreitender Möglichkeiten, den Raum zu erfüllen.

Der Gegensatz von axialem Raum und Spiralraum findet sich in der Natur am deutlichsten in dem allgemeinen Gegensatz anorganischer und lebendiger

Gestalten. Die Kristallographie hat als ihr wichtigstes Instrumentarium die Beschreibung geometrischer Körper, die aus ebenen Flächen und konstanten Winkeln bestehen, entwickelt. In der organischen Morphologie hingegen sind alle Versuche, die lebendigen Gestalten zu geometrisieren, gescheitert; ihr Abwechslungsreichtum ist bis in die kleinsten chemischen Strukturen unerschöpflich. Ein eindrucksvolles Resultat der organischen Chemie ist die Feststellung, dass die meisten organischen Substanzen selbst in wässriger Lösung polarisiertes Licht drehen, also die sogenannte optische Aktivität besitzen. Alle Zucker und Eiweiße sind optisch aktiv, da sie in ihrer Feinstruktur eine spiralige Raumerfüllung aufweisen. Wie entscheidend diese Asymmetrie ist, zeigt sich daran, dass der lebende Stoffwechsel von den beiden möglichen Raumformen jeder optisch aktiven Substanz – der rechts- und der linksdrehenden Form – ausnahmslos nur eine zulässt. So sind alle in Organismen vorhandenen Aminosäuren linksdrehend, während der Traubenzucker in Pflanzen sowie unser eigener Blutzucker stets rechtsdrehend ist (Dextrose, von lat. dexter = rechts). Die künstlich hergestellten Aminosäuren oder Zucker sind immer ein Zufallsgemisch (Racemat) aus links- *und* rechtsdrehenden Sorten. Im Leben liegt trotz äußerer Symmetrien, etwa im Körperbau des Menschen und höherer Tiere, nie eine absolute Spiegelsymmetrie vor. Im Gegenteil: Gerade jene Organe, welche die Zentralfunktionen des vitalen Aufbaus tragen – die Stoffwechselorgane der Bauchhöhle – sind hochgradig asymmetrisch angeordnet. Leber, Galle und Blinddarm liegen rechts; Herz, Milz und Magen befinden sich links. Der *Situs inversus*, die seitenvertauschte Lage der inneren Organe, ist höchst selten, und auch Rechtshänder sind von Natur aus häufiger als Linkshänder. Im biochemischen Feinbau gibt es hingegen gar keine Ausnahmen. Die Aminosäuren unseres Körpereiweißes sind immer linksdrehend – ungeachtet dessen, ob wir Rechts- oder Linkshänder sind.

Alle Erscheinungen im Reich der Bergkristalle, die einer Spiralstruktur nahekommen, weisen eine Verwandtschaft zur organischen Welt auf. Wie das lebendige Eiweiß weder flüssig noch fest, sondern immer im Zwischenzustand als Kolloid vorliegt, so wachsen auch alle Bergkristalle aus einem halbflüssigen Kieselsäurepudding hervor. Der Quarz ist ja nichts anderes als entwässerte Kieselsäure:

H_2SiO_3	–	H_2O	$\longrightarrow$	SiO_2
Kieselsäure		Wasser		Quarz (Bergkristall)

und die Kieselsäure ist ein gallertiges Kolloid. Im Verwandtschaftssystem (Periodensystem) der Elemente stellt das Silicium (Si) ja auch den nähesten Verwandten zum Kohlenstoff dar. So wie die lebendigen Körper der auf der Erde lebenden Organismen auf Kohlenstoffbasis existieren, so der Leib der uns sichtbaren Erde auf Siliciumbasis. Viele Silikate zeigen organoide Eigenschaften. Speckstein, Jade und Bergtalg ($Mg_3[OH]_2Si_4O_{10}$) fühlen sich wie Fett an, Asbest lässt sich wie Baumwolle verspinnen, Bergleder wirkt wie dichter Filz oder faseriges Holz, und angeschliffene Serpentine sehen wie stark vergrößerte histologische Präparate aus. Die Kugelgranite Nordeuropas wirken wie riesige Zellkomplexe von Pflanzenschnitten. Was Wunder, dass die Spiralstruktur aller Quarzsubstanz, auch in der regelmäßigsten Kristallform der Bergkristalle, die Grundstruktur ist. Zwar gibt es sowohl Rechts- wie Linksquarze. Aber hat man schon einmal darauf geachtet, in welchen Bergstöcken mehr die Rechtsquarze, in welchen mehr die Linksquarze überwiegen?

Die oft übersehene, aber dennoch offenkundige Verwandtschaft des Bergkristalles zur lebendigen Substanz können wir in der Lebewelt weithin verfolgen. Viele niedere Pflanzen verstehen mit der Kieselsäure als Skelettsubstanz so geschickt umzugehen, als ob sie organisch wäre. Die Kieselalgen und Radiolarien bauen die entzückendsten Gehäuse daraus, die Kieselschwämme bilden damit geradezu barocke Kokarden, die Schachtelhalme steifen damit ihr Festigungsgewebe aus, und die Brennnessel baut daraus die scharfen Spitzen ihrer Brennhaare.

In der biologisch-dynamischen Landwirtschaft wird zu feinstem Pulver gemahlener Bergkristall über mehrere Stunden in Wasser eingerührt, um das die Lichtaufnahme der Blätter anregende Kieselpräparat homöopathisch herzustellen. Rudolf Steiner legte Wert darauf, dass durch das Rühren tiefe Spiraltrichter entstehen, die immer wieder zerschäumt und neuerzeugt werden. Angesichts der tiefgreifenden physiologischen Wirkung rechts- oder linksdrehender Substanzen stellt sich hier die naheliegende Frage, ob es einen messbaren Unterschied macht, wenn ausschließlich Rechts- oder Linksquarze verwendet werden. Das Experiment lohnte hier vermutlich.

Wir können bereits jetzt erkennen, wie die Variabilität von Tracht und Habitus ein Reagenz auf die Bildekräfte darstellt, denen der Bergstock seine Formung verdankt. So passen die schlanken Alpenquarze zu ihrem geographischen Ort weitaus besser als andere Formen. Drückt sich im Dauphiné-Kristall nicht tatsächlich der besonders lichte Charakter der Westalpen aus, während die blockigeren Formen eher für Österreich sprechen? Der Tessiner Habitus entspricht dem Abfall der Südalpen, der in der singulären Form des Matterhorns seinen vollkommenen Ausdruck findet. Ebenso charakteristisch zeigen sich die breiten, gedrungenen Bergkristalle der deutschen Mittelgebirge. An der westirischen Küste hingegen erscheinen sie licht und langstängelig, wenngleich sie nicht dem alpinen Habitus entsprechen; auf Kreta sind sie größer, breiter und von bläulicher Färbung.

Wir können nun damit beginnen, die Beobachtungsübung, im Kupferchloridkristallisationsbild den Charakter lebendiger Bildeprozesse abzulesen, auf die gesamte Formenvariabilität der Bergkristalle, z. B. Europas, auszudehnen und so eine konkrete, anschauliche Phänomenologie der landschaftschaffenden Bildekräfte für eine künftige Äthergeographie zu betreiben. Dann lernen wir, nicht nur die vereinfachenden Vorstellungen der Kristallographie zu nutzen, sondern die ungebrochene Vielfalt beim Sammeln an jedem neuen Fundort zu schätzen. Und jedes einzelne Fundstück gewinnt so seinen eigenen unverwechselbaren Wert.

Geologie

Sphärische Urgesteine (1981)

In Goethes Aufsatz über den Granit begegnen wir Erfahrungen und Erlebnissen, die ihm beim Anblick granitener Landschaften kamen. Es waren weder die Urgesteine der Alpen auf seinen Schweizer Reisen noch jene aus Fichtelgebirge oder Böhmerwald, sondern die des Harzes, die ihn zum steinbegeisterten Menschen machten. Schon am 10. Dezember 1777 wagte er es im Alter von achtundzwanzig Jahren als Erster mittwinters den Brocken zu besteigen, dessen höchste Granitblöcke die Volksphantasie mit der Walpurgisnacht verband. Goethe aber schrieb noch am gleichen Abend an Frau von Stein: «[...] und ich war oben heut und habe auf dem Teufelsaltar meinem Gott den liebsten Dank geopfert.»[1]

Auf seiner zweiten Harzreise im September 1783 erlebte er den Granit des Brockenmassivs frei von Schnee und ließ sich von dem Clausthaler Berghauptmann von Trebra in die Geologie des Harzes einführen. Im anschließenden Winter (Januar 1784) entstand der Aufsatz über den Granit[2], der zu dem Schönsten gehört, was wir seiner ehrfürchtigen Haltung zur Natur verdanken. Schon im August 1784 kehrte er ein drittes Mal dorhin zurück, nun in Begleitung des Malers Georg Melchior Kraus, der für ihn die Gestalten der Klippen und Felsen im Bilde festhielt. In einem Gespräch zog Goethe den Weimarer Pädagogen Johannes Falk über seine Beziehungen zur Gesteinswelt ins Vertrauen. Falk berichtet:

«Treu der Natur hingegeben, wie Goethe war, liebte er es auch, mit geheimnisvollen Einleitungen und Andeutungen über ihr Wirken und ihre Produkte zu sprechen. So führte er mich einst zu seiner Naturaliensammlung und sagte sodann, indem er mir ein Stück Granit in die Hand gab, das sich durch höchst seltsame Übergänge auszeichnete: ‹Da nehmen Sie den alten Stein zum Andenken von mir! Wenn ich je ein älteres Gesetz in der Natur auffinde, als das ist, welches sich in diesem Produkte darlegt, so will ich Ihnen auch ein Exemplar davon verehren und dieses hier zurücknehmen. Bis jetzt kenne ich keins; bezweifle auch sehr, dass mir je etwas Ähnliches, geschweige denn etwas Besseres von dieser Art zu Gesichte kommen wird. Betrachten Sie mir ja fleißig diese Übergänge, worauf am Ende alles in der Natur ankommt! Etwas, wie Sie sehen, ist da, was einander aufsucht, durchdringt und, wenn es Eins ist, wieder einem Dritten die Entstehung gibt. Glauben Sie nur, hier ist ein Stück von der ältesten Urkunde des Menschengeschlechts. Den Zusammenhang aber müssen Sie selbst entdecken. Wer es nicht findet, dem hilft es auch nichts, wenn man es ihm sagt.›»[3]

Doch nicht überall stieß diese Naturfrömmigkeit auf ungeteilte Bewunderung. Als Teil einer Aufzeichnung über ein Gespräch mit Johann Gottfried Herder vom 6. November 1796 hielt Karl August Böttiger fest, wie spöttisch man im Weimarer Kreis mitunter auf die Phase der Wiederbelebung der Bergwerke in Ilmenau zurückblickte: «Eine der lächerlichsten Genieperioden war die bergmännische in Weimar, als die Bergwerke in Ilmenau wieder gangbar gemacht werden sollten. Da war der Mensch gar nichts, der Stein alles. Goethe fand in der Organisation des Granits eine göttliche Dreieinigkeit, die nur durch ein Mysterium erläutert werden könne.»[4]

Goethe aber schrieb in seinem Aufsatz:

«Ich fürchte den Vorwurf nicht, dass es ein Geist des Widerspruches sein müsse, der mich von Betrachtung und Schilderung des menschlichen Herzens, des jüngsten, mannigfaltigsten, beweglichsten, veränderlichsten, erschütterlichsten Teiles der Schöpfung, zu der Beobachtung des ältesten, festesten, tiefsten, unerschütterlichsten Sohnes der Natur geführt hat. Denn man wird mir gerne zugeben, dass alle natürlichen Dinge in einem genauen Zusammenhange stehen, dass der forschende Geist sich nicht gerne von etwas Erreichbarem ausschließen lässt.»[5]

Jahrzehnte später war es Rudolf Steiner, der den Granitaufsatz Goethes besonders den Waldorflehrern ans Herz legte:

«In dieser Beziehung könnte man jedem Pädagogen raten, *Goethes* Abhandlung über den Granit je recht mitfühlend einmal durchzunehmen, um zu sehen, wie eine nicht bloß mit dem Vorstellungsleben, sondern mit dem ganzen Menschen in die Natur sich hineinversetzende Persönlichkeit mit dem Urvater, dem uralt-heiligen Granit, in ein menschliches Verhältnis kommt.»[6]

Diese Empfehlung an andere hat sich Rudolf Steiner auch selbst gegeben, und so seien im Folgenden einige seiner Hinweise aufgegriffen. Den Arbeitern vom Bau des ersten Goetheanums, denen er sich in regelmäßigen Vorträgen mit Aussprache widmete, erläuterte er die Rolle der einzelnen Mineralien des Granites:

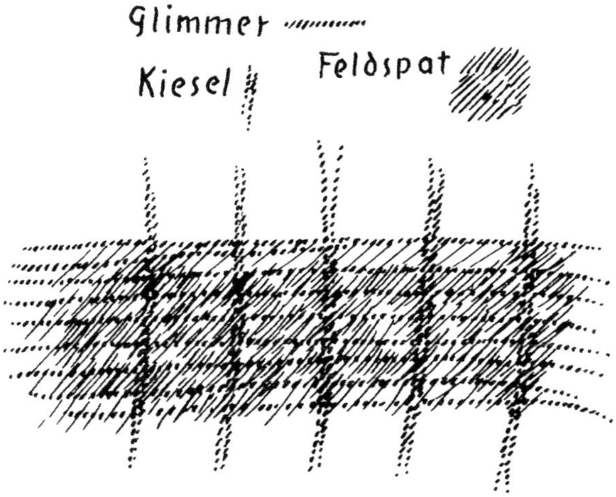

«Wenn man die Pflanze ansieht, so wächst sie zunächst unter der Erde. Das wäre die Erde (es wird gezeichnet), da drinnen wächst die Pflanze. Aber diese Erde, die ist ja nicht eine gleichgültige Masse, sondern diese Erde ist eigentlich etwas ganz Wunderbares. In dieser Erde sind allerlei Substanzen. Aber in alten Zeiten waren drei Substanzen ganz besonders wichtig in dieser Erde. Das eine ist eine Substanz, die man Glimmer nennt. Man findet ihn heute in der Pflanze nur wenig; aber trotzdem er so wenig in der Pflanze gefunden wird, ist er außerordentlich wichtig. Sie können sich vielleicht erinnern, wenn Sie schon Glimmerblättchen gesehen haben, der Glimmer ist blättchenförmig, kleine Blättchen, die manchmal wie durchsichtig sind. Und die Erde war einmal von solchen Glimmerblättchen durchzogen. Die gingen in *der* Richtung (es wird gezeichnet). Als die Erde noch weich war, waren da einfach solche Kräfte. Und dem standen gegenüber andere Kräfte; die gingen jetzt *so* (es wird gezeichnet), so dass man ein richtiges Gitter hatte in der Erde. Diese anderen Kräfte, die sind heute im Quarz, im Kiesel enthalten. Und dazwischen gibt es noch einen anderen Stoff in der Hauptsache, das ist der Ton. Und dieser Ton, der verbindet diese beiden, der füllt gleichsam das Gitter aus. Man nennt ihn Feldspat als Gestein. So dass man einstmals die

Erde in der Hauptsache aus diesen drei Gesteinssorten bestehend hatte. Aber es war alles weich, breiig. […]

Und als die Erde noch weich war, als in ihr also Glimmer, Feldspat und Kiesel flüssig durcheinander schwammen, da war die ganze Erde unter dem Einflusse des Weltenraumes, und da war sie eine riesige Pflanze. Wenn Sie daher heute hinausgehen in die Gebirge und dort den Granit finden oder den Gneis, der sich nur dadurch vom Granit unterscheidet, dass sein Glimmer zahlreicher ist, mehr hervortritt, wenn Sie also heute hinausgehen in die Berge und den Granit oder den Gneis anschauen, so sind das die Reste von diesen alten Pflanzenbildungen. Die ganze Erde war eine Pflanze. Und geradeso wie, wenn heute die Pflanze zugrunde geht, sie mineralische Bestandteile der Erde übergibt, so übergab der ganze Erdenkörper seine mineralischen Bestandteile, als er noch Pflanze war, später der Erde. Und da haben Sie heute die Gebirge. […]

Sehen Sie, jetzt komme ich zu einem Teil der Frage, die Herr Burle gestellt hat. Denken Sie also, ich habe einen Menschen vor mir, der irgendwie krank ist, und ich kann mir sagen: Bei dem fehlt es daran, dass er zu wenig Kräfte hat, die in den Weltenraum hinaus wirken. Er hat zu viel Schwerekräfte. Es lagert sich alles mögliche ab in ihm. Jetzt erinnere ich mich: Donnerwetter, sage ich mir, der Kiesel, der war ja einmal dasjenige, was in den Weltenraum Kräfte hat hinausstrahlen lassen. Wenn ich mir den Kiesel so zubereite, dass in ihm die alten Kräfte wieder lebendig werden, wenn ich also aus Kiesel eine Arznei mache, das mit anderen Substanzen vermische, wodurch der Kiesel seine alte Ätherkraft wieder bekommt: gebe ich die ein, dann kann ich mit ihm heilen. Und mit diesem Kieselmedikament kann man großen Erfolg haben. Da kann man also in der Medizin wiederum diese Kräfte verwenden, die einstmals im Lebendigen beim Kiesel vorhanden waren, wie überhaupt die Medizin zu großen Resultaten kommen kann, wenn man nachdenkt darüber, wie es mit der Erde war, als sie noch ganz lebendig war, als der Kiesel noch vom Weltenraum beeinflusst war. Wenn also im Menschen zu wenig lebt und er eine Verbindung braucht mit dem Weltenraum, so gibt man ihm solche Stoffe ein, die draußen verhärtet liegen und die man sehr gut als Arzneimittel verwenden kann.

Der Kopf geht am meisten in den Weltenraum hinaus, daher kann man ihn am leichtesten mit Kiesel heilen; der Bauch geht am meisten zur Erde hin, deshalb kann man ihn am leichtesten mit Glimmer heilen. Und das, was mehr in der Mitte liegt, Lunge und so weiter, das heilt man sehr gut gerade mit Feldspat, wenn man ihn in der entsprechenden Weise zubereitet.»[7]

In solch handgreiflicher Weise schloss Rudolf Steiner den Granit an die praktischen Gesundheitsfragen des Menschen an. In einem weiteren Vortrag, «Was hat die Geologie über Weltentstehung zu sagen?» (1911), trägt Steiner die Ergebnisse der naturwissenschaftlichen und der geisteswissenschaftlichen Geologie zusammen. Entgegen dem reduktionistischen Vorgehen der Naturwissenschaft, die sich bisher zumeist darauf festlegte, der Materie das Primat gegenüber dem Leben zuzuschreiben, auch wenn die Materie für sie ebenso wenig ableitbar ist wie das Leben, geht Steiner vom Primat des Lebens aus, dessen Ausscheidungsprodukt alle leblose Materie ist. Gerade hierin ist er der konsequentere Realist, denn auf Schritt und Tritt fällt aus natürlichen Lebensvorgängen abgestorbene Substanz ab, während das Umgekehrte, die Entstehung originären Lebens, trotz gewaltigen Forschungsaufwandes und spekulativer Anstrengung eine Utopie geblieben ist. Steiner schildert nun die frühen Lebenszustände der Erde:

«So würde jemand in alten Zeiten, der auf der Erde gestanden und hinausgeschaut hätte, nicht mineralisches Weben und mineralische Luft gesehen haben, sondern lebendiges, pulsierendes Leben. Je weiter wir zurückkommen, desto mehr wäre dies der Fall, so dass wir bis zu der Epoche zurückkommen könnten, die wir als Granitbildung bezeichnen. Und wir könnten uns sagen: Da ist die Erde im Grunde genommen ein mächtiges Lebewesen, hat ein zahlreiches, mannigfaltiges Leben in sich, ist noch nicht von den Lebewesen belebt, die heute auf ihr herumwandeln oder sich im Wasser und so weiter aufhalten, sondern die da drinnen leben – gleichsam wie Parasiten des ganzen lebendigen Erdenorganismus, die in seinem Blute schwimmen, wie heute die Regenmassen in der Luft und dergleichen mehr. Dann kommen wir zu einer Zeit, von der wir sagen müssen: Auf dem Erdboden herrscht allerdings eine so große Temperatur, dass sich Leben nicht entwickeln kann, aber im Umkreise entwickelt sich Leben, Leben, das herunter will, aber nicht herunter kann. Warum kann es nicht herunter? Da unten wird durch den Feuerprozess, den Prozess hoher Erwärmung, zunächst das aufgenommen, was das Lebendige unserer Erde so aus sich heraus absondert, wie unser lebendiger Organismus die festen Bestandteile, die Knochen, aus den weichen Teilen heraus absondert. Und jetzt blicken wir auf die Granitbildung und sagen: Das Material, welches der Granit enthält – Quarz, Feldspat und Glimmer – ist ursprünglich aufgelöst in dem großen lebendigen Wesen: Erde. Das braucht zur Entwickelung die Tatsache, dass es sich dieser Stoffe entledigen kann, es sondert sie aus, lässt sie zur Erde fallen. Was unten ist, nimmt dies Ausgesonderte auf, bildet ein Grundmassiv, ein Knochengerüst in dem Lebewesen Erde.»[8]

In einem noch früheren Vortrag finden sich weitere detaillierte Angaben:

«Nicht das Pflanzenreich hat sich aus dem Gesteinsreich entwickelt, sondern die Steine aus dem Pflanzenreich! Was Sie heute als Steinkohle herausgraben, ist ja nur eine Summe von versteinerten Pflanzen, von Pflanzen also, die zugrunde gingen, vermoderten und Steine wurden, so dass sie heute als zu Stein gewordene Pflanzen herausgegraben werden können. Würden Sie noch weiter zurückgehen, so würden Sie sehen, dass auch die dichtesten Steine einst Pflanzen waren und aus der Pflanze, durch Herunterentwickelung ins Steinreich, erst entstanden sind. Für den Seher stellt sich da folgendes heraus. Wenn Sie den Gneis untersuchen, so sagt Ihnen der Mineraloge, er besteht aus Feldspat, Hornblende und Glimmer. Dann muss der Mineraloge Halt machen. Der Seher sagt: Was im Gneis als Feldspat sich findet, zeigt sich dem geistigen Auge noch klar als das Festgewordene der Pflanzen im Stengel und den grünen Blättern, woraus sich die Pflanze aufgebaut hat; und die Glimrneranlage hat etwas zu tun mit dem, was sich heute noch in den Kelchblättern und Blumenkronen der Pflanzen bildet. Wenn also heute ein Okkultist ein Stück Gneis ansieht, wird er sagen: Das ist versteinerte Pflanze, und wie heute die Pflanzen Blätter und Blüten und so weiter haben, so ist die Glimmeranlage herrührend von alten Kelch- und Blumenblättern. – Und so können wir von allen Mineralien sagen, wie sie sich von alten Pflanzen her gebildet haben. Denn Pflanzen waren es ja, die von dem Monde herübergekommen sind, und erst in der flüssigen Erdmasse haben sie sich verdichtet. So wie wenn Sie ein Gefäß mit Wasser vor sich haben und das Wasser anfängt, sich zu verfestigen, Eis zu bilden, haben sich da immer mehr feste Einschlüsse gebildet. Und immer mehr bildete sich damit die feste Erdkruste aus der flüssigen Erde heraus.»[9]

Man gerät rasch in einen Verständniskonflikt, wenn man das organische Leben allein mit der Kohlenstoffchemie gleichsetzt. Diese übliche Definition (organische Chemie = Kohlenstoffchemie; anorganische Chemie = übrige Chemie) ist zwar einfach, aber lebensfremd. Schon der menschliche Organismus besteht zu zwei Dritteln aus Wasser. Der Extremfall sind die Rippenquallen, die zu 99,8 Prozent reines Wasser in lockeren Eiweißnetzen darstellen. Gerade in der niederen Tierwelt (Kieselschwämme), noch mehr aber in der Pflanzenwelt, wie den Grannen der Gräser und Getreide, den Brennhaaren der Brennnesseln, der ebenso brüchigen Gerüstsubstanz der Schachtelhalme, den Gehäusen der Kieselalgen und Radiolarien, zeigt noch heute das Leben, wie gekonnt es mit der Kieselsäure im eigenen Plasma umgehen kann. Kieselsäure-Verbindungen mit ihrer ausgeprägten Neigung zur Bildung hochmolekularer Polymere können offensichtlich ohne Schwierigkeiten so lebendig sein wie irgendein Eiweiß. Im Verwandtschaftssystem der chemischen Elemente steht ja auch das Silicium als nächstverwandte Substanz direkt unter dem Kohlenstoff.

Bei aller Vergleichbarkeit ist nun der Hauptunterschied zwischen den heutigen Einzelorganismen und dem Gesamtorganismus Erde, dass erstere die Kohlenstoff-Verbindungen vorziehen und letzterer die Silicium-Verbindungen quantitativ vorgezogen hat. Der größte Teil der Erdrinde, wie sie als Gebirge, Kontinentalsockel und Meeresboden beobachtbar ist, besteht aus Kieselsäureverbindungen, aus Silikaten. Es sind zumeist Gneise und Granite.

In dem alten geologischen Kampf der Neptunisten (alle Gesteine sind aus dem Wasser entstanden) und Plutonisten (die auf die Tiefenwärme setzten sowie auf vulkanische Aktivität, daher auch Vulkanisten genannt) wurde im 18. Jahrhundert von beiden Seiten auf die Urgesteine Anspruch erhoben. Doch gehören sie weder nur der einen noch der anderen Entstehungsweise an; sie haben in ihrer Bildung Beziehung zu Wärme- und Druckvorgängen des Erdinneren und sind trotzdem bei ihrer Bildung mit erheblichem Wasseranteil versehen gewesen. Gerade durch die Aufnahme von Wasser kann Kieselsäure noch heute zu puddingartigen Kolloiden werden, die bei Entwässerung unter entsprechendem Druck und entsprechender Temperatur Urgesteinsmineralien wie Bergkristalle und Feldspäte ausscheiden. Heute rechnet man die Granite und ihre Verwandten weder zu den vulkanischen Eruptivgesteinen noch zu den vielfach aus dem Meer abgesetzten Sedimentgesteinen oder den durch Umwandlung entstandenen Metamorphiten, sondern zur Gruppe der langsam in der Tiefe erstarrenden Tiefengesteine (Plutonite).

Die Granite jedenfalls weckten Goethes besonderes Interesse. Gemeinsam mit seinem Begleiter von Trebra entdeckte er im Harz am Rehberger Graben die Kontaktstelle zwischen Granit und Hornfels, einem Sediment des Unterkarbons, das durch die Hitze des Granits umgeschmolzen worden war. Da der Granit unter dem Hornfels lag, hielt Goethe ihn zunächst für älter, obgleich er bereits hartkantige Bruchstücke des Hornfelses im Granitgestein eingebacken sah; jener musste also bereits verfestigt gewesen sein. Bald lieferte die Geologie so viele Hinweise auf das jüngere Alter des Harz-Granits[10], dass Goethe 1818 selbst bemerkte, der Granit müsse nicht zwingend das älteste Gestein darstellen.[11] Heute wissen wir, dass sich Tiefengesteine zu allen Zeiten der Erdgeschichte bilden konnten. So in der Erdfrühzeit z. B. die schwedisch-finnischen Granite, im Erdaltertum die norwegischen, im Erdmittelalter die der deutschen Mittelgebirge (Schwarzwald, Odenwald, Harz, Fichtelgebirge, Riesengebirge), und im Tertiär der Erdneuzeit die Alpengranite. Das Wort Urgestein ist somit nicht mehr rein zeitlich zu verstehen, sondern im Sinne einer Ursubstanz, aus der durch Erosion, Umlagerung und Neuverbackung neue Gesteine entstehen – die wiederum durch Einschmelzung in den Tiefenschichten der unteren Erdrinde jederzeit erneut zu Tiefengesteinen werden können. Wir werden im Folgenden Beispiele dafür zeigen.

Nach diesen mehr einleitenden Ausführungen wollen wir uns nun einer besonderen Gestaltbildung im Granit zuwenden: den *Kugelgraniten*. Dabei handelt es sich um seltene Bildungen, in denen die verschiedenen Mineralanteile in sphärischer Anordnung vorliegen. Bereits Goethe schenkte einem solchen Stück aus Korsika Beachtung: «Von einzelnen Merkwürdigkeiten verdient der Kugel-Syenit [mineralogisch eine spezifische Unterform der Orbiculite, W.S.] von Vallinco aus Korsika vorzüglich Erwähnung.»[12] In Mitteleuropa finden sich anstehende Vorkommen lediglich im Riesengebirge[13] und im österreichischen Mühlviertel[14], sieht man von einem skandinavischen Findlingsblock ab, der 1916 bei Finkenwalde in Pommern[15] entdeckt wurde. Weltweit sind über alle Kontinente etwas mehr als hundert Fundstellen bekannt.[16] In Europa häufen sie sich am ehesten in Schweden und Finnland, den geologisch ältesten Gebieten des Präkambriums. Doch selbst dort, wo nahezu die gesamte Landschaft von Granit unterlagert ist, bleiben es seltene, kleinräumige Vorkommen, die kaum auf Anhieb zu finden sind.

Von Finnland sind trotz guter geologischer Exploration nur siebzehn Fundstellen in der Literatur beschrieben worden, davon dreizehn als Blockfunde aus den Gletschermoränen der Eiszeit. An vier Stellen kann man in diesem Lande Kugelplutonite im anstehenden Fels bewundern: Virvik bei Porvoo (Borgå), Koivula bei Espoo, Poikelus bei Kuru und Kalliosalmi bei Kemijärvi. Die Abbildungen auf den Farbtafeln 1 bis 4 (FT 1 bis 4) vermitteln einen Eindruck von der besonderen Schönheit dieser Bildungen. Ein sehenswertes Museum hierzu befindet sich am Geologischen Institut der Universität Helsinki in der westlich gelegenen Stadt Espoo.

Die dortigen Kugelgesteine gehören jedoch nicht zu den ältesten Formationen Finnlands, sondern datieren in das späte Präkambrium. Sie sind damit älter als Rapakivi (wörtlich: morscher Stein), ein für Südfinnland typisches Gestein, das ebenfalls noch dem Präkambrium zuzurechnen ist. (FT 1c) Dieser

Tafel 1: oben (1a) gefalteter Gneis aus dem ältesten Präkambrium Finnlands (ca. 1 m, Kivimuseo/Helsinki), Mitte (1b) Migmatit von Malandia/Schweden (ca. 1 m, Sammlung des Lehrerseminars der Waldorfschulen in Stuttgart), unten (1c) Rapakivi von Finnland (ca. 1 m, Kivimuseo/Helsinki).

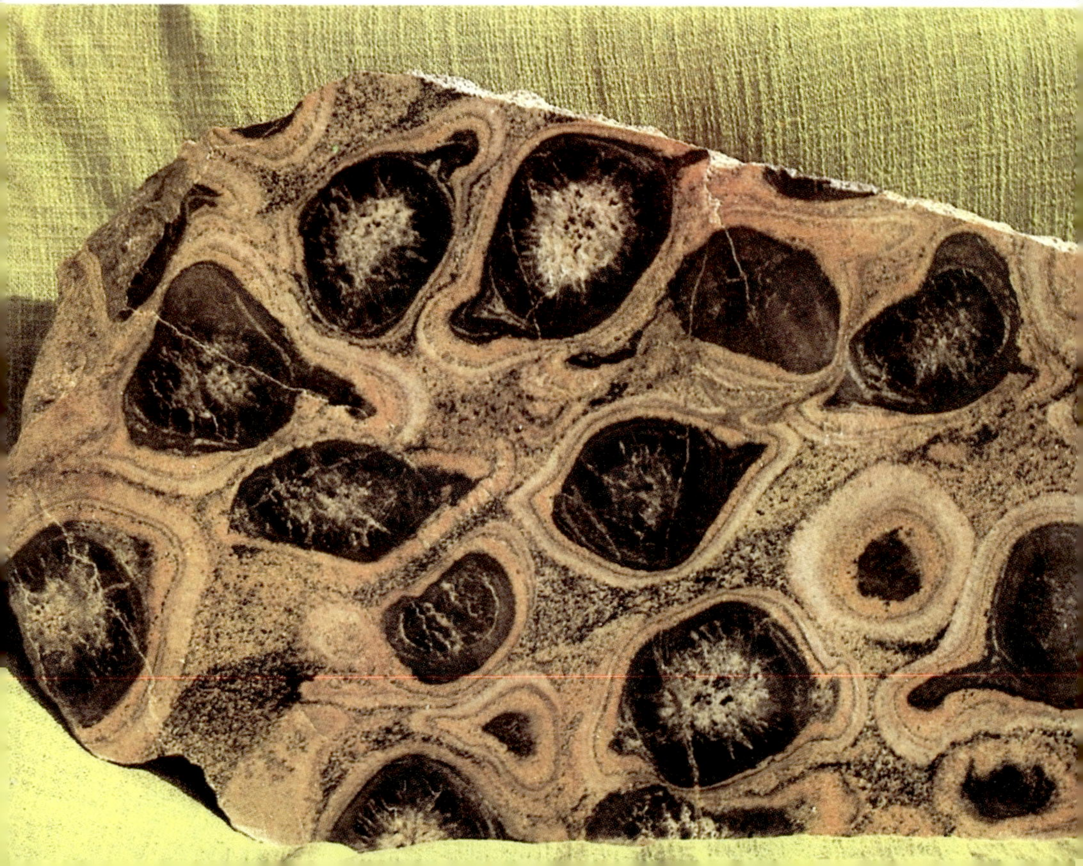

Rapakivi ist besonders im Südosten Finnlands und auf den Ålandinseln im Südwesten landschaftsprägend. Er enthält zahllose, bis zu wenige Zentimeter große Kugeln aus blass-fleischfarbenem Kali-Feldspat (Orthoklas). Neben gelegentlich deutlichen Kristallkanten weisen die meisten dieser kleinen Kugeln eine sphärische innere Struktur auf; viele sind zudem schmal von einem Natrium-Calcium-Feldspat (Plagioklas) ummantelt. Die Zwischenmasse (Matrix) besteht aus einem basischen Granitverwandten. Der Rapakivi gilt noch nicht als echter Kugelgranit, sondern steht den Eruptivgesteinen näher. Er ist zudem – wie sein Name bereits andeutet – wesentlich brüchiger als die äußerst resistenten Kugelgranite.

Die ältesten Gesteine Finnlands liegen im hohen Norden in Richtung der Halbinsel Kola.[17] Sie bestehen zumeist aus einem gneisartigen Gefüge, dessen reiche Faltungen und ausgeheilte Brüche von den vielfältigen Bildungsprozessen ihrer Entstehungszeit zeugen. (FT 1a) Die Mehrzahl der Kugelplutonit-Fundorte liegt zeitlich wie räumlich zwischen diesen ältesten Gneisen und dem Rapakivi – vornehmlich im südlichen Mittel-Finnland. Für die wenigen anstehenden Fundpunkte ist charakteristisch, dass sie in der Nähe von Kontaktzonen zwischen Graniten und Gneisen oder bereits granitisierten Gneisen (Migmatite, FT 1b) liegen. Vielfach berühren sich in diesen Vorkommen Granit und Diorit; letzterer ist ein quarzarmer Plutonit aus Plagioklas und Hornblende. Es müssen wohl exzeptionelle Zustände gewesen sein, die an den vielfach vorhandenen Kontaktzonen jene eingeschränkten Vorkommen von Kugelplutoniten von nur 25 Metern (Poikelus) bis höchstens 85 Metern (Virvik) Ausdehnung ermöglichten.

Wichtig ist, dass an mehreren Fundstellen im Kern einzelner Kugeln Gneisbruchstücke liegen; z. B. Poikelus (FT 3d) und Kangasala (FT 4b). In anderen Kugeln wird der Kern von auffällig großen Einzelkristallen aus Plagioklas gebildet: Kangasala (FT 4c) und Lintusaari (FT 4e). Oft findet sich jedoch kein besonderes Bildungszentrum. Bei dem abgebildeten Kugelgranit aus Irland (FT 4f) bestehen die Kugelkerne sogar aus demselben grobkörnigen Granit wie die umgebende Matrix, wenngleich auch dort in Einzelfällen Gneiskerne vorkommen.[18] Andererseits finden sich mitten zwischen den Kugelballen auch

Tafel 2: oben (2a) anstehender Kugelgranodiorit von Poikelus/Kuru (Finnland). Die von den Eiszeitgletschern abgeschliffenen Felsbuckel zeigen an ihrer Oberfläche die bei der jahrtausendealten Auswitterung stehengebliebenen, weißlich ausgeblassten Orthoklashüllen der Kugeln, unten (2b) der Kugelgranodiorit von Poikelus/Kuru zeigt im angeschliffenen Schnitt die reiche plastische Verformung der dunklen Plagioklas-Massen, von fleischfarbenem Orthoklas ummantelt (Sammlung Scheffler, Carus-Institut Öschelbronn).

Gneisfragmente, die keinerlei sphärische Ummantelung in der Matrix aufweisen (Piokelus).

Die erstgenannten Beispiele scheinen darauf hinzuweisen, dass die Kugelkerne im Verhärtungsvorgang zuerst fest waren. Schicht um Schicht plastischer Silikate – die im Gegensatz zum Rapakivi zumeist aus dem Plagioklas Andesin bestehen – umhüllen diese Kerne, oftmals regelmäßig rhythmisch durchwoben von zahlreichen Hüllen aus schwarzem Glimmer (Biotit); man betrachte die Bilder der Kugelgranite von Virvik (FT 4a) und Lintusaari (FT 4e). Bei den sauren Plutoniten (Granite im engeren Sinne) ist der Quarzanteil immer außerhalb der Kugel auskristallisiert, also erst sehr spät.

Besonders bemerkenswert und auffällig ist die noch sichtbare einstige wechselseitige Beeinflussung der Kugeln: Sie haben sich vielfach aneinander plattgedrückt; ein Phänomen, das bis in die Tiefenschichten des Kugelaufbaus hineinreicht. Eine deutliche Längsausrichtung in Vorzugsrichtungen, also Fließstruktur, spricht ebenfalls für einen langanhaltenden kolloidalen Zustand während der Genese. Wie halbgargekochte Eier haben sich diese Feldspat-Kugeln gegenseitig verformt, sind stellenweise ausgequollen und von neuen Schichten ummantelt worden (FT 2b, Poikelus). Aus all diesen Befunden geht hervor, dass die Kugeln jünger sind als die in ihnen eingeschlossenen Gneisfragmente und dass sie während ihrer Ausgestaltung lange halbflüssig und puddingartig waren – ähnlich wie lebendiges Eiweiß. Vielfach ist aber der Kugelgranit hinwiederum eher erhärtet als der angrenzende normale, kugellose Granit (FT 3a).

Die vielfach rötlichen äußeren Hüllen der Kugeln bestehen aus Orthoklas (speziell: Mikroklin), der noch am ehesten Bruchstrukturen zeigt (FT 3b). Er muss also eher hart gewesen sein als die noch plastischen Mittelschichten aus Plagioklas. Trotz der voll erhaltenen Feinstruktur wird gerade am Beispiel von Kangasala (FT 4b, 4c) ersichtlich, wie verformbar die gemeinsamen Wechselschichten aus Plagioklas und Glimmer ursprünglich waren: Ein zweiter Gneisbrocken, der lediglich von einer dünnen Schicht weißen Plagioklases ummantelt ist, drang offensichtlich in das noch weiche Innere der Kugel ein und verformte deren Struktur.

Liest man die einschlägige Literatur und spricht mit finnischen Geologen, so

Tafel 3: oben (3a) anstehender Kontakt des Kugelgranodiorits von Poikelus mit dem normalen Granit der Umgebung: die in den letzteren hineinragenden Kugeln sind eher verfestigt gewesen, unten links (3b) Bruchstrukturen der roten Orthoklasschalen im Kugelgranodiorit von Poikelus, unten Mitte (3c) Einzelkugel von Poikelus mit dort seltener rhythmischer Abfolge von weißem (reinem) und schwarzem (Magnetit-reichem) Plagioklas (Seminarsammlung Stuttgart), unten rechts (3d) Einzelkugel von Poikelus mit dort selten erhaltenem Kern mit Gneisschichtung (Sammlung des Autors).

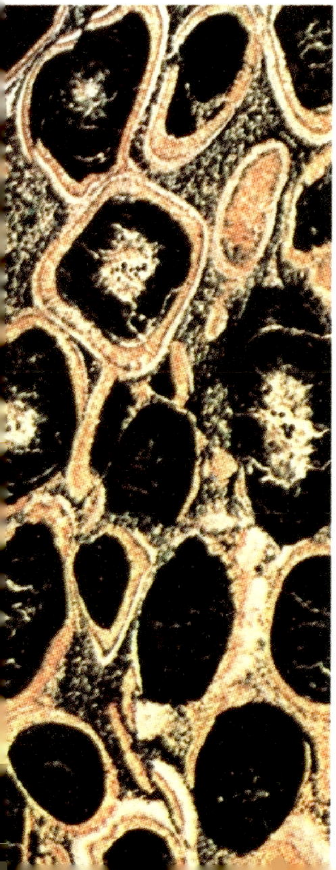

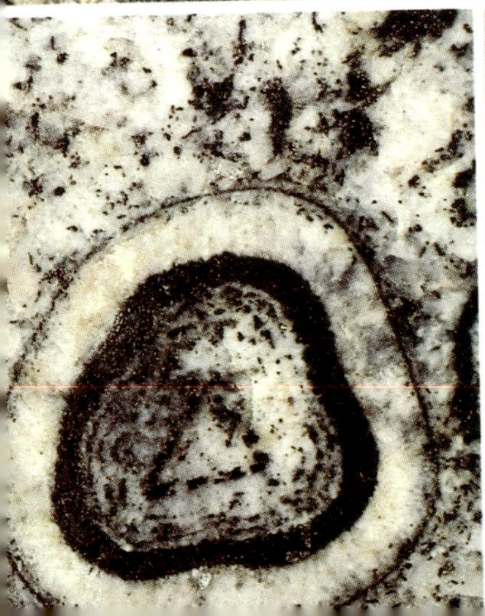

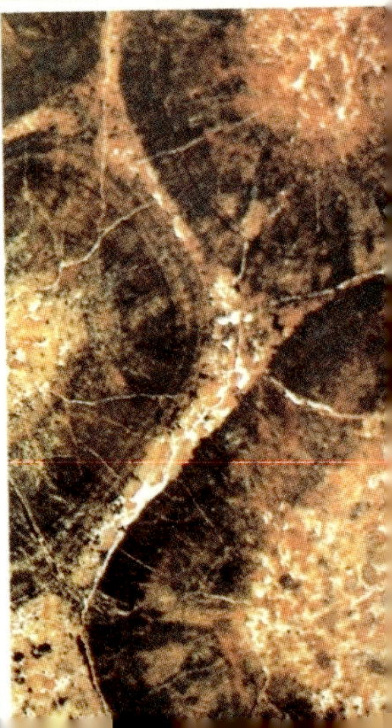

gilt vieles an der Bildung der Kugelplutonite als noch nicht erklärbar: «no explanation» oder «wrong crystallisation». Sicherlich gibt die kolloidale Struktur einen gewissen Erklärungsansatz: Von den Liesegangschen Ringen[19] her, die im kolloidalen Milieu durch abwechselnde Untersättigung und Übersättigung zweier Reaktionspartner rhythmisch nacheinander ausfallen, sind manche Kugelgranitbildungen verständlich. Doch die Erklärung für ein einzelnes Vorkommen lässt sich oft schon auf die nächste Fundstelle nicht mehr anwenden. Schon allein die Tatsache, dass beim Rapakivi der Orthoklas innen und der Plagioklas außen, bei den Kugelgraniten aber umgekehrt der Plagioklas die innere Masse und der Orthoklas die äußere Schale bildet, bereitet den Geologen erhebliches Kopfzerbrechen.

Steht man im finnischen Wald, etwa in Poikelus, auf diesen von den Gletschern der Eiszeiten abgeschliffenen und seitdem durch zehntausend Jahre hindurch nur oberflächlich angewitterten «Pallograniitti» (hier speziell ein Kugel-Granodiorit), so ist der phänomenale Haupteindruck: Rhythmus. Die auffällig regelmäßige Größe der Kugeln, die zumeist zwischen Faust- und Kopfgröße schwankt, bestimmt das Bild in seiner unablässigen Wiederholung – ganz so, wie jeder Organismus eine Zellstruktur in sich trägt. Man glaubt, auf einem ins Makroskopische vergrößerten Pflanzengewebe zu stehen, für dessen Betrachtung man kein Mikroskop mehr benötigt.

Andere Besucher schilderten ihre Impressionen als die von Honigwaben. Wieder andere, die sich als Biologen besonders mit den Fortpflanzungsvorgängen von Blütenpflanzen befasst haben, sprachen von einer Bildung, die an die zahllosen Stärkekörner in einem Getreidesamen erinnert; und ebenso versteckt und engumgrenzt liegen diese *Kugelplutonitlinsen* im landesweiten Urgestein.

Wir möchten diese sphärischen Bildungen der Tiefengesteine nicht direkt für einen handgreiflichen Nachweis der noch lebenden Erde halten, wohl aber für

Tafel 4: oben (4a) Kugelgranit von Virvik/Epoo (Finnland) mit erneuten Aufschmelzungserscheinungen der aus zahlreichen rhythmisierten Lagen aus Plagioklas und Biotit aufgebauten kindskopfgroßen Kugeln (angeschliffene Steinplatte (ca. 1,5 m Kivimuseo/Helsinki), Mitte rechts (4c) Kugelgranit von Kuhinmaa bei Kangasala/Finnland (50 cm lang) mit Gneiseinschluss und eingewandertem zweitem Gneisstück in der linken Kugel, Mitte links (4b) die gleiche Kugel zeigt an der ungeschliffenen Rückseite die Parallelschichtung des Gneiskernes (Sammlung des Autors), unten links (4d) kleinkugeliges Fundstück von Kangasala mit dreieckigem Plagioklas-Kristall als Kern (Sammlung des Autors), unten Mitte (4e) Kugeldiorit von der Insel Lintusaari im Saimaa-See (Finnland) mit großem, viereckigem Plagioklas-Kristall als Kern (Sammlung des Autors), unten rechts (4f) Kugelgranit von Mullaghderg (Irland) mit radial kristallisiertem magnetitreichem Plagioklas zwischen Matrix und Kern aus gleichem, grobkörnigem Granit (Seminarsammlung Stuttgart).

ein handgreifliches Beispiel dafür, wie die aus dem Leben stammenden Gesetze der chemischen und physikalischen Reaktionen sich in dieser frühen Zeit der Erdrindenbildung noch optimal verwirklichen konnten. Sie sind ein Bild des Lebens im Mineralisierungsvorgang – nicht mehr das Leben der Erde selber. Dass gerade im plastischsten, mittleren Bereich des Plagioklases dieser vielfach durch ein feinstverteiltes Eisenerz, den Magnetit, dunkel gefärbt ist, zeigt zudem die besondere Nähe des Eisens zu den bildsamsten Vorgängen. Aus der Verwitterung der Feldspäte zur Tonerde aller Humusböden und des Magnetits zum für alles Leben wichtigsten Spurenelement Eisen bleibt der Zusammenhang mit allem Folgeleben auf der Erde von heute gewahrt.

Buchbesprechung: Dankmar Bosse. Die gemeinsame Evolution von Erde und Mensch. Stuttgart 2002. (2003)

Dieses gerade erschienene Buch ist in seiner Aufmachung ein Prachtband mit herrlichem Bildmaterial, es ist aber zugleich ein Prunkband an zahllosen naturwissenschaftlichen und geisteswissenschaftlichen Unzulänglichkeiten: Den Vulkanismus und die Plattentektonik gibt es erst seit dem Jura, feste Mineralien erst seit 150.000 Jahren. Wo Rudolf Steiner von Millionen von Jahren spricht, habe er gar keine Jahre gemeint, sondern das sei nur ein Terminus für «Dauer». Die Bildung neuer Arten in der Evolution der Organismen wird bestritten, denn aus Rassen seien noch nie Arten geworden. Und Radioaktivität gibt es erst seit wenigen tausend Jahren.

Jedem mit der heutigen Geologie und Biologie nur einigermaßen Vertrauten sträuben sich bei einer solchen Lektüre alle Haare. Wie kommt Dankmar Bosse dazu? Aus der Lektüre der Gesamtausgabe Rudolf Steiners, die er wie eine unverstandene Bibel für seine ganz eigene Exegese benutzt. So etwas kann nur zustande kommen, wenn man allein das Passende auswählt und das Unpassende abwertet. Bosses Hauptvorwurf gegen die großen Zeiträume der Geologie ist, dass sie nicht vorstellbar seien. Die Vorstellbarkeit ist aber noch nie ein Kriterium für Wahrheit gewesen. Im Gegenteil: In der Vorstellung haben wir immer nur den Schein, nie die Wirklichkeit.[1] Ebenso unsinnig ist sein Vorwurf, die Jahreslänge sei in früheren Erdzeiten anders gewesen. Dass diese sich wandelte, ist geologisches Allgemeingut; doch wenn die Wissenschaft den Beginn des Tertiärs auf 65 Millionen Jahre datiert, dient das heutige Jahr als festgesetzte Maßeinheit. Ausdrücke wie «Atlantis» und «Lemurien» werden nicht eingeführt, sondern als selbstverständliches Vokabular vorausgesetzt.

Als Alfred Wegener 1915 sein epochales Werk zur Kontinentalverschiebung veröffentlichte[2], erkannte Steiner es sofort an: endlich ein Dynamismus gegenüber dem alten Fixismus, dass die Kontinente immer da gelegen hätten, wo sie heute liegen. Bereits 1922 empfahl er für die Waldorfschule, sogleich den Neuntklässlern davon zu sprechen.[3] Bei Bosse aber darf es vor dem Jura keine

Platten-Unterschiebungen geben. Ein Beispiel für vieles: Auf Seite 441 seines Buches bringt er eine Zeichnung der Anden im Übergang zwischen Ozeanboden und Kontinentalsockel, die er tatsachenverfälschend von einer Vorlage abgezeichnet hat.[4] Auf diese Weise kann man nicht den Kreislauf der Gesteine widerlegen, der doch zu den schönsten, weil dynamischsten Ergebnissen der heutigen Geologie gehört. So häufen sich auf zahlreichen Seiten natur- wie geisteswissenschaftliche Unzulänglichkeiten, ohne dass die für jeden wissenschaftlichen Anspruch unerlässliche Selbstkritik spürbar würde.

Bosse hat eine außerordentliche Fleißarbeit geleistet. Fast nichts an erdgeschichtlichen Themen im Werk Rudolf Steiners hat er ausgelassen. Dabei traf er auf unterschiedlichste Darstellungen, deren formale Widersprüche jeder kennt, der sich auf Rudolf Steiner studierend einlässt. Der Autor aber bietet keine Hilfe, wie man damit sinnvoll umgehen könnte. Entweder überlässt er den Leser dabei sich selbst, oder er eliminiert die unpassenden Stellen als unwesentlich, um die passenden zu retten. Die reichen Zitate unverstandener Stellen ersetzen den Durchblick. Es ist hier nicht der Ort, auf die Inhalte im Einzelnen einzugehen. Ausführliche Besprechungen werden dafür im diesjährigen Tycho de Brahe-Jahrbuch für Goetheanismus erscheinen.

Bosse ist ein begeisterter Steinfreund und Naturliebhaber. Jeder, der mit ihm *im Gelände* war, im Erzgebirge, im Thüringer Wald, im Harz, in den Tiroler Alpen, im Tessin, auf Lanzarote, hat sicher viele wertvolle Anregungen durch seine Freude an den Steinen bekommen. Viele Mediziner haben durch ihn erstmals die Erze der therapeutisch verwendeten Metalle vor Ort in der Hand gehabt. Wenn aber die Interpretationen beginnen, wird es fragwürdig. Was er schon aus seiner Ausbildung an der Freiberger Bergakademie mitbekommen hat, ist leider großenteils geologisch veraltet. Aus seiner Zeit am Geologischen Institut in Ostberlin sind keine eigenen fachwissenschaftlichen Publikationen hervorgegangen. Das besagt für die Sache, um die es hier geht, an sich nichts, aber dann sollte er nicht – wie es fortwährend in dem Buche geschieht – sich als versierten Fachgeologen ausgeben, der er nicht ist.

Auch anthroposophischerseits bleibt Bosse über große Strecken auf dem alten Interpretationsstand z. B. von Günther Wachsmuth stehen. Dieser, ein gelernter Jurist, bemühte sich in den zwanziger Jahren um die Zusammenschau von Geologie und Anthroposophie, woran kaum einer der geologisch geschulten Anthroposophen später mehr sinnvoll anknüpfen konnte. So ist mit dem Buch von Bosse eine große Chance ungenutzt verstrichen. Das Buch ist seit seinem Erscheinen zum drastischen Testfall geworden, Naturwissenschaft und Anthroposophie entweder glaubensstark oder nachprüfbar zusammenzubringen. Schade für die vielen schönen Bilder, die somit unverstanden bleiben.

Der Zeitbegriff in der Geologie und das Evolutionsverständnis in der Biologie (2003)

Das im Verlag Freies Geistesleben gerade erschienene dritte Buch von Dankmar Bosse[1] zur Geologie der Erde – unter fachwissenschaftlichen und anthroposophischen Aspekten – macht auf den ersten Blick in seinem schönen Einband, der guten Aufmachung und der reichen Bebilderung einen sympathischen Eindruck. Geht man jedoch an die Lektüre des umfangreichen Werkes, entpuppt es sich als mit außerordentlich vielen Fehlern durchsetzt. Es sind fast in jedem Kapitel so zahlreiche und grundsätzliche Fehlleistungen vorhanden, dass im Rahmen dieser Besprechung nur die Kapitel über den «Zeitbegriff in der Erdgeschichte» und über die «Evolutionsgesetze» behandelt werden können.[2]

Bosse kommt in dem Kapitel über den Zeitbegriff (S. 34ff.) auf ein entscheidendes Thema der Erdgeschichte zu sprechen, nämlich wie wir Zeit begreifen. Es ist dankenswert, dass er bemüht ist, den linearen Begriff der «Newton-Zeit» zu erweitern. Manches Wichtige wird dazu angeführt. Hier aber sind die Unzulänglichkeiten beim Namen zu nennen. Schon im ersten Absatz wird gegen die Jahrmillionen mit weitgehend stumpfen Argumenten gefochten: «Jede Zahl aus der geologischen Zeitskala mit ihren Jahrmillionen bleibt unvorstellbar und abstrakt, eine reine Rechengröße.» Als ob die Unvorstellbarkeit über die Tatsächlichkeit entschiede – eine solche Aussage ist schon anthroposophischerseits ohne Wert. Alle *Vorstellungen* des Menschen erfassen nie die Realität, sondern sind immer unterreal, eben Schein.[3] Gerade wenn man sich etwas nicht vorstellen kann, steigt die Wirklichkeitsnähe. Das gilt ebenso für die sinnliche als auch noch mehr für die übersinnliche Erfahrung: Diese ist immer anders, als man sich vorher vorstellen konnte. – Das Wort «abstrakt» wird im gesamten Buch unzählige Male verwendet, um etwas abzuqualifizieren, ohne dass Bosse merkt, dass es wörtlich das von der Sinneserfahrung Abgezogene bedeutet, also jeden verallgemeinernden Begriff. Gerade auch alle anthroposophischen Inhalte sind erst nach Abzug des Sinnlichen anzutreffen, also wörtlich abs-trakt. Anthroposophie besteht in einer «Allgemeinen Menschenkunde», auch sie generalisiert also aufs Allgemeine.[4] Darin besteht ihr Wissenschaftscharakter ebenso wie der der Naturwissenschaft. Dann heißt es: Geologische Zeitangaben sind keine «Rechengrößen», sondern Messgrößen. Ohne sie kommt Bosse schon auf der nächsten Seite (S. 35) nicht aus. Dort werden Jahreszahlen von 5.000, dann auch 40.000 Jahren anerkannt. Sind diese für ihn besser vorstellbar? Auf derselben Seite wird von der «atlantischen Epoche» gesprochen, ohne dass dieser sensible Begriff vorher eingeführt wurde. Damit wendet sich das Buch offensichtlich nur an Insider.

Gegen Ende der Seite 34 wendet sich Bosse gegen die Zeiteinheit «Jahr»: «Eine Jahreszählung setzt voraus, dass die Erdumläufe von Anfang an den heutigen entsprechen.» Das ist schlichtweg falsch. Jeder Geophysiker weiß, dass die Jahreslänge im Laufe der Erdgeschichte nicht konstant war, ebenso wenig wie die Eigenumdrehung der Erde (Tag) oder gar der Mondumlauf (Monat). Geologische Jahresangaben nutzen als Zeiteinheit vereinbarungsgemäß die Zeitspanne, die der heutige Mittelwert eines Erdumlaufs um die Sonne darstellt – völlig unabhängig davon, dass die tatsächliche Umlaufzeit etwa im Erdaltertum eine andere war. Der Vorwurf einer falschen Prämisse ist deplatziert. So wieder auf Seite 35: «– wobei vorausgesetzt wird, dass die heutigen Verhältnisse des Erdumlaufes direkt in die erdgeschichtlichen Zeiten übertragen werden können.» Das setzt niemand in der heutigen Geologie voraus. Bosse hat hier das Messverfahren nicht verstanden.

Seite 35 rechts unten: «Palladium 234» gibt es nicht; hier hat Bosse in der Uran-Zerfallsreihe nicht bemerkt, dass das Kürzel Pa für Protactinium steht. Seine Halbwertszeit ist nicht 6,7 Jahre, sondern 6,7 Stunden. Seite 38 rechts oben: Hier distanziert sich Bosse von den Halbwertszeiten radioaktiver Elemente als festen Naturkonstanten. Nicht nur Bosse, sondern alle heutigen Physiker, Geologen und Nukleartechnologen wären dankbar, wenn die Halbwertszeiten variabel wären. Dies würde die theoretische Chance eröffnen, den Zerfall radioaktiven Abfalls gezielt zu beschleunigen. Es gibt zum allgemeinen Bedauern nicht den kleinsten Hinweis darauf.

Seite 38 rechts unten: Hier rührt Bosse erstmals an ein zentrales Thema seines Buches: die Unterscheidung von «Wesen und Erscheinung». Die Erscheinungen wechseln in der Zeit, das Wesen verbleibt auf Dauer. Diese seit Parmenides in die europäische Bewusstseinsgeschichte eingeimpfte «Entwicklungskrankheit»[5] wird nun auch noch von Bosse unbedacht fortgeschrieben. – Zwar finden sich ähnliche Äußerungen bei Goethe und Steiner, aber gerade diese beiden Geistesriesen haben alles getan, um diese falsche Trennung abzubauen: bei Goethe etwa in seiner Plotin-Kritik[6] und bei Steiner in seinem wohl bedeutendsten geistesgeschichtlichen Beitrag, der Erkenntnis, dass sich selbst die Hierarchien im Laufe der Äonen entwickeln.[7] Bosse beruft sich auf die ewige Dauer des menschlichen Geistes, des Ich: Gerade hier unterscheidet Steiner betont zwischen dem Ich und der Erfahrung von Dauer.[8] Das Ich ist ja das Versatilste, Veränderbarste, Keimhafteste der Wesensglieder; selbst am meisten «Baby».[9] Bosses Auffassung bleibt bei einer Teilberechtigung der vorchristlichen Eleaten stehen.

S. 39: Hier deutet Bosse einfach Steiners Hinweise auf Jahrmillionen um auf «Äonen», die keine Zeitmaße haben. Damit hat er das Problem durch Elimination desselben gelöst. So auch auf S. 40: Da die physikalischen Gesetze von heute nicht immer die gleichen waren, ist die Erde in Jahren viel jünger: Woher weiß er das, ohne Steiners Erfahrungsbasis nachprüfen zu können?

S. 41: Hier zitiert Bosse mich selbst und meinen Vorschlag einer logarithmischen Zeitmetrik der Erdgeschichte. Im Gegensatz zu den radiometrischen Angaben, die von langen frühen und immer kürzeren späten Epochen handeln, sei es im Leben gerade umgekehrt. Bosse hat meine Darstellung[10] schlichtweg nicht verstanden. Jedem Schneckenhaus sieht man an, dass die gleiche Biomasse (Volumen lebender Substanz) anfangs lange Zeit zu ihrer Synthese benötigt, indem das Tier aber größer wird, immer kürzere Zeit. Ein Baum braucht anfangs länger, um z. B. einen Kubikmeter Holz zu bilden als später, wo es zunehmend schneller möglich ist. Das ist das Wachstumsprinzip des Rein-Ätherischen. So sprechen die Mathematiker nicht umsonst von den «natürlichen Logarithmen». So geschieht auch in der frühen Embryonalentwicklung des Menschen während der Furchung die Vermehrung der Kernsubstanz in zunehmend exponentiellem Maße. Mit dem Eingriff des Seelisch-Geistigen in das lebende Substrat wird dieses Prinzip natürlich zurückgedrängt: Der Astralleib ist der Widerpart des Ätherischen. So wird auch in der menschlichen (und tierischen) Entwicklung dieses logarithmierende Wachstum bald überformt. Die Zeitangaben der heutigen Geologie sprechen ihrerseits also gerade von einem Wachstumsgesetz des rein Lebendigen, das Bosse aus Begriffsblindheit nicht sehen kann. Es ist geradezu abstrus, meine Auffassung als physiko-chemisch und seine eigene als lebendig gegenüberzustellen. Es hätte sich ja aus den Atomuhren ergeben können, dass die biologischen Innovationsschritte der Erdgeschichte sich immer in gleichen numerischen Zeiten abgespielt hätten, – es liegen aber logarithmierende Beschleunigungen vor. Das liegt keineswegs an den logarithmischen Zerfallsraten radioaktiver Elemente, wie Bosse vermutet. Er verwechselt hier den Vorgang mit dem Messinstrument, der Uhr. In der Chronobiologie werden lebendige Zeiten mit toten Uhren gemessen, ohne dass der Organismus mit der Uhr verwechselt wird. Bosse unterläuft genau diese Verwechselung bei der radioaktiven Datierung von erdgeschichtlichen Abläufen, wenn er schreibt: «Im lebendigen Erdorganismus können die rhythmisch variierenden Werdeprozesse damit gar nicht erfasst werden.» Mit was dann?, ist die Frage des Lesers. Er findet daraufhin nur die Berufung auf recht heterogene Angaben Steiners, die Bosse selbst in ihrem Nachvollzug nicht aufschlüsseln kann.

Steiner selbst bemerkt die Erscheinung der geologischen Entwicklungsbeschleunigung: Geht man so weit zurück, dass ein Entwicklungsneueinschlag anzutreffen ist, so findet man einen Zeitraum von ca. 26.000 Jahren, dem Platonischen Weltenjahr der Präzessionsbewegung des Frühlingspunktes der Sonne im Tierkreis. Geht man noch weiter zurück, so braucht es *zweier* Durchgänge durch diese «Tierkreisuhr», um einen ähnlichen Entwicklungsschritt anzutreffen. Und noch weiter zurück bedarf es *mehrerer* Durchgänge.[11] Die Schilderung einer in die Vergangenheit zurückgesehen zunehmenden Verlangsamung ist deutlich. Bosse passt diese Darstellung aber nicht, wohl weil sie ja eine Verständnisbrücke zur bösen «materialistischen Geologie» sein kann. Er schreibt dazu: «Es handelt sich meines Erachtens um Kräftewirkungen aus bestimmten Richtungen, nicht um zeitliche Datierungen.» Selbst dort, wo Steiner explizit von Millionen von Jahren spricht, nimmt Bosse ihn ebenso wenig ernst, sondern deutet die Angabe als Metapher für «Dauer» um. Dankenswert ist zwar seine Sammlung vieler Äußerungen Steiners zu jenem Tierkreisbezug in ihrer hohen Diversität, doch vermag er keinen Zugang zu den zum Teil recht widersprüchlichen Angaben herzustellen, sondern nur eine ihm genehme Auswahl zu glauben. Er wendet dabei eben nur *einen* Zeitbegriff an, während von Steiner über Zeitqualitäten wohl aus ganz unterschiedlichen Seinsebenen heraus gesprochen wird. Bosse schreibt wiederholt «im Sinne des Zeitbegriffes von Rudolf Steiner», ohne zu bemerken, dass es bei ihm *viele* Qualitäten von Zeit gibt, sogar den der rückwärts laufenden Zeit.[12]

Bosse hat «die zweite Hälfte der Atlantis mit der Eiszeit parallelisiert» (S. 46 links oben). Sicherlich meint er *Eiszeiten* (es gab davon acht), also das Pleistozän; das ist aber bei Steiner die Zeit des Unterganges von Atlantis und die eigentliche Hauptzeit von Atlantis das Tertiär[13], eine ungleich längere Epoche.

S. 42: Bosse beruft sich auf die Äußerung Steiners, dass es Radioaktivität erst seit wenigen Jahrtausenden gäbe. Nun kann man ja rückfragen, ob Steiner hier irrt, und Steiner hat nie ein Hehl aus seiner Irrtumsmöglichkeit gemacht. Hat Bosse nie die Strahlungshöfe um radioaktive Mineralien in präkambrischen Urgesteinen gesehen? Auf S. 46 werden aber plötzlich radiometrische Datierungen akzeptiert. Auch hier fehlt die Stringenz. Von der grotesken Auffassung Bosses (S. 41), dass die Gesteine ab Mitte der Atlantis (bei ihm vor 15.000 Jahren) erst endgültig verhärteten, noch ganz zu schweigen. Hat Bosse nie präkambrische Konglomerate gesehen? Bosse hat trotz mancher gemeinsamen Gespräche nie realisieren können, dass «Zeit» nicht einfach Zeit, sondern eine recht plurale Angelegenheit ist. Zeit im Ätherischen ist etwas anderes als in der physisch-toten Welt, und noch etwas anderes als in der seelisch-empfindsamen Astralwelt oder in der Wesenswelt der Iche. Es gibt also mindestens vier verschiedene Arten von Zeit, und die Widersprüche der Angaben Steiners untereinander und mit der Physik beziehungsweise Geologie lösen sich, wenn man beachtet, aus welcher der vier Seinsschichten Steiner jeweils berichtet. Die physikalische Zeitmessung ist durch zahlreiche parallele Methoden ausführlich abgesichert und innerhalb ihrer Fehlergrenzen verlässlich.

Auf S. 91 spricht Bosse von der «Evolution der Säugetiere seit dem Oberkarbon». Er meint hier wohl deren Vorläufer, die synapsiden Reptilien; Säugetiere treten erst ab der späten Trias auf. Auf S. 92 wird fälschlicherweise davon gesprochen, dass die Menschenaffen und die Australopithecinen (eine Teilgruppe früher homininer Formen) etwa gleichzeitig erschienen. Nach heutigem Stand erscheinen die ersten echten Menschenaffen im Miozän ab 10 Millionen, die Australopithecinen ab 4 Millionen Jahren vor heute. Auch in den letzten Jahren gefundene ältere hominine Formen reichen bisher nicht weiter als 7 Millionen Jahre zurück. Bosse bestreitet zudem, dass Afrika das Geburtsland der Menschheit ist, weil er Nordafrika nicht zu Atlantis rechnen kann (S. 458).

Unter dem Thema «Evolutionsgesetze» unterläuft Bosse erneut eine Fülle von natur- wie geisteswissenschaftlichen Fehlern. Bosse legt Wert darauf, dass es keine Artübergänge gibt, geschweige denn Klassenübergänge (S. 169 links oben). Damit fällt dieses Kapitel um mehr als 200 Jahre zurück ins 18. Jahrhundert. Schon Goethe notierte nach seinem ersten Alpenübergang in Südtirol beim Anblick der veränderten Pflanzenwelt: «Vermag wohl auch neue Arten hervorzubringen.»[14] Steiner nahm Darwin und Haeckel in ihrer Evolutionsauffassung in Schutz gegen alle geistlosen Vertreter des Geistes, den damaligen Klerus. Bosse aber leugnet sogar, dass aus Rassen echte Arten werden können, da diese in der Fortpflanzung durch Eiweißverträglichkeit, jene durch Unverträglichkeit gekennzeichnet seien. Er kennt die circumborealen Rassen der heimischen Heringsmöwe nicht, die sich von Europa über Asien bis Grönland untereinander vermischen können, sich aber im Nordatlantik als echte Arten gegenüberstehen. Das Gleiche gilt für die Rassen der Silbermöwe.[15] Er beruft sich fortwährend auf das «individuelle Immunsystem» jeder Art, so als ob man nicht verschiedene Arten, ja sogar Gattungen von Obstbäumen und Kakteen aufeinander pfropfen könnte. Dahinter steht für ihn der der Anthroposophie entnommene Gruppenich-Begriff, den er aber offensichtlich platonisch für ewig und unveränderlich hält und sich damit den Zugang zum natur- wie geisteswissenschaftlichen Evolutionsverständnis schlichtweg verbaut. – Übergänge zwischen Tierklassen, z. B. Fischen und Amphibien oder Reptilien und Säugetieren, sind paläontologisch inzwischen in einer Fülle bekannt, wie sie kein starrer Typologe vorhersagen konnte.

Bosses Satz: «Neue Organe entstehen jedoch nicht in einem ständig sich wandelnden Strom unendlicher Umbildungen, sondern sie erscheinen stufenweise, unvermittelt und voll funktionsfähig in neuen Arten.», ist ein Rückfall hinter die bedeutendste Idee, die uns das 19. Jahrhundert geschenkt hat.[16] Da kann man nur mit Goethe (zu Falk) sagen: «Betrachten Sie mir ja fleißig diese Übergänge, worauf am Ende alles in der Natur ankommt.»[17] Sicherlich ist es wichtig, dass auch Bosse zwischen der Mikro- und Makro-Evolution unterscheidet. Sein Satz «die Mikro-Evolution führt zum Aussterben» wird natürlich von allen heute lebenden Organismen widerlegt, denn jedes Lebewesen steht gleichzeitig in makro- wie mikroevolutiven Vorgängen, unabhängig davon, ob es bereits ausgestorben ist oder nicht.

Noch deplatzierter ist Bosses Missverständnis des Steinerschen Devolutions-Begriffes. Bosse verwechselt Devolution mit Spezialisation und Absterben. Für Steiner ist aber Devolution, ganz im Sinne der *Rücknahme* an Komplexität, die Voraussetzung positiver Weiterentwicklung. Die Laubblätter müssen sich im Hochblattbereich vereinfachen, um die Blüte zu ermöglichen, und gerade der Mensch ist voller devolutiver Merkmale. Die hohe Bedeutung von Verjugendlichung (Neotenie, Pädomorphose etc.) bleibt ihm unzugänglich, weil er sich starr auf das Dollo'sche Gesetz der Unumkehrbarkeit beruft. Er möge sich doch nur einmal an der aufhelfenden Zeichnung Steiners orientieren, die Jochen Bockemühl in seinem Band «Lebenszusammenhänge erkennen, erleben, gestalten» bringt.[18]

Auf S. 170 bringt Bosse ein Bild der Evolution des Menschen und der verwandten Tiere, wobei er die des Menschen geradlinig nach oben punktiert. Gerade so geradlinig ist sie zumindest für den Menschen weder natur- noch geisteswissenschaftlich geschehen. Er hält sich an populäre Vorträge Steiners und beachtet nicht die zentral-anthroposophischen, wie insbesondere den vom 7. März 1914.[19] So vertritt Bosse das «Prinzip der Sonderung» prinzipiell. Damit schlägt er sich auf die Seite Darwins, der dieses *Divergenz*prinzip einseitig verankert hat. Es gehört zu den bedeutendsten Entdeckungen in der heutigen Evolutionsbiologie, dass es immer wieder zu evolutiver Konvergenz gekommen ist: Das *Miteinander* artlich getrennter Organismen als ausgewogenes Zusammenspiel innerhalb des Ökoorganismus ist nur der erste Anfang davon. Der Zusammenschluss zu extra- und intrazellulären Symbiosen (berühmt sind z. B. die Flechten) ist eine weitere evolutive Steigerung. Nun wurde neuerdings sogar eine Fülle von genetischer *Konvergenz* (Symbiontentheorie der Zelle etc.) gefunden, die gerade in entscheidenden Vorgängen der Makro-Evolution stattgefunden hat. Sogar die Evolution zu den Säugetieren hat so erst stattgefunden, wie die von Bosse angefeindete heutige Genetik herausgefunden hat.[20] Nicht der Kampf divergenter Arten, sondern die Kooperation bis hin zur Bildung neuer Formen durch genetische Konvergenz – als eine Verinnerlichung des Oikos – ist wahrscheinlich der physiologische Grundvorgang der Makroevolution.

Bosse beruft sich immer wieder auf die Immunbarrieren zwischen den Arten – eine hier fälschliche Bezeichnung. Er meint die Eiweißunverträglichkeit (Inkompatibilität) von Keimzellen. Die menschliche Immunologie wird biographisch erst nachgeburtlich aufgebaut. Sie wird ohne Frage beim Menschen besonders hoch entwickelt, aber auch zurückgenommen, sonst wäre keine Schwangerschaft möglich. Der Keim ist teilweise Fremdeiweiß, und doch wehrt sich das Immunsystem der Mutter nicht dagegen. Dafür wird in der Berührungsschicht der Plazentarzotten aller Säuger eine Genetik aktiviert, die evolutiv aus dem Oikos wohl in der Trias konvergent aufgenommen worden ist (s. oben).

So sind auf jeder weiteren Seite zahlreiche Sach- und Interpretationsfehler vorhanden. In der Züchtung seien noch nie spezialisierte Rassen zu unspezialisierteren gemacht worden (S. 172). Doch – genau das ist ein beliebtes Thema der Domestikationsforschung: Kleine, rundköpfige Mopshunde sind kindlicher gestaltet als der Wolf, von dem sie abstammen. Auf S. 173 wird behauptet, dass es bei höheren Pflanzen und Tieren «prinzipiell» keine paläontologischen Übergänge geben kann. Er möge auf der Schwäbischen Alb im Steinheimer Becken die evolutive Abwandlung der Süßwasserschnecke *Gyraulus* aus dem Miozän aufsammeln, dann wird er alle Übergänge finden. Und was seine antievolutive Deutung der menschlichen Fossilgeschichte angeht, schreibt er: «Je mehr aber weitere Schädel gefunden und je genauer sie untersucht wurden, desto deutlicher stellte sich vor allem in den letzten Jahrzehnten heraus, dass die gesuchten physischen ‹Übergangsformen› doch nur fertig entwickelten Gruppen angehörten.» (S. 172/173). Das ist schlichtweg falsch. Je mehr man fand, desto mehr Lücken schlossen sich; insbesondere im Übergang vom *Homo erectus* zum frühen *Homo sapiens* sind die Übergangsformen gut belegt. Allerdings: Noch heute ist – rein biologisch gesehen – kein Mensch eine Fortsetzung seiner fertigen Eltern, sondern immer nur die ihrer Keimzellen. Nur insoweit stimmt Bosses «prinzipielle» Äußerung, dass die Paläontologie nichts aussagt. Die von ihm fortwährend angeführte «Weichkörperigkeit» ist zum Beispiel auch als *Keimbahn der Vorfahren* zu lesen, dann gibt es keinen Dissens mit der Naturwissenschaft. Oder der Phänomenologe, der Bosse sein will, zeige mir den noch skelettlosen Menschenvorfahren! Weichteilpaläontologie gibt es inzwischen in Fülle.

Zu Bosses Satz von der Unmöglichkeit einer Rückentwicklung ist gerade auf die Anthroposophie hinzuweisen. Steiner spricht oft von einem Weltengesetz, nach dem Weiterentwicklung immer nur dadurch möglich war und ist, dass andere Wesen sich rückentwickeln. So verdanken wir unsere menschliche Höherentwicklung der Rückentwicklung im Tierreich.

Ein weiteres Problemwort bei Bosse ist der Vorwurf an die naturwissenschaftliche Evolutionskunde, dass nach ihr jegliche Fortentwicklung «zufällig» sei. Vor 100 Jahren glaubten die Biologen noch, dass sich die Evolution nach ehernen Naturgesetzen voraussagbar abspiele. Steiner hingegen verlangte eine «Physiologie der Freiheit», die nicht einem kausalen Determinismus unterliegt.[21] Die Naturwissenschaft ist davon geheilt, schon in der Physik durch Unschärferelation und Chaostheorie, und in der Biologie erst recht. Einen kausalen Determinismus der Evolution gibt es heute nur noch in der Evolutionsauffassung der katholischen Kirche (die Schöpfung entrollt sich fertig geplant aus der Ewigkeit in die Zeitlichkeit), bei den evangelikalen Kreationisten (Evolution gibt es nicht, nur Schöpfung im biblischen Wortglauben) und bei Typologen, die Steiner missverstehen. Das Evolutionskapitel in seiner «Geheimwissenschaft»[22] schildert gerade, dass die Weltentwicklung und der Mensch nicht so geworden sind, wie sie hätten sein sollen. Die neuen Ereignisse *fallen* der Entwicklung *zu* – ohne naturhaften und ohne geistigen Determinismus. Wir sind keine Automaten des Guten (Steiner). Diese Nichtvorhersagbarkeit, und nichts anderes, meint das Wort «zufällig» in der Naturwissenschaft. Es ist ein neutraler, offener Begriff. Das Geheimnis der Freiheit im Kosmos steht und fällt damit, dass es Zufall gibt. Steiner hat diesen Zusammenhang selbst deutlich dargestellt.[23]

Auf S. 173 nennt Bosse die Pädomorphosen der menschlichen Evolution «ganz normale Heterochronien», die «meines Erachtens kein besonderes Evolutionsprinzip» sind. Seine Begründung ist, «dass die Höherentwicklung im Übersinnlichen verläuft.» Dann hätten Bolk, Poppelbaum, Montagu und Verhulst ihre Bücher gar nicht schreiben müssen.[24] Bosse hat nicht bemerkt, welcher hochspirituelle, reinkarnative Verständnisaspekt mit diesem Evolutionsmodus verbunden ist. Anschließend zitiert Bosse *mich* auf S. 178 aus dem Jahre 1974 und stellt meine neueren Arbeiten dagegen. Erstere kann er akzeptieren, Letztere nicht. Offensichtlich darf sich ein Autor selbst nicht weiterentwickeln. Ich wünsche es ihm.

Natürlich ist Bosse gegen die Gene, weil er dahinter einen evolutiven Determinismus vermutet. Er hat recht damit, was die öffentliche Meinungsmache betrifft. An der Fachfront aber gibt es diesen Determinismus so nicht. Schon unter der natürlichen Radioaktivität wäre längst alles Leben auf der Erde ausgestorben, wenn das Leben die dadurch verursachten Schäden der Erbsubstanz nicht unablässig bei jeder Verdoppelung vor jeder Zellteilung ausheilen würde. Die Gene bestimmen ja nicht das Leben, sondern umgekehrt: Dieses hält die Genordnung in Ordnung, schon weil es sie offenbar benötigt. Den Einwand gegen mich auf S. 174 links unten habe ich schon 1998 in «Die Drei» (Heft 9)[25] abgehandelt, was er selbst gelesen hat. Bosse schreibt auf S. 175: «Gene können nicht als die physischen Träger des Vererbungsstromes bezeichnet werden.» Doch, nur haben sie den gleichen Teilaspekt im lebenden Organismus wie jede andere physische Substanz in ihm, eben den des Materials. Auch Dankmar Bosse konnte sein Buch nicht ohne seinen physischen Leib schreiben. Höherentwicklung wird natürlich nicht durch Gene bestimmt. Diese werden dabei sogar zunehmend stillgelegt (das sogenannte C-Wert-Paradoxon). Je höher evoluiert ein Organismus ist, desto mehr nicht-verwendete DNA besitzt er. Dadurch reichert er potentielles Erbgut für künftige Möglichkeiten nach Bedarf an. Was ist daran anrüchig?

Sicherlich ist der Leser längst über die hier vorgebrachten Korrekturen ermüdet, obgleich sich die Fehlerhäufigkeit in diesem Buch weiterhin fortsetzt. Wahrscheinlich werden manche Leser eine solche Besprechung auch für viel zu negativ halten und persönliche Aversionen gegen den Autor des Buches vermuten. Das Gegenteil ist der Fall. Ich bin mit Dankmar Bosse persönlich befreundet und wir halten guten menschlichen Kontakt. Zwei ganze Tage haben wir uns nach Erscheinen des Buches darüber mündlich ausgetauscht. Bosse blieb aber auch diesmal weitgehend empfehlungs-, beratungs- und kritikresistent. Ich habe meinerseits versucht, in Erkenntnisfragen Sachliches und Persönliches strikt zu trennen.[26]

Die Fülle des eingearbeiteten naturwissenschaftlichen wie geisteswissenschaftlichen Materials ist immens. Es ist eine wahre Fleißarbeit. Aber das Eingearbeitete ist nicht genügend verarbeitet. Beide Seiten – der naturwissenschaftlich Ausgebildete und der anthroposophische Insider – werden durch dieses Buch in ihren gegenseitigen Feindbildern vollends bestärkt. Jeder Student der Geologie wird das Buch nach den ersten Seiten aus der Hand legen. Manche mit der Anthroposophie in populärer Form (Sekundärliteratur) Vertraute und mit der Geologie Unvertraute werden es als das längst erwartete Meisterwerk feiern.[27] Die Tragik des Buches ist, dass es mit Herzblut geschrieben ist, aber die Angriffsfront gegen die Anthroposophie unnötig und doch massiv verstärken wird. Wie konnte es nur dazu kommen? Einen Teil der Ursachen betrifft den Verlag. Er wurde schon 4 Jahre vor der Veröffentlichung von einem der besten anthroposophischen Kenner der heutigen Geologie nach Einsicht in das Manuskript maßgeblich gewarnt. Das für die naturwissenschaftlichen Publikationen des Verlags zuständige Redaktionsmitglied verlangte vorher ein Fachkolloquium dazu; diese Bedingung wurde aber vom Verlag nicht ernst genommen. Lektor und Verlagsleitung waren offensichtlich überfordert.

Die zentrale Frage aber bleibt, wie ein durchstudierter Geologe und Anthroposoph, als der sich Dankmar Bosse versteht, ein solches ansprechendes, reiches und doch nach allen Seiten hin verwirrendes Buch schreiben konnte. Die Tragik liegt zum Teil auch in der 40-jährigen Spaltung Deutschlands. Nach seinem Geologiestudium an der klassischen Bergbauakademie Freiberg in Sachsen machte Bosse rasche Karriere bis zur Berufung in die Zentralstelle für Geologie in Ostberlin – einer Nachfolgeeinrichtung der früher so angesehenen Preußischen Geologischen Landesanstalt. Dann kam die politische und somit auch wissenschaftliche Unterdrückung im System. Bosse weigerte sich standhaft zu unterschreiben, nun alle Westkontakte zu unterlassen. Gekündigt werden durfte er nicht (es durfte ja formell keine Arbeitslosen geben). So stand er unter Stasi-Observation und hatte jahrzehntelang weder zum östlichen noch zum westlichen Wissenschaftsraum freien Kontakt. In dieser permanenten Isolation entstanden die Grundzüge dieses Buches als ein ihm persönlich hilfreiches Selbstgespräch.

Wer mit Dankmar Bosse im Gelände war, auf Bergen, in Steinbrüchen und Bergwerken, wird viel davon gehabt haben. Er ist ein begeisterter Naturkundler mit reicher Faktenkenntnis handgreiflicher Steine, von dem manches gelernt werden kann. Nur wenn die Interpretation bis hin zur unkontrollierten Spekulation beginnt, begibt man sich in alte, längst vergangene Zeiten zurück. Das ist im Buch – neben der herrlichen Fülle schöner Abbildungen großartiger Landschaften und Gesteine – leider zu massiv der Fall. Was bleibt, ist die Entscheidung zwischen Geld und Verantwortung. Hätte Letztere Priorität, so müsste die Auflage so rasch wie möglich aus dem Verkehr gezogen werden. Schon jetzt ist der Schaden öffentlich und intern immens.

Astronomie

Näher den Sternen. Buchbesprechung: Thomas Schmidt. Astronomie, Kosmologie, Evolution. Stuttgart 2004. (2005)

Dieses Buch[1] ist die ertragreiche Frucht einer langen Lebensarbeit des Astronomen und Anthroposophen Thomas Schmidt. Nach seinem Studium der Physik und der Astronomie in Kiel und Göttingen war er lange wissenschaftlich in der Sonnen-, Fixstern- und Sternnebel-Physik tätig, unter anderem an den Sternwarten in Heidelberg, Chile, Namibia und Südafrika. Seit 1974 sah er seine Aufgabe vermehrt darin, den Bildungswert der Naturwissenschaften in der Oberstufe der Waldorfschule in Bielefeld zu praktizieren und sich so der sozialen Aufgabe an der nächsten Generation zu widmen, der er viel weiterzugeben hatte.

Horizonterweiterung

In diesem Werk kann der Leser detaillierten Einblick in die Geschichte der Sternenkunde von der Frühantike bis zur Forschungsfront der heutigen Astronomie nehmen. Eine Fülle an Anregungen kommt ihm entgegen: Zum einen sind es solche, sich selbst unter den Sternenhimmel zu stellen und zu beobachten, was dieser einem zu sagen hat. Zum anderen wird der Leser seine Kenntnisse in Physik und Mathematik brauchen, um den Fragen, Ergebnissen und Folgerungen der modernen Astronomie nachkommen zu können. So ist das Buch streckenweise geradezu ein Lehrbuch, um sich in breitem Maße kundig zu machen. Drittens greift der Autor aus eigenem Interesse viele Vorschläge Rudolf Steiners zum geistig erweiterten Verständnis des Kosmos auf und wägt sie mit den Ergebnissen der empirisch messenden und mathematisch berechnenden Fachwelt ab. So dient das Buch im Ganzen der räumlichen, kulturgeschichtlichen und geistigen Horizonterweiterung jedes Lesers.

Erfreulich ist, dass Schmidt voll den Diskurs mit der erst im 20. Jahrhundert möglich gewordenen Kernphysik, Relativitätstheorie und Quantentheorie aufgenommen hat. Durch sie wurden die starr gewordenen, deterministischen Denkmuster der vorherigen klassischen Physik aufgebrochen. Die Entdeckung der Radioaktivität hatte rasch erhebliche Konsequenzen für das Materieverständnis in Physik und Chemie, die Relativitätstheorie besonders für die Astronomie. Während die Quantenphysik den Beobachter stets mit einbezieht – da dessen Einfluss das Objekt bereits bei der Beobachtung verändert –, schaltet die Relativitätstheorie die Perspektive des Beobachters so weitgehend aus, dass alle Grundgrößen der Physik allein unter sich abhängig, eben relativistisch werden.

Darüber hinaus geht aber der eigenständige Beitrag des Autors in der Akzeptanz der *Gestensprache* astronomischer Erscheinungen. Mit dieser gestischen Methode, Goethe und Steiner abgelauscht, schließt er viele überraschende Sichtweisen erstmals auf. Die Naturwissenschaft liefert keine Beweise für die Geisteswissenschaft – und umgekehrt; aber in der gemeinsamen Gestensprache können sie sich gegenseitig vielfach ergänzen. Schmidt unternimmt dieses «Abenteuer der Vernunft» mit vielen Ausrufezeichen wie auch Fragezeichen. So wechselt vieles in diesem Buch zwischen eigener Entdeckerfreude und selbstkritischen Fragen. Bei der Gestensprache muss stets mit der Gefahr der bloß analogen Entsprechung umgegangen werden. Hier hätte man sich in der methodischen Reflexion noch mehr die «doppelte Umschmelzung des Urteils» (nach Steiner) gewünscht.[2]

So sehr wie sich das Buch der Fixsternastronomie widmet, hätte man sich auch eine nähere Beschreibung der besonderen Komposition des Planetensystems gewünscht. Laut Heitler legen weder die drei Kepler'schen Gesetze noch das Newton'sche Gravitationsgesetz fest, dass die Verteilung der Planeten in ihren Abständen gerade so sein muss, wie sie ist.[3] Dass sie trotzdem eine eigene Ordnungsgestalt besitzt, zeigen die Titius-Bodesche Reihe und ihre neuerliche Erweiterung, die im Buch jedoch nicht besprochen werden.[4] Der Autor versteht sich primär als Fixsternastronom. In einem so reichen Werk werden viele Leser jedoch erwarten, im Zeitalter der planetarischen Raumsonden-Photographie einen neuen Zugang zu dieser uns viel näherstehenden Planetenwelt zu erhalten. Wer hilft uns, bei den neuen detailreichen Photos der Planetenoberflächen und ihrer Monde den goetheschen Blick zu üben? Hier steht gerade die gestenhafte Aufbereitung einer erst jetzt zugänglich gewordenen Phänomenologie an. Auch das hochinteressante «anthropische Prinzip», das kurz erwähnt wird, hätte einer ausführlicheren Behandlung bedurft.

So sehr sich das Buch an den interessierten Laien wie an den Fachmann wendet, so ist es doch ein ganz besonderes Geschenk für Lehrer in den Oberklassen. Hier findet er eine große Fülle an Inhalten und Anregungen – nicht nur für die eigene astronomische Fortbildung, sondern ebenso für den Unterricht. Im Jugendalter ist der Mensch damit beschäftigt, sich ein erstes eigenes Weltbild aufzubauen. Mit diesem Buch kann der Lehrer dafür aus dem Vollen schöpfen. Man sollte es kaum glauben, aber in der heutigen Waldorfschule kommt meist das Vertrautwerden selbst mit einfachen Grundlagen der Astronomie oft zu kurz. Man frage einmal Elft- oder Zwölftklässler nach der Reihenfolge der Planeten im ptolemäischen und im kopernikanischen System – dieses Buch schafft hier umfassende Abhilfe.

Bescheiden hat der Verfasser im Literaturverzeichnis wichtige Vorarbeiten aus eigener Feder nicht zitiert. Vieles davon sollte dem Lehrer jedoch zugänglich sein. Genannt seien hier vom gleichen Autor: «Astronomie in der Schule» in der astronomischen Monatsschrift «Sterne und Weltraum» Nr. 11 und 12 /1984; «Zum Astronomie-Unterricht an der Waldorfschule», Schriften der Pädagogischen Forschungsstelle, Stuttgart 1987; «Zeitstrukturen im Planetensystem», Verlag des Instituts für Kulturgeschichte, Leipzig 1996.

Leider ist die Aufmachung durch den Verlag nicht optimal gelungen. Das relativ raue Papier lässt manche Photos zu grau erscheinen. Das vordere und hintere Cover ist stückwerkartig zusammengesetzt. Weil man zu viel ins Bild bringen wollte, kann der Blick nicht auf der ganzheitlichen Bildaussage ruhen, sondern verzettelt sich additiv. Auch der Klappentext auf dem rückseitigen Einband wirbt eher emotional mit der nichts sagenden Floskel «faszinierend» und setzt sich allzu klischeehaft gegen die Anschauung der Welt als «Zufallsprodukt» ab. Die Alternative wäre doch ein physikalischer oder geistiger Determinismus ohne Freiheitsgrade. Steiner bejahte den «Zufall» gerade als das Freiheitselement in der Evolution (siehe den Zyklus: «Zufall, Notwendigkeit und Vorsehung», GA 163). Und genau darum geht es doch.

Erleuchtete Atmosphäre.
Die totale Sonnenfinsternis am 29. März 2006 (2006)

Es ist der 28. März 2006. Wir steigen abends um 19 Uhr auf der Sekem-Farm in Unterägypten in einen Reisebus mit 30 Sekemern ein, der uns nachts in acht Stunden zur ägyptisch-libyschen Grenze nach Saloum ans Mittelmeer (Grenzort zu Libyen im äußersten Nordwesten Ägyptens; siehe Karte mit der Zugbahn des von Südwesten nach Nordosten ziehenden Kernschattens) bringen soll. Der Wetterbericht ist gut und es geht los. Je ein Polizeiwagen vor uns und hinter uns mit Blaulicht sichern die Hinfahrt. Der Weg durch die Dörfer des Nildeltas ist mit seinen unbefestigten, schlaglochübersäten Straßen viel zu unwegsam, so dass die Fahrt auf guten Fernstraßen erst einmal gen Süden zurück nach Kairo geht, dort auf der nördlichen Ringstraße der 20-Millionen-Stadt den Nil überquert, um sich nun nach Norden Richtung Alexandria zu wenden und kurz vorher die Küstenstraße nach Libyen erreicht. Statt acht werden es zehn Stunden. Gegen fünf Uhr morgens wache ich auf: Wir fahren durch ein Stadttor mit der Leuchtschrift «Welcome to Saloum» in die Grenzstadt ein. Im Morgengrauen schraubt sich der Bus die Serpentinenstraße aufs Hochplateau der Libyschen Wüste hinauf. Vor den Grenzgebäuden wird gewendet und sich in eine Doppelreihe von hunderten von Bussen eingeordnet, die schon da sind und Tausende von Schaulustigen hergefahren haben.

Unerwartet sind die zahlreichen Wasserpfützen. Nur ganz wenige Male im Jahr regnet es hier, aber gerade das ist am Vortag heftig geschehen. Der Himmel ist voller Hochnebel dunstig verhangen, und die inzwischen aufgegangene Sonne ist noch nicht zu sehen. Alle erholen sich von der langen Fahrt im Marsch zum nächsten Café. – Nur wenige (darunter auch ich) botanisieren die an der Straße im hiesigen Frühling aufblühenden Wüstenpflanzen und entdecken einige Wüstenvögel. Trotz langer Suche findet sich nur ein vom Steinzeitmenschen beschlagenes Artefakt. Auch hier war er also schon lange vor der ägyptischen Hochkultur da. Afrika – die Wiege der Menschheit!

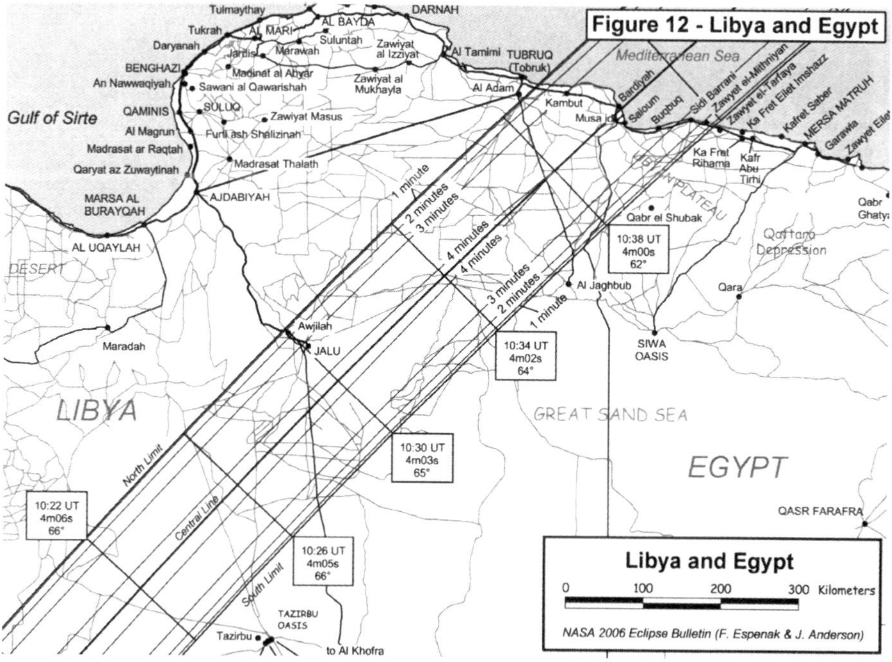

Langsam frisst die Sonne Wolken und Nebel hinweg. Klarster tiefblauer Himmel steht über uns. Viel Militär marschiert auf, denn der Staatspräsident Mubarak wird im Hubschrauber eingeflogen, um das Naturschauspiel im eigenen Lande mit seinem Kabinett nicht zu verpassen. Also höchste Sicherheitsstufe! Eine erhöhte Tribüne mit rotem Teppich, goldenem Sessel und großem Mubarakbild ist aufgebaut. Doch eine Viertelstunde vor Ankunft des Regierungschefs werden roter Teppich und goldener Sessel abgebaut und wenige hundert Meter zurück in einem unscheinbareren Festzelt aufgebaut. Die Tribüne war eine Attrappe, um etwaige Terroristen fehlzuleiten. Hundestaffeln suchen in der Umgebung nach Verdächtigen. Dann kommt die Flotte von Mercedes-Wagen vom Landeplatz. Das Touristenpublikum muss Abstand halten. Mubarak steigt aus, die Bodyguards springen. Er, seine Generäle und politischen Freunde halten sich die Sonnenfinsternis-Folienbrillen vor die Augen, denn die Finsternis hat ab 11.20 Uhr begonnen.

Langsam schiebt sich die schwarze Mondscheibe vor das gleich große Tagesgestirn. Die zahllosen Hobby-Astronomen aus Europa haben auf den freien Plätzen und in der Wüste ihre Stative mit Fernrohren und Spiegelteleskopen, versehen mit Filterfolien und Kameras, aufgebaut. Als die Sonne von der Mondscheibe ihre erste Delle bekam, ging schon ein allgemeines *Aaah!*

durch die Menge. Nun dauert es noch anderthalb Stunden bis zur Totalität und danach wieder die gleiche Zeit bis zum Ende der Bedeckung um 14.00 Uhr. Genau dazwischen, zwischen 12.39 und 12.42 Uhr, wird die Sonne für genau drei Minuten und 45 Sekunden völlig bedeckt sein. Das ist das Erste, was beeindruckt:

Die völlig exakte Vorherberechenbarkeit des Ereignisses in Raum und Zeit. Aber sonst hätten wir ja auch nicht die Strapazen der langen Anreise auf uns genommen. Lebensvorgänge sind für den biologischen Blick nie so genau berechenbar, hier aber feiert die Himmelsmechanik in ihrer genauen Vorhersagbarkeit wieder einen Triumph.

Als die Zeit der Totalität sich näherte, setzte ich mich von den Menschenmengen ab. Uns wurde gesagt, dass man den Kernschatten des Mondes in der Landschaft heranrasen sehen kann, wenn man erhöht steht. Also suchte ich mir im Wüstengelände den höchsten Punkt auf einer Grenzruine aus Steinschotter und Sandsäcken aus, wo irgendwann Ägypter und Libyer aufeinander geschossen haben; die Munition lag, zum Teil noch intakt, herum. Durch die Filterbrille gesehen, wurde die Sonne von Minute zu Minute zur immer schmäleren Sichel. In den letzten Minuten nahmen das Licht und die Landschaft ein mir unbekanntes helles Grau an, das immer unheimlicher wurde. Auf die Sekunde genau verschwand der letzte Strahl der mit 62 Grad hoch am Himmel stehenden Sonne, ein kalter Windhauch fegte dem Lauf des Kernschattens hinterher, die schwarze Nacht war fast übergangslos da. Nur ringsum die gesamte Horizontlinie blieb orangefarben schmal erleuchtet; hatte doch der Schatten nur 165 km Durchmesser auf der Erde.

Der erste überwältigende Eindruck war die weißlich strahlende Sonnenkorona. Wie oft hat man sie als Foto in Astronomie-Büchern schon gesehen. Aber nun mit bloßem Auge, ohne Schutzbrille, hoch am schwarzen Himmel, als Strahlenkranz um die schwarze Mond-Sonnen-Scheibe, war sie wie eine Erscheinung aus einer anderen Welt. Es war nicht das goldene Licht der Sonne, sondern ein rein weißes, völlig farbloses Licht in der Form einer Strahlenaureole, die nicht gleichmäßig war, sondern an den Sonnenpolen schmaler und in ihren nördlichen und südlichen mittleren Breiten größer ausstrahlte. (Abb. 1)

Links von mir unterhalb der Ruinenmauer war eine kleine Gruppe von zwei Muslimen und drei Musliminnen. Sie hatten ihre Gebetsteppiche zur Sonne hin ausgelegt und beteten, sich niederwerfend und wieder aufrichtend, um die

Abb. 1: Der Moment der totalen Sonnenfinsternis: Die weißlich strahlende Korona bildet einen Strahlenkranz um die schwarze Neumondscheibe.

Wiederkehr der Sonne. Später erfuhr ich, dass es im Koran eine direkte Gebetsanweisung für die Sonnenfinsternis gibt.

Rechts von mir hatte eine ebenso kleine Gruppe von deutschen Hobby- Astronomen zwei Teleskope mit Fotoausrüstung aufgestellt, und sie riefen sich lauthals alle Entdeckungen zu: «Da ist die Korona!» «Seht Ihr die Venus rechts unterhalb der Sonne!» «Wie viele Minuten und Sekunden sind es noch?» Die Kameras klickten.

Für mich stand beides nicht an, sondern die größtmögliche Offenheit für das ausnahmehafte Naturgeschehen: Tiefe Nacht am hohen Mittag mit der schwarzen Sonne am Himmel. Ich hatte das Erlebnis, gar nicht mehr in der Lebenssphäre einer irdischen Landschaft zu stehen, sondern unvermittelt direkt im schwarzen Weltraum mich zu befinden. Es fehlte ja die himmelblaue Kuppel des Tageshimmels. Sie bildete nicht mehr das blaue Gewölbe, sondern die helleren Sterne waren ohne die erleuchtete Atmosphäre neben der Sonnenkorona im Weltraum zu sehen.

Ich hatte mich bisher auf die obersten Sandsäcke der Kriegsruine gesetzt und wollte nun in der Mitte der Finsternis mich dem Ereignis voll stellen und stand auf. Da geschah etwas, was ich ungern schildere, sich aber doch als Faktizität vollzog. Ich wurde von dem unheimlichen, gespensterhaften Ereignis bis in die eigene physische Existenz getroffen. Was ich bisher nicht kannte: Meine Beine versagten mir trotz eigener Willensanstrengung den Dienst. Ich verlor das Gleichgewicht. Ich konnte mich nur noch herunterknien, dann fiel ich rückwärts von der Mauer in den Geröllhang spitzer Felsblöcke hinter und unter mir. Meine Frau, die wenige Meter von mir etwas tiefer auf der Mauer saß, befürchtete sofort das Schlimmste für meinen empfindlichen Rücken. Ja, es hätten mir Knochen brechen können. Doch nur mit wenigen blauen Flecken und Schürfungen stand ich auf und versuchte mich zu fassen. Den Steinhang kletterte ich wieder hoch, nur nicht mehr ganz nach oben, und erlebte die zweite Hälfte der Finsternis umso intensiver. Ich konnte meinen Normalzustand im Leibe nicht so schnell wiederherstellen. Doch was mir half, war die Gewissheit, entgegen der Wahrscheinlichkeit gerettet worden zu sein. Die Dankbarkeit überwog bald.

Dann blitzte der erste Sonnenstrahl rechts unten hinter der Mondscheibe hervor, die Korona verblasste, das Sonnenlicht war wieder da, die Himmelskuppel blaute wieder auf. Meine Frau sagte spontan, wie dankbar man doch nun erst für die Sonne sein kann. In einer Dauerlandschaft der totalen Sonnenfinsternis zu leben, wäre nicht auszuhalten. Die gespenstische, mit der kalten Gewalt der Weltraumdunkelheit versetzte Unbehaustheit war vorüber.

Dann begann die Verarbeitung des geradezu negativen kosmischen Erlebnisses. Ich hatte vorher die Schilderung der totalen Sonnenfinsternis von Adalbert Stifter vom 8. Juli 1842 in Wien gelesen. Darin fanden sich Worte ähnlicher Erlebnisqualitäten, und doch war es vor Ort viel eindrücklicher, als es ein literarischer Bericht je sein konnte. Was barg der Kernschattenraum des Mondes, der die Erde von Brasilien bis Innerasien traf? Mir halfen die Schilderungen Rudolf Steiners über den keltischen Druidenkult. Die Steinsetzungen der Megalithkultur – Menhire und Dolmen – schnitten aus dem sonnendurchfluteten Raum Schattenräume heraus. Durch Zurückhaltung des physischen Sonnenlichtes wurde dem Priester im Dunkelraum der geistige Anteil des Lichtes wahrnehmbar.[1]

In der letzten Eiszeit zog es den vorgeschichtlichen Menschen erstmals in dunkle Höhlenräume, nur von Steinlampen mit Tierfett erleuchtet. Und in den hintersten Räumen, wenn der Sinnesreichtum der Oberwelt verschwunden war, leuchteten innerseelisch die Bilder auf, die die Eiszeitmalerei an den Höhlenwänden schuf.

Dieses *Höhlenerlebnis* bestimmt auch wesentlich die menschliche Begegnung. Wo sie sich im frühesten Kindesalter aufbaut, hatten die Entwicklungspsychologen schon immer die Frage, wie es zu der so wichtigen, engen Mutter-Kind-Beziehung kommt. Was interessiert den Säugling am mütterlichen Antlitz? Die unerwarteten Untersuchungsergebnisse zeigten, dass es nicht die bewegliche Gesichtsmimik der Mutter ist, sondern die Stellen, von denen gar kein physisches Licht ins Auge des Kindes fällt: Das Kind interessiert sich am meisten für die Pupillen der Mutter. Denn in diesen *Dunkellöchern* leuchtet der Blick, der beseelte Blick des Gegenübers auf. Das eben meint das Wort «pupilla» = der Augenstern, das Seelchen, von «pupa» = das Mädchen. Ein solches Pupillen- oder Höhlenereignis ist im makrokosmischen Ausmaß die Sonnenfinsternis.

Aber welche Seele, welcher Geist leuchtet im Schattenraum des Mondes auf? Der Mond ist eine aus der Erde herausgeworfene Schlacke, mit der die Erde von allzu großer Verhärtung einst befreit worden ist. Diese ahrimanische Geistigkeit des Mondes erfüllt seinen Schattenraum und traf gerade eben mit verängstigendem, gespenstischem Grauen die Erde auf – gottseidank! – nur einem 165 km breiten Streifen, der über sie in etwa 3.600 km pro Stunde, das ist 1 km pro Sekunde, hinwegrast. Jeden Menschen packt es elementar, ohne dass er sich dieser Wirkung entziehen kann. Umso größer ist der Dank nach wenigen Minuten für das wiedergeschenkte Sonnenlicht.

Alle sammeln sich wieder in den Bussen. Mubarak ist schon abgeflogen. Wir kurven herunter zum Küstenörtchen Saloum. Auf meinen Wunsch legen wir eine einstündige Pause am Mittelmeerstrand ein. Dr. Albonico und Renée springen ins noch kalte Wasser. Ich sammle 10 Muschel- und Schneckenarten aus dem Spülsaum. Auf den Unterwasserfelsen wachsen die Braunalgen *Cystosiera spicata* und *Padina pavonia*. Weiter geht die Fahrt zurück nach Osten. Bald hat der Bus jedoch einen Kugellagerschaden und muss stoppen. Bleiben wir hier in der Wüste stecken und verpassen morgen unseren Flieger, der uns zurück nach Frankfurt bringen soll? Im Mittelstreifen beider Fahrbahnen steht ein Massenbestand der schönsten Wüstenpflanze: Leuchtend tiefgelb stehen die großen Blütenähren der *Cistanche tinctoria* ohne jegliche grünen Blätter im Wüstensand. Nur weil sie auf dem niedrigen blaugrünen Gebüsch der Chenopodiacee *Atriplex halimus* schmarotzen kann, entfaltet sie allein ihre Blütenpracht, die dem unscheinbar blühenden Wirt hinwiederum fehlt.

Nach einer weiteren Stunde haben die beiden Fahrer das gebrochene Kugellager ausgewechselt. Gegen Abend wird noch in einem armseligen, von Unrat starrenden Dorf gehalten, Kaffee getrunken und eine unsägliche Toilette frequentiert. Dann beginnt die anschließende Nachtfahrt. Um 2 Uhr nachts sind wir wieder auf der Farm Sekem. Alles ist gut überstanden, und wir sinken in den erholsamen Schlaf einer herrlichen, nicht mehr unheimlichen, sondern tröstlichen Sternennacht, bis uns die goldene Sonne in aller Verlässlichkeit weckt. Oder ist es nicht vielmehr die verlässliche Eigenumdrehung der Erde? – ein unser Lebensgrundgefühl sicherndes Vorbild, von dem Goethe dankbar dichtete:

«Beispiel
Wenn ich mal ungeduldig werde,
Denk' ich an die Geduld der Erde,
Die, wie man sagt, sich täglich dreht
Und jährlich so wie jährlich geht.
Bin ich denn für was andres da? –
Ich folge der lieben Frau Mama.»[2]

Anhang

Kraft und Kräfte in Physik, Chemie und Biologie (2001)

Unser Weltverhältnis verändert sich mit unserer Biographie. Schon Schiller fasste das noch so andere Raumerleben des Kleinkindes in das einfühlsame Distichon:

> «Glücklicher Säugling! Dir ist ein unendlicher Raum noch die Wiege.
> Werde Mann, und dir wird eng die unendliche Welt.»[1]

Nicht anders ist es mit unserer Zeiterfahrung. In den ersten Lebensphasen ist sie so erfüllt vom nie endenden Augenblick, dass das Vorher und Nachher noch gar nicht auftaucht. Erst nach und nach legt sich die Zeit für das Kind in beiden Richtungen ins Nacheinander, in die Linearität auseinander. Aber noch immer ist dem Vorschulkind eine Stunde reinen Spieles eine Ewigkeit. Und auch für das Schulkind gibt es noch Tage, die gar nicht aufzuhören scheinen. Wir lernten erst den Tag, dann die Woche, dann den Monat und dann das Jahr bewusstseinsmäßig zu umgreifen. Und im Alter beginnen sogar die Jahrzehnte zu laufen.

Die erste Suche nach der linearen Zeitdimension erwacht im Fragealter. Das Kind schaut der Mutter in der Küche zu: «Warum machst Du das?» Die Mutter antwortet wahrscheinlich: «Damit wir etwas zu essen haben.» Die Frage fragt nämlich nach der erwartbaren Zukunft. Finalisierend beginnt das kindliche Verständnis. Eine kausale Antwort: «Weil ich den Herd angestellt habe.», träfe noch nicht den Fragehorizont. Erst später sucht das Kind die Begründung auch im zeitlich Vorausgegangenen: in den *Ur*-Sachen. Diese Sicht erreicht ihren ersten Höhepunkt im Erwachen des kritischen Denkens beim Umbruch vom Kindes- ins Jugendalter. Kausalanalyse gelingt nun spielend. Doch werden wir auch die finalen Fragestellungen nicht los. Kausales und finales Denken werden aber noch ergänzt durch die übergreifende Suche nach einer dritten Verständnisweise, die den *gleichzeitigen* Zusammenhang als neue Wiederentdeckung des immerwährenden Augenblicks bemerkt.[2]

Vor diesem Hintergrund seien nun unsere Redewendungen von den Kräften in der Natur näher betrachtet. Was ist das Gegebene? Das Weltgeschehen zeigt sich uns von sich aus eben so wie es ist. Das genügt uns aber nicht. Wir fragen nach den Kräften, die die Geschehnisse doch wohl bewirken. Kraft ist immer das Bewirkende, und das Vorhandene muss doch bewirkt worden sein. Je größer die Kraft, desto mehr kann sie bewirken. Und umgekehrt: Je größer die Wirkung, desto größer muss wohl die Kraft gewesen sein. Die Ursachenfrage ist also eigentlich nicht die Frage nach Sachen, sondern nach den den Geschehnissen zeitlich vorausgegangenen Wirkkräften.

Kausalität ereignet sich also immer in einem Zeitverlauf. Zwischen Ursache und Wirkung liegt immer ein Zeitdifferential. Beide sind im Geheimnis der Zeit verbunden. Wir nennen nun das zwischen beiden Wirksame *Kraft*. Dann ist Kraft nicht ein Seiendes, sondern ein Übergang-Herstellendes. Kräfte sind nicht ein Status des Vorfindbaren, sondern ein das Werden Ermöglichendes. Das zeigt sich auf der Begriffsgoldwaage.

In der unbelebten Natur

Kraft F in der Physik wird seit Newton[3] als das Produkt von Masse m und Beschleunigung b definiert:

$F = m \cdot b$ (2. Newton-Axiom)

Hier liegt der klassische Fall vor, dass die Wortwahl nicht den Inhalt wiedergibt. Die Gleichung definiert nur, dass das Produkt von Masse und Beschleunigung in diesem Kontext mit der Wortverabredung *Kraft* bezeichnet wird. Von Kraft im oben behandelten Sinne als einer Kausalwirkung ist jedoch hier keineswegs mehr die Rede, denn mathematische Gleichungen können nie einen Kausalbeweis liefern. Eine Gleichung schreibt immer nur die zeitlose Gleichheit der linken mit der rechten Seite vom Gleichheitszeichen fest. Das eine ist dem anderen gleich. Es gibt darin keine im zeitlichen Werden befindliche Wirkungen. Alle mathematischen, wie physikalischen Gleichungen enthalten keinen Kausalnexus. Wo in solchen Gleichungen der Faktor t (Zeit, lateinisch: tempus) auftritt, ist die Zeit nur als vierte Achse im Raum-Zeit-Kontinuum verräumlicht und ist keine Wirkenszeit. Dies ist schon im obigen Axiom beim Faktor

$b = v/t = s/t^2$ (wobei v die Geschwindigkeit und s der Weg, die Strecke ist)

der Fall.

Die Einstein'sche Gleichung $E = m \cdot c^2$ zeigt, dass Masse und Energie im Kern dasselbe sind, wobei der Faktor c^2 bestimmt, wie unvorstellbar viel Energie in einer bestimmten Masse steckt. Sie sagt nichts darüber aus, unter welchen Kausalbedingungen sich Masse in Energie oder Energie in Masse verwandelt. Das ergibt nicht die Gleichung, sondern die Empirik. Das war ja der unverzeihliche Fehler der Nukleartechnokraten, in dieser Gleichung die Lösung aller zukünftigen Energieprobleme zu sehen. Sie verwechselten die bloße Äquivalenzgleichung mit der kausalen Realität, bei der sich auch noch herausstellte, dass sie nur statistisch gegeben ist und der einzelne radioaktive Zerfall indeterministisch, also akausal verläuft, was ja auch aus der Einstein'schen Gleichung nie hervorging. Nur die Menge, nicht der Vorgang, nur das *Was*, nicht das *Wie* war mit der Gleichung gegeben. Das Wie hielten sie nur für ein Problem der Verfahrenstechnologie, aber im Wie bekommt man es mit den Kräften zu tun, und diese sind nicht schon mit der Äquivalenzgleichung beherrschbar. Das gleiche ist für die Äquivalenzgleichungen zwischen allen Energiearten der Fall. Sie geben noch nicht die kausalen Bedingungen zu ihrer Umsetzung an.

Da das zweite Newton-Axiom eine Gleichung ist, kann es schon deshalb über die wirkenden Kräfte gar nichts aussagen. Das Produkt von Masse und Beschleunigung als Kraft zu bezeichnen, ist also eine unglückliche, bloß naiv anthropomorphisierende Wortwahl, die man der durchaus vorhandenen gemüthaft-mystischen Seite Newtons zugutehalten kann, die er ja neben seiner hohen Rationalität auch hatte. Was jedoch beobachtbar ist, ist die Erfahrungstatsache, dass, wenn eine Masse auf eine um einen bestimmten Betrag erhöhte Geschwindigkeit beschleunigt werden kann, die gleiche Wirkung die halbe Masse um den doppelten Betrag beschleunigt etc. Nach der Kraftursache wird dabei gar nicht gefragt, sondern man beobachtet gleiche Wirkungen. Treffend wäre erst die sprachliche Bezeichnung:

Wirkung = Masse · Beschleunigung

Denn nicht eine Kraft, sondern eine Wirkung, also nicht die Ursache, sondern das Ergebnis ist beobachtbar. Das gilt ja ganz unabhängig davon, wie und durch welche Kräfte die Wirkung erzeugt wird. Schreiben wir

$k = m \cdot b$,

so ist k begrifflich als Wirkung zu lesen, gleichgültig, ob k missverständlich mit dem Wörtchen Kraft benannt wird. Name und Inhalt müssen ja nicht identisch sein. Das gilt bekanntlich zunehmend für alles in der Sprache.[4]

Wir fassen nochmals zusammen: Von physikalischen, ursächlichen Kräften zu sprechen hat nur Sinn, wenn man kausale Vermittlungen in der Zeit betrachtet. Gleichungen stehen außerhalb der Zeit, enthalten also nie Kräfte.

Für den klaren Durchblick ist dabei immer vonnöten zu unterscheiden, was sich schon allein im Subjekt-Bewusstsein selber als vorstellbarer Begriffsinhalt und was sich erst objekthaft in der Erfahrung bzw. im Experiment ergibt. Gerade auf diese methodische Trennung in der Physik legte Rudolf Steiner entschiedenen Wert.[5] Kinematik (= Phoronomie) und Mechanik sind deshalb in ihren Ableitungen sauber auseinanderzuhalten. Ohne jedes Experiment ist aus der Natur der rein kinematisch gedachten Begriffe abzuleiten, dass die Eigenschaft eines gedachten Punktes, seine Lage um die Strecke s in der Zeit t zu verändern, nichts anderes als seine Geschwindigkeit ist. Ebenso ist die Änderung der Geschwindigkeit die Beschleunigung und die Änderung der Beschleunigung der Ruck (= r). Demnach gilt aus rein schon in der Vorstellung vorhandenen geometrischen Gründen des Raum-Zeit-Kontinuums für gleichförmige und geradlinige Bewegungen und Bewegungsänderungen:

$$\frac{s}{t} = v$$

$$\frac{v}{t} = b = \frac{s}{t^2}$$

$$\frac{b}{t} = r = \frac{s}{t^3}$$

Sind die geradlinigen Bewegungsvorgänge ungleichförmig, so gilt für jeden Moment (Zeitdifferential) ebenso schon rein gedanklich:

$$\frac{ds}{dt} = v \qquad \int_0^t \frac{ds}{dt}\,dt = s = \frac{bt^2}{2}$$

$$\frac{d^2s}{dt^2} = b \qquad \int_0^t \frac{d^2s}{dt^2}\,dt = v = bt$$

$$\frac{d^3s}{dt^3} = r \qquad \int_0^t \frac{d^3s}{dt^3}\,dt = b$$

Diese kinematischen Grundgleichungen ergeben sich allein schon im Gedankenexperiment laut der immanenten Logik der Bewegungsbegriffe. Erst dann, wenn etwa Massen bewegt werden, muss das physische Experiment eingesetzt werden. Und sein Befund, nicht die gedankliche Vorhersage, ergibt das Resultat. Geschwindigkeitsparallelogramme und Kräfteparallelogramme sind also prinzipiell zu unterscheiden. Umso erstaunlicher ist im zweiten Falle, dass das Resultat mit dem ersten Falle geometrisch identisch ist. Das aber gilt es staunend zu akzeptieren, denn es zeigt sich, dass die innerseelische Einsicht mit der sinnlich erfahrenen Welt etwas zu tun haben kann. Wir denken die Winkelkonstanz des Würfels und finden sie sinnlich im Steinsalzkristall exakt vor. Wir bauen Brücken z. B. nach der Parabelgleichung – und sie halten.

Rudolf Steiner nimmt das zum Anlass, um darauf aufmerksam zu machen, dass eine solche Erfahrung dafürspricht, dass die Gesetzmäßigkeit im Innern des Ichs mit der in der Welt identisch ist. Also ist das Ich im Erkennen gar nicht *innen* im Sinne des Leibinhaltes, sondern Weltinhalt. Der Leib hat dabei nur die Spiegelfunktion der Bewusstwerdung dieses Sachverhaltes zu leisten:

«Der innere gesetzmäßige Zusammenhang der mathematischen Formeln wird innerhalb des Bewusstseins gewonnen und dann auf die empirischen Tatbestände angewendet. Nun ist kein auffindbarer Unterschied zwischen dem, was im Bewusstsein als mathematischer Begriff lebt, wenn dieses Bewusstsein *seinen* Inhalt auf einen empirischen Tatbestand bezieht; oder wenn es diesen mathematischen Begriff in rein mathematischem abgezogenen Denken sich vergegenwärtigt. Das heißt aber doch nichts anderes als: das Ich steht mit seiner mathematischen Vorstellung nicht außerhalb der transzendent mathematischen Gesetzmäßigkeit der Dinge, sondern innerhalb. Und man wird deshalb zu einer besseren Vorstellung über das ‹Ich› erkenntnistheoretisch gelangen, wenn man es nicht innerhalb der Leibesorganisation befindlich vorstellt, und die Eindrücke ihm ‹von außen› geben lässt; sondern wenn man das ‹Ich› in die Gesetzmäßigkeit der Dinge selbst verlegt, und in der Leibesorganisation nur etwas wie einen Spiegel sieht, welcher das außer dem Leibe liegende Weben des Ich im Transzendenten dem Ich durch die organische Leibestätigkeit zurückspiegelt.»[6]

Man muss eben erst sauber trennen, bevor man bemerken kann, worin die Identität beider getrennt gehaltenen Inhalte besteht:

«Und so spalt' ich mich, ihr Lieben,
Und bin immerfort der Eine.»[7]

Beachtenswert ist die mathematische Detaillierung der Wirkungsgleichung durch die folgende Differentialbetrachtung:

$$k = m \cdot b$$

$$k = m \cdot \frac{dv}{dt}$$

$$k = \frac{dmv}{dt}$$

Die letzte Gleichung beschreibt formal die Änderung des Impulses (m · v) pro Zeitdifferential. Diese Gleichung kann nach der Produktregel aufgelöst werden:

$$k = m\frac{dv}{dt} + v\frac{dm}{dt}$$

Das erste Glied gibt die Newtongleichung wieder, das zweite Glied hingegen beschreibt eine Massenveränderung als Wirkung. Eine solche ist in der Nähe der Lichtgeschwindigkeit, die ja eine Konstante ist und trotz weiterer Energiezufuhr nicht überschritten werden kann (v wird c), als Massenzuwachs in der Kernphysik zu beobachten. Die klassische Newtongleichung ist also nur der Sonderfall bei einigermaßen konstanter Masse weitab von der Lichtgeschwindigkeit.

In jedem Fall beschreiben alle Gleichungen nur Äquivalenzen, die zeitlich invariant sind und keine Kausalität konstituieren. Die sinnlich objektivierende, empirische Physik hat es also, gerade insoweit sie sich mathematisiert, nicht mit Kräften zu tun. Der Energiebegriff bedeutet bekanntlich etwas anderes, ist von physikalischer Entität, quantifizierbar und unterliegt den empirisch ermittelbaren Erhaltungssätzen.

Auch hier können wir offensichtlich nicht umhin, nach Kräften zu fragen, die nun die Lebensvorgänge bedingen. Dies ist um so naheliegender, als sie nicht nur artspezifische Raum-, sondern auch eigenspezifische Zeitordnungen vorführen. Ja, die jeweils momentan vorfindbare Raumgestalt ist immer das Ergebnis der bisher durchlaufenen, aktiven Zeitgestalt. Kein Wunder, dass wir hier erst recht nach den wirkenden, bildenden Kräften, den Bildekräften fragen.

Die Lebensvorgänge erkundet die Physiologie. Sie hat sich inzwischen hauptsächlich mit der Wirkung der anorganischen Energiearten beschäftigt, und das mit erheblichem Gewinn an Beherrschungswissen derjenigen Vorgänge, die kausal strukturiert sind. Alle Organismen haben an der physischen und damit physikalisch-chemischen Ebene teil. Ihre Energiebilanzen sind vollständig in die allgemeinen Erhaltungssätze eingebunden. (Ich sehe von den besonderen Verhältnissen im Menschen ab.) Also sind diese Formen von Energie nicht die spezifischen Bildekräfte. Diese suchte man lange als additive, zusätzliche Kräfte zu den den anorganischen Erhaltungssätzen unterliegenden Energiearten zu ermitteln, so dass jene mit diesen konkurrieren würden. Man nannte sie zur Goethezeit *vis plastica* (François Bonamy, 1731), *vis vegetativa* (John Turberville Needham, 1749), *vis essentialis* (Caspar Friedrich Wolf, 1759), *vis formatrix* oder *nisus formativus* (Johann Friedrich Blumenbach, 1787).[8]

Nicht anders war es beim Neovitalismus von Hans Driesch, der als Lebensprinzip eine seelische Eigenschaft sah, die er mit Karl Beurlen «Psychoid» nannte.[9] Dieser Psychovitalismus verlagert das Problem in eine anthropomorphe Zielstrebigkeit und kommt nicht ohne eine Zwecklehre aus. Gerbert Grohmann hatte 1923 noch bei Hans Driesch seine philosophische Examensarbeit über das Konfliktthema des Vitalismus geschrieben und herausgestellt, dass dem Problem des Lebens weder mit einer Reduktion auf die Welt des Anorganischen noch mit einer Amplifikation auf Seelisches geholfen ist, sondern dass es seine eigene Ontologie hat.[10] Driesch teilte diese Unterscheidung keineswegs und anerkannte trotzdem die Arbeit: Wegen ihrer methodischen Klarheit beurteilte er sie mit Sehr gut.[11]

Gerbert Grohmann hatte sich schon als Student mit Anthroposophie beschäftigt und fand bei Steiner in seiner Empirik der übersinnlichen Seite der Lebensfähigkeit zugleich die gesuchte begriffliche Klärung: In seinem ersten anthroposophisch gehaltenen Buch «Theosophie»[12] führt Steiner dafür die Beschreibung und den Begriff des Ätherleibes ein. Dass er sich damit von einer materialistischen Interpretation des Organismus absetzt, ist deutlich. Ebenso deutlich setzt er aber diesen Begriff auch von der vitalistischen Interpretation ab. Das nicht nur, um einer Psychologisierung der Lebensautonomie entgegenzutreten, sondern um das Lebensproblem nicht wie die Vitalisten durch gedankliche Einführung eines Lebensfaktors hinzu zu allen anorganischen Faktoren zu umgehen, weil man damit das Leben doch auch nur faktoriell behandelt. In der 9. Auflage der Theosophie wird 1918 in einer ausführlichen Fußnote auch der weitere bequeme Ausweg der bloß gedanklichen Konstruktion einer Lebenskraft abgewiesen. Damit wird die Voraussetzung geschaffen, das Lebensproblem doch noch viel direkter zu fassen. Die Stelle sei hier ausführlich gebracht:

«Der Verfasser dieses Buches hat lange Zeit nach Abfassung desselben (vgl. Zeitschrift ‹Das Reich›, viertes Buch des ersten Jahrgangs [Januar 1917, W.S.]) dasjenige, was hier Äther- oder Lebensleib genannt wird, auch ‹Bilde-Kräfte-Leib› genannt. Zu dieser Namengebung fühlte er sich veranlasst, weil er glaubte, dass man nicht genug tun kann, um dem Missverständnis vorzubeugen, das hier mit Ätherleib Gemeinte zu verwechseln mit der ‹Lebenskraft› der älteren Naturwissenschaft. Wo es sich um Abweisung *dieser* älteren Vorstellung einer Lebenskraft im Sinne der modernen Naturwissenschaft handelt, steht der Verfasser in gewissem Sinne auf dem Standpunkt der Gegner einer *solchen* Kraft. Denn mit dieser wollte man die besondere Wirkungsweise der unorganischen Kräfte im Organismus erklären. Aber was im Organismus unorganisch wirkt, das wirkt da nicht anders als in dem Bereich der unorganischen Welt. Die Gesetze der unorganischen Natur sind im Organismus keine anderen als im Kristall usw. Aber im Organismus liegt eben etwas vor, was *nicht* unorganisch ist: das bildende Leben. Diesem liegt der Äther- oder Bilde-Kräfte-Leib zugrunde. Durch seine Annahme wird die berechtigte Aufgabe der Naturforschung nicht gestört: dasjenige, was sie über Kräftewirksamkeiten in der unorganischen Natur beobachtet, auch in die Organismenwelt hinein zu verfolgen. Und es abzulehnen, *diese* Wirksamkeit innerhalb des Organismus durch eine besondere Lebenskraft abgeändert zu denken, das sieht auch eine wahre Geisteswissenschaft als berechtigt an. Der Geistesforscher spricht vom Ätherleib insofern, als im Organismus sich noch *anderes* offenbart als im Leblosen.»[13]

Steiner bestätigt darin dreierlei: Das berechtigte Verfahren, im Organismus die anorganische Kräftewirksamkeit zu ermitteln; das unberechtigte Verfahren, zusätzlich durch eine besondere Lebenskraft diese als abgeändert zu denken;

und: die übersinnliche Erfahrung, dass sich im Organismus anderes offenbart als im Leblosen. Ein Vitalismus im guten wörtlichen Sinne, der das Lebensproblem allerdings nur durch Annahme eines immateriellen Zusatzfaktors schon hypothetisch gelöst sieht, ist kein solcher, weil er an Stelle sinnesgebundener und sinnlichkeitsfreier Erfahrung nur Wortvermutungen setzt und damit die Forschung in beiden Richtungen behindert.

Man muss sich also, um einen forschungsmethodisch fruchtbaren Weg zu ermitteln, mit beiden Einwürfen befassen, die beide Seiten seit jeher gegeneinander erhoben haben: Dem Materialismus ist seine permanente Prämisse vorzuhalten, das Leben sei allein kausaliter materiell bedingt. Da es keine Urzeugung experimentell gibt (eines der schon quantitativ gesichertsten Ergebnisse), ist die Prämisse von der Maschinentheorie des Organismus eine spekulative. Dem historischen Vitalismus ist vorzuhalten, dass er die Verständnislücke, was denn Leben ist, nicht durch Wortschöpfungen schließen kann, die als ein «Deus ex machina» zur Abwechslung eine nur ideelle Maschinentheorie des Organismus (denn auch sie denkt dann nur faktoriell) liefert. Denn nun soll das benannte Immaterielle sogar noch der Kausalfaktor des Lebens sein. Ein solch scheinanthroposophischer Kryptovitalismus hilft auch heute nicht weiter.

Faktum ist ja, dass in der gesamten Geschichte der Lebenswissenschaften immer beide Haltungen – mechanische und idealistische – miteinander konkurriert haben und jede Seite die andere für überwunden erklärt hat. So ist wohl auch die recht sichere Zukunftsaussage möglich, dass sich beide nicht gegenseitig ersetzen werden. Nur, das Proprium des Lebens ist beiden nicht zugänglich, denn es findet nicht bloß in linearen Zeitbezügen statt.

Woher kommt das? Hier muss eine hinter die Kulissen der gewohnten Bewusstseinshaltungen greifende Untersuchung eingeleitet werden. Und die zeigt das Folgende: Beider Unzulänglichkeiten sind in der menschlichen Konstitution begründet. Zum einen: Wir können mehr fragen, als wir primär uns beantworten können. Sich den Seelenfrieden nun dadurch zu retten, dass man die prinzipielle Unbeantwortbarkeit von auf Wahrheit zielenden Fragen deklariert, ist eine Selbstberuhigung, die schon die antiken Skeptiker offen als Grund ihres Agnostizismus angaben. Das bringt den geschätzten Seelenfrieden (s. Sextus Empiricus, ca. 160–210 n. Chr.).[14] Zum anderen: Zu behaupten, dass durch Denken keine Wahrheit zu finden ist, ist selbst eine gedankliche Aussage, die danach gar nicht möglich sein kann. Jede Form des Agnostizismus ist nur eine andere Form der Aussage jenes Kreters in Athen, dass alle Kreter lügen. Geistige Lethargie um des Seelenfriedens willen und geistige Inkonsequenz sind zwar menschlich-allzumenschliche Gepflogenheiten, nur helfen sie echt wissenschaftlich nicht weiter. Und was die Wahrheitsfrage des Pilatus angeht, wollen wir es mit Lessing halten, der das Streben nach Wahrheit für menschlicher hielt als die Behauptung ihres vollen Besitzes.[15] Nur: Das Streben nach Wahrheit ist damit kein leeres Unterfangen, sondern setzt die Anerkennung von Wahrheit voraus, deren jeweilige Intuition offenbleibt. Gerade das ist der hohe Wert des Lessing'schen Wahrheitsstrebens, dass es um den nie endenden Verstehensvorgang weiß und damit die Versicherung der zeitlichen Unendlichkeit des Geistes schenkt. – Das nur zu den Skeptikern aus Bequemlichkeit.

Nun zu der Eigenqualität des Lebens selber. Wie schon gesagt, ist das Leben weder als materieller Gegenstand objekthaft zu fassen, denn es besteht in einer individual- und artspezifischen Zeitordnung, und Zeit ist wahrhaftig kein Gegenstand. Noch ist es im subjektiven Bewusstsein zu ermitteln, denn die vitalsten Organe in uns können gerade deshalb physiologisch so glanzvoll arbeiten, weil sie ihre Funktionen unbewusst vollziehen (Verdauung, Immunologie, Embryologie). Das «gesunde Schweigen der Organe»[16] wird durch das Bewusstsein eher gestört. Das Eigentümliche des Lebens ist, im Objektbereich unsinnlich, also übersinnlich zu sein und im Subjektbereich unbewusst zu sein. Deswegen konnte das Leib-Seele-Problem nicht gelöst werden, weil das Band nicht vom Leiblichen und nicht vom Seelischen konstituiert wird, sondern als Leben exisitert. Leben aber ist weder objektivierbar noch subjektivierbar, sondern findet statt in dem Verbindungsbereich, der die Subjekt-Objekt-Kluft aufhebt, und das geschieht eben schon fortwährend unsinnlich und unbewusst in uns. Es ist also nach zweieinhalbtausend Jahren Philosophiegeschichte müßig, auf einer dieser beiden Seiten immer noch die Lebensfrage lösen zu wollen.

Trotzdem müssen wir uns noch einmal, um uns davon abstoßen zu können, mit der Subjektseite beschäftigen. Wir behandeln im eigenen Bewusstsein vielfach nur das als behandelbar, was wir uns vorzustellen in der Lage sind. Das geht oft so weit, dass wir uns dabei ertappen, zumeist nur das als wahr wahrzunehmen, was unseren mitgebrachten Vorstellungen entspricht. Ist es wirklich etwas Neues, so reagieren wir ganz richtig mit der Äußerung: «Das kann ich mir nicht vorstellen!» Schon daraus geht hervor, dass alle Vorstellungen verarbeitete und damit persönlich verfügbar gewordene Inhalte ehemaliger Wahrnehmungen, also Erinnerungen sind. Auch in Phantasievorstellungen sind im normalen Bewusstsein nur solche Anteile vorhanden, die wir irgendwann einmal wahrgenommen haben. Wenn Vorstellungen also Erinnerungen sind, dann sind sie nicht die inhaltliche Weltbegegnung selber, sondern Abbilder derselben. Die vorgestellte Speise können wir nicht essen, und wäre es unsere Lieblingsspeise. Darin begründet Steiner geradezu die anthroposophische Psychologie, indem er im zweiten Vortrag der «Allgemeinen Menschenkunde» alle Vorstellungen als Scheinbilder decouvriert.[17] Wenn man sich also etwas nicht vorstellen kann, so sollte man darüber Genugtuung empfinden, denn andernfalls hätte man nur den Schein, nicht das Sein. Vorstellungsinhalte sind unterreal (s.o. Steiner). Wollen wir an das Rätsel des Lebens wirklich heran, so muss klar sein, dass es nicht im vorstellenden Bewusstsein anschaulich werden kann, denn dann wäre es schon Abschattung ins Unterreale. Das Durchbrechen des Vorstellbaren ist der gerade in der Physik so hart umkämpfte Übergang von der klassischen Newton'schen Physik zur Quantenphysik Bohrs, Heisenbergs und Paulis, der sich in den zwanziger Jahren in geringer zeitlicher Verschiebung zu Steiner abspielte: «I think that the last reality must be *unanschaulich* beyond the distinction between *psychisch* und *physisch*.» Damit hatte Pauli 1952 die Methodenfrage klar erkannt.[18] Heisenberg, der sich im Alter der Anthroposophie näherte (er besuchte die Menschenweihehandlung in München), berichtet, dass er einst bei Konrad Lorenz in Seewiesen im sogenannten «Leib-Seele-Kolloquium» saß. Die Biologen hatten dort zwar alle etwas von Quantenphysik gehört, dachten und stellten sich die Phänomene im eigenen Fach aber weiterhin rein gegenständlich vor.[19] Neben diesem Menschlich-Allzumenschlichen hängt das natürlich damit zusammen, dass in der Biologie die Gefahr eines falschen Kryptovitalismus weitaus größer ist als in der Physik und deshalb instinktiv sehr viel mehr gefürchtet wird. Aber Furcht erweist sich auch hier als ein schlechter Ratgeber.

Darum soll das Problem, wiederum ergänzend, von der Objektseite angegangen werden. Es ist ein allbekannter und doch zu wenig argumentativ geschätzter Tatbestand, dass unsere Bewusstseinsleistungen insbesondere des vorstellenden Bewusstseins an eine biochemisch abbauende Physiologie gebunden sind. Kein Organ ist bei gedrosselter Blutzufuhr rascher irreversibel geschädigt als die Großhirnrinde. Bewusstsein tritt immer am Rande des Absterbens, der Entvitalisierung auf. Die unbewussten Leberfunktionen arbeiten ermüdungslos rund um die Uhr und so lebenslang. Schon konzentrierte vorstellungsbegleitete Gedankenarbeit ist kaum länger als eineinhalb Stunden zu leisten (man beobachte sich bei längeren Vorträgen, auch wenn sie noch so interessant sind). Wir müssen normalerweise sowieso nach ca. 16 Stunden abschalten und schlafen, wenn wir täglich bewusstseinsmäßig arbeitsfähig bleiben sollen.

Dieser konstituierende Zusammenhang zwischen gehirngebundenem Bewusstsein und physiologischem Abbau macht eben erst verständlich, warum dieses Bewusstsein die Gesetzlichkeiten des Toten besser zu erfassen vermag als die des Lebenden. Es gibt also in der Biologie des Leibes liegende Gründe für das anstehende Erkenntnisdilemma. Wenn dem so ist, dann könnte das bedeuten, dass wir erst dann das Leben besser verstehen könnten, wenn wir mit den Organen des vorwiegenden Aufbaues denken könnten. Diese aber sind gerade die unbewusstesten und erscheinen damit für das, was wir mit klarem Denken bezeichnen, untauglich. Was soll dann die Fiktion: «Was wäre, wenn wir mit der Leber denken würden?»

Dass es sich dabei um keine Fiktion handeln muss, zeigt die Aufmerksamkeit darauf, dass wir sehr viel findiger in Problemlösungen sind, wenn wir sie zwar im Tagesbewusstsein möglichst überschaubar abgleichen und eingrenzen, dann aber darüber schlafen oder zumindest für einige Zeit den Kopf davon freimachen. Warum wird dieser Vorgang so selten methodisiert? Er ist seit langem bekannt. Schon 1858 schrieb der Naturwissenschaftler Peter Heuser:

«Eine Sache ist mir dunkel, unbegreiflich. Ich setze meine Denkkraft in Tätigkeit, vergleiche, unterscheide; noch finde ich die Wahrheit nicht. Erst nach einigen Tagen fortgesetzten Denkens steht die Wahrheit klar in meinem Geiste. Wie ist sie nun in mir entstanden? Ist sie auch vielleicht ein geistig organisches Produkt, das eine Zeit des Werdens bedarf, wie der Weizenhalm als materiell organisches Erzeugnis des Weizenkorns?»[20]

Helmholtz und Gauß haben gerne ähnliche Erfahrungen berichtet.[21] Und gerade Steiner beobachtete diese Dynamik unbewusster und überbewusster Prozesse des Denklebens bis hin zu ihrer bewussten Verfügbarkeit. Die lebendigen Denkinhalte

«bleiben, so lange sie ihrem Eigenwesen nach lebendig sind, in der Seele unbewusst. Die Seele *lebt* durch sie, aber sie kann nichts von ihnen *wissen*. Sie müssen ihr eigenes Leben herabdämpfen, um bewusste Seelenerlebnisse des gewöhnlichen Bewusstseins zu werden. Die Herabdämpfung geschieht durch jede sinnliche Wahrnehmung. So kommt, wenn die Seele einen Sinneseindruck empfängt, eine Herablähmung des Vorstellungslebens zustande; und die herabgelähmte Vorstellung erlebt die Seele bewusst als den Vermittler einer Erkenntnis der äußeren Wirklichkeit. Alle Vorstellungen, die von der Seele auf eine äußere Sinnes-Wirklichkeit bezogen werden, sind innere Geist-Erlebnisse, deren Leben herabgedämpft ist. In allem, das man über eine äußere Sinneswelt denkt, hat man es mit den ertöteten Vorstellungen zu tun.»[22]

Damit ist erneut deutlich, wie die auf die Sinneswelt bezogenen Vorstellungen normalerweise einem Abtötungsvorgang entspringen, der nicht nur psychologisch wie hier, sondern ebenso physiologisch gut verfolgt werden kann. Daher kann im normalen Vorstellungsleben das Lebendige in seiner Grundnatur nicht erfasst werden. Der hier waltende Agnostizismus ist physiologisch und psychologisch verständlich, verliert jedoch mit diesem Verstehen seinen prinzipiellen Charakter.

Wenn damit klar ist, wie man sich dem Lebensproblem nicht nähern kann, ohne Schiffbruch zu erfahren, ist die Frage: Wie dann? Suchen müssen wir nach jener Sphäre, die zwischen Objekt und Subjekt, zwischen res extensa und res cogitans vermittelt – und die sich der anschaulichen Vorstellbarkeit prinzipiell entzieht. Das ist die Zeit. Zeit ist nicht in der Flasche aufhebbar und Zeit ist nicht ein subjektives Apriori, sondern das, was uns leben lässt. Ohne Leben würde die Entropie des Weltalls irgendwann zum stillstehenden Ausgleich aller Energieunterschiede führen – von Zeit wäre nichts mehr vorfindbar. Die Ektropie des Lebens arbeitet unentwegt dagegen und eröffnet vermehrte Zeit. Ja, aber Zeit ist doch als eindimensionaler Vektor, als linearer Zahlenstrahl vorstellbar. Nein, denn diese Zeitvorstellung ist ihr Reduktionismus auf eine räumliche Metapher, aber nicht die Zeit selber. Auch alle zyklischen oder spiralförmigen Zeitbilder sind nur vorgestellte (und damit abgetötete) Verräumlichungen und somit der Verlust der Zeit.

Wichtiger ist schon die Frage, welche Beziehung die Zeit zu den Weltinhalten hat. Verläuft diese in einem von ihnen unabhängigen, gleichförmigen Zeitablauf (Newton-Zeit) oder ist Zeit von den Weltinhalten abhängig (Leibniz-Zeit)? Ersteres ist der Zeitbegriff der klassischen Physik, letzteres der Zeitbegriff z. B. auch der Einstein'schen Relativitätstheorie.

Hier interessiert die biologische Zeit. Jedes Lebewesen erhält durch Zeugung ein Erbgut und besitzt Entwicklungs- sowie Restitutionspotenzen, die stets über die bloße Merkmalsausprägung hinausgehen. Im ersteren vergegenwärtigt das Lebewesen unentwegt seine evolutive Vergangenheit, in den letzteren seine zumindest ontogenetischen Zukunftschancen. Das heißt: Das Spezifikum, ja das Proprium jedes lebenden Organismus ist seine permanente Vergegenwärtigung aller drei Zeiten, also die Fähigkeit zur Zeitintegration. Nichts anderes lässt sich folgerichtig bei Darwin mitdenken, wenn er die Dauerhaftigkeit der Lebenspermanenz, das «Survival», zum Evolutionsinhalt erhob.

Diese Zeitstruktur durch die Zeitverdichtung im Lebensvollzug tritt unentwegt in Form der Rhythmizität aller physiologischen Werte auf. Denn Rhythmus ist nicht Takt, sondern die dauernde Wiederholung mit Abwandlung. In der Wiederholung liegt die Vergegenwärtigung des schon einmal Gewesenen, in der Abwandlung vollzieht sich der Einbruch der unvorhersehbaren, letztlich indeterministischen Zukunft. Beides verschlingt sich in dem Schaukelfluss lebender Gegenwärtigkeit. Alle Biologie wird erst dann ganz zu sich selbst finden, wenn sie Chronobiologie ist. Denn alle räumlichen Erscheinungen sind nur der zeitliche Querschnitt des Geschehens.

Leben ist aktiv produzierte Zeitintegration. Wenn es heißt: «Leben ist immer Gegenwart», so ist damit eine die lineare Zeit übergreifende, weil integrierende Gegenwart zu verstehen. Was Rudolf Steiner mit einem aus der griechischen Antike stammenden Wort Ätherleib nannte, übersetzte er vielfältig ins Deutsche mit Bildekräfteleib, Lebensleib oder am besten Zeitleib. Gerade im letzten Ausdruck wird deutlich, dass hier mit Leib nicht ein irgendwie verdünnter räumlicher Leib gemeint sein kann, sondern eine in aktiver Zeitintegration bestehende Zeitgestalt. In der Verknüpfung von Vergangenheit und Zukunft in gegenwärtiger *Überlappung* wird zugleich die Brücke gebildet, um zwischen physischer und psychischer Welt autochthon zu vermitteln. Nur dort kann Seelisches auf physische Organe einwirken, wo diese leben. Diese Grundeigenschaft des Ätherischen, Physikalisches und Psychisches zu verbinden, kommt darin zum Tragen, dass es selbst jenseits der Subjekt-Objekt-Spaltung angesiedelt ist und eben deshalb zwischen beiden Seinsebenen vermitteln kann.

Urphänomenal kommt dieser Vorgang in jeder Kindesentwicklung zur Erscheinung: Ein Seelisch-Geistiges verbindet sich mit einem Leiblich-Körperlichen. Das geht nicht ohne Weiteres, sondern bedarf der pädagogischen Hilfestellung durch die Erziehung. Ebenso erstaunlich wie charakteristisch bezeichnete Rudolf Steiner diese Aufgabe als das Lehren des rechten Rhythmus: Das Kind muss das rechte Atmen und das rechte Schlafen und Wachen lernen. Das schafft direkt die inkarnative Verbindung der vorher getrennten Welten.[23] Die Vereinigung des Leiblich-Körperlichen mit dem Seelisch-Geistigen geschieht immer im Ätherischen als der rhythmischen Zeitordnung – im Zeitleib.

Die fruchtbare Erforschung der Bildekräfte geschieht demnach erst in der Zuwendung zu den Zeitgestalten. Als der Student Rudolf Hauschka frug: «Was ist Leben?», war Steiners Antwort: «Studieren Sie Rhythmen!» Daraus entstanden die «Rh-Präparate» der Wala und Weleda mit einer staunenswerten Stabilität auch ohne Konservierungsmittel. In der Homöopathie handelt es sich auch nicht um die Herstellung von Verdünnungen, sondern das Potenzieren ist ein rhythmischer Vorgang in vielen Stufen. Benvenistes Forschungen auf diesem Gebiet sind nach einer skurril-ablehnenden Ächtung gerade rehabilitiert worden.[24] In den Grundlagendiskussionen praktisch aller Wissenschaftsgebiete ist die Frage nach der Neufassung des Zeitbegriffes in breiter Diskussion. Im anthroposophischen Raum konnte dazu einiges in den Kolloquien der Pädagogischen Forschungsstelle in Stuttgart und der Naturwissenschaftlichen Sektion in Dornach beigetragen werden.[25] Durch Gunter Hildebrandts Lebensarbeit ist das gesamte Rhythmenspektrum des Menschen neuerdings gründlich erforscht.[26] Damit verfügen wir nun schon über eine detaillierte Beschreibung des menschlichen Zeitleibes. Sie wird wesentliche Neuansätze in der medizinischen und pädagogischen Praxis bedeuten. Es gibt nichts Lebenspraktischeres als eine gute Forschung.

*

Es ist zum einen klar, dass Übersinnliches nicht mit sinnlichen Mitteln direkt erforscht werden kann. Das wäre nur eine sublime Form von Materialismus, gegen die sich Steiner oft genug gewehrt hat.[27] Solche Versuche haben eine lange Tradition. Den schon in der Antike entdeckten Magnetismus wandte ab 1775 der Wiener Arzt Franz Anton Mesmer als Heilmittel an, denn er vermutete in ihm die Lebenskraft: das Fluidum. Eine zahlreiche Ärzteschaft betrieb bald das «Magnetisieren» von Kranken. Als Galvani 1780 entdeckte, dass Elektrizität den Froschmuskel aktivieren kann, hielten er und viele Ärzte nun diese «tierische Elektrizität» für die Lebenskraft. Als 1896 Henri Becquerel die Radioaktivität und Marie und Pierre Curie 1898 das Radium entdeckt hatten, wobei sich scheinbar aus dem Nichts Energie freisetzt, hoffte man wiederum, endlich die Lebenskraft labormäßig gefunden zu haben. Zahllose Ärzte gaben ihren Patienten Radiumpräparate, bis deren blutkrebserzeugende Wirkung tragisch deutlich wurde. All dies sind Versuche, die eigentliche Herausforderung zu umgehen: nämlich das Übersinnliche auch nur mit genuin übersinnlichen Mitteln zu erfahren.

Aber hat nicht Rudolf Steiner selbst Angaben und Empfehlungen zu physischen Versuchen für die Aufdeckung und Anwendung des Übersinnlichen gemacht, wie sie insbesondere von Paul Eugen Schiller gesammelt und zusammengestellt worden sind.[28] Jochen Bockemühl machte einmal darauf aufmerksam, dass Rudolf Steiner, wenn er gefragt wurde, dem Sinne nach immer gesagt hat: Machen Sie es doch. Er tat dies, weil er aus Prinzip die ihm vorgetragenen Initiativen nie unterbinden wollte. Vieles davon galt der Nachwelt dann fälschlicherweise als eine von ihm selbst initiierte, dogmatische Empfehlung.

Zwar rechnete er mit der Möglichkeit, bewusst aus dem Seelischen heraus auf Leblos-Physisches zu wirken.[29] Aber er war auch dankbar dafür, dass so etwas derzeit zumeist noch nicht möglich ist, weil ein etwaiger unmoralischer Missbrauch verheerend wäre.[30] Die bildschaffenden Methoden geben nur Bilder, also einen geronnenen Niederschlag der Substanzkonfigurationen, die das Leben vorher gebildet hat, nicht Bilder der Lebenskräfte selber. Man mache sich auch deutlich, dass, wenn der erwartete Erfolg sich statistisch reproduzierbar sichern ließe, die zentralen Fragen doch erst beginnen: Zum einen, wie des Näheren das Ergebnis verstehbar (nicht unbedingt vorstellbar) ist. Und zum anderen, wie man in die praktische Anwendung, nämlich in welche Sozialformen man eintreten wird. Wer wird dann die Gewinne machen wollen? Und wie ist es mit den moralischen Bedingungen dabei, mit denen Rudolf Steiner ein solches Gelingen verbunden sah? Jedenfalls ist es moralisch sehr fragwürdig, demjenigen den Vorwurf zu machen, als Experimentator noch nicht genügend moralisch gewesen zu sein, wenn die erwarteten Ergebnisse ausbleiben.

Es ist sowieso grundlegend die Frage, ob es Sinn ergeben kann, Bestätigungsforschung zu treiben. Wenn man nur bestätigen will, was man vorher schon sicher zu wissen vermeint, und deshalb nur die Ergebnisse anerkennen wird, die die Ausgangsthese stützen, so ist das keineswegs mehr Forschung. Denn, wenn man schon im Vorfeld weiß, was herauszukommen hat, braucht man nicht mehr zu forschen. Bloße Bestätigungsforschung ist das Gegenteil von Erkenntnissuche. Rudolf Steiner berichtet immer wieder aus seiner eigenen geistigen *Werkstatt*, dass es ein wesentliches Kennzeichen der übersinnlichen Forschung ist, dass das Ergebnis immer anders ausfällt, als man vorher vermuten konnte. So grundverschieden ist die geistige Welt von dem, was man sich vorab vorzustellen vermag. Aber ist nicht auch die Erdenwelt unentwegt recht anders, als man es aus seinem bisherigen Erfahrungshorizont erwarten konnte? Darum ist auch hier Forschung vonnöten. Es gibt ebenso eine Eigenwürde der Sinneswelt in ihrer Unvorhersagbarkeit. Darum forderte Steiner die ersten anthroposophischen Ärzte dringend zur experimentellen Forschung auf, ja es war ihm ein Anliegen, ihnen die Scheu davor zu nehmen:

«Sie können zum Beispiel, wenn Sie geisteswissenschaftlich forschen, nicht etwa auf dasselbe kommen, was Sie mit dem Mikroskop erforschen. Sie können ruhig jemanden, der Ihnen den Glauben beibringen will, dass er aus der Geisteswissenschaft heraus dasselbe finden kann, was man unter dem Mikroskop findet, als einen Scharlatan auffassen. […] Dasjenige, was empirische Forschung in heutigem Sinne gibt, besteht. Und um die Wissenschaft auch im Sinne geisteswissenschaftlicher Anthroposophie vollständig zu machen auf irgendeinem Gebiet, dazu ist nicht etwa ein Hinwegräumen des sinnenfällig Empirischen statthaft, sondern es ist durchaus ein Rechnen mit dieser sinnenfälligen Empirie notwendig. Nirgends wird derjenige, der […] in anthroposophischer Geisteswissenschaft Fachmann ist, etwas anderes finden, als dass man dadurch, dass man Geisteswissenschaft treibt, erst recht sich im Sinne des sinnenfällig Empirischen mit den Erscheinungen der Welt befassen muss.»[31]
Dabei muss man sich nur darüber im Klaren sein, dass man mit materiellen

Mitteln kein Geistiges beweisen kann. Und ebenso ist es – wie gesagt – fruchtlos, aus geistiger Erfahrung die Sinneswelt sicher vorhersagen zu wollen. Beide Forschungswege – der sinnesgebundene und der übersinnliche – stehen in keinem sich gegenseitig beweisenden Verhältnis. Sie haben diese Bestätigung beide auch wechselseitig nicht nötig. Beide sollten sauber und redlich ihre jeweils eigene Methodik verfolgen, ohne sich gegenseitig dazwischenzureden.[32] Wenn beide Wege in sich weit genug begangen worden sind, dann werden sie sich plötzlich nahtlos ergänzen – nicht beweisen.[33]

Dann erst tritt ein, dass das Denken im wörtlichen Sinne hell-sichtig wird – es passt auf die Welt –, dass die Sinne sittlich werden und die Welt zu uns verstehbar spricht. Das aber ist ein seltener Ausnahmezustand, den uns Goethes besondere Begabung vorgelebt hat. Das Geheimnis, das damit verbunden ist, deckte Steiner ein wenig auf, als er davon sprach, dass Goethe darin ein Ausnahmemensch war, dass er wenig von luziferischen Mächten berührt wurde.[34] Durch Luzifer ist die Trennung von Wahrnehmung und Denken der Menschheitskonstitution eingeimpft worden und damit unsere freiheitliche, emanzipatorische Entfremdung von der Welt. Wäre das nicht geschehen, so würden wir mit jedem Blick in die Welt sogleich auch die Geistseite des uns Begegnenden erfassen und schon im Anschauen verstehen können. Das aber ist der menschliche Normalfall, dass jedes Neue uns erst einmal unerkannt erscheint. Deswegen wollen und müssen wir forschen. Und was auseinandergefallen ist, muss auch vorerst getrennt behandelt werden. So forderte schon der unabhängige Geist Schiller:

«Naturforscher und Transzendentalphilosophen

Feindschaft sei zwischen Euch, noch kommt das Bündnis zu frühe,
Wenn ihr im Suchen euch trennt, wird erst die Wahrheit erkannt.»[35]

Wenn aber im Durchbohren eines Berges von zwei Seiten (um im bildhaften Stil Steiners zu bleiben[36]) beide Durchgänge sich treffen, wird die volle Gemeinsamkeit ansichtig. Echte Forschung findet hin zur Heilung der luziferisch verursachten Spaltung. Das ist der menschliche Wert des fruchtbaren Wissenschaftslebens, dass es ein Therapeutikum jenes Zwiespaltes ist, mit dem die Menschheit einst geschlagen wurde. Echte Wissenschaft – ein Kulturmedikament. Sicherlich, der eine kann den einen Weg besser gehen, der andere den anderen. Schiller erkannte im Anblick Goethes die Polarität ihrer beiden Wege, und so stammt von ihm auch die Poesie des gesuchten Zieles:

«Die Übereinstimmung

Wahrheit suchen wir beide, du außen im Leben, ich innen
In dem Herzen, und so findet sie jeder gewiß.
Ist das Auge gesund, so begegnet es außen dem Schöpfer,
Ist es das Herz, dann gewiß spiegelt es innen die Welt.»[37]

*

Für die Ätherforschung gilt somit, dass sie genau dann immer mehr an die Bildekräftewelt rührt, wenn sie sich zur Rhythmenforschung wandelt und als inhaltliche Zeitmorphologie konkretisiert. Was die Bildekräfte selbst betrifft, so ist aus dem Vorherigen deutlich, dass sie nicht mit einer noch so subtilen Art von Magnetismus, Elektrizität oder Kernkraft verwechselt werden dürfen. Diese gehorchen durchweg dem Masse-Energie-Erhaltungssatz und sind schon deshalb quantifizierbar.

Erst wo diese Metrik aufhört, lebt der Organismus in seinen Zeitgestalten. Hierzu ist aber – wie wir gezeigt haben – Zeit nicht im physikalisch verräumlichten, linearen Sinne zu nehmen, sondern als die den Ablauf übergreifende, vor- und zurückgreifende, integrative Zeit zu begreifen.

Diese Zeitstruktur im lebenden Objekt zu bemerken, nutzt jedoch nichts, wenn man sich nicht auch in den eigenen Denkformen aus linearen Erklärungsmustern herausbegibt. Weder der kausale noch der finale Denkbezug vermag das, sondern erst die korrelative Erfassung wechselseitig abhängiger Phänomene macht weitaus mehr verständlich, als es das Kausalverfahren je zu leisten imstande ist.[38] Denken wir die Bildekräfte auch nur als kausal wirkende Zusatzfaktoren, betreiben wir letztlich doch nur einen Kryptovitalismus.

Selbst mit der Heisenberg'schen Unschärferelation bewegen wir uns noch innerhalb der Energieerhaltung und der linearen Zeit – auch wenn ihre Unschärfen im mikrophysikalischen Bereich komplementär sind:

Ort und Impuls

$\Delta x \cdot \Delta p \geq$ const., wobei const. = $\hbar/2$

- Δx: Die Unschärfe des Ortes (wie ungenau wir wissen, wo das Teilchen ist)
- Δp: Die Unschärfe des Impulses (wie ungenau wir wissen, wie schnell/in welche Richtung es sich bewegt)
- $\hbar$: Reduziertes Planck'sches Wirkungsquantum (ca. $1{,}054 \cdot 10^{-34}$ Joulesekunden)

Energie und Zeit

$\Delta E \cdot \Delta t \geq$ const., wobei const. = $\hbar/2$.

- ΔE: Die Unschärfe der Energie (die Schwankungsbreite der Energie eines Zustands oder Teilchens)
- Δt: Die Unschärfe der Zeit (oft die Lebensdauer eines Zustands oder die Dauer eines Messvorgangs)
- $\hbar$: Reduziertes Planck'sches Wirkungsquantum (ca. $1{,}054 \cdot 10^{-34}$ Joulesekunden)

Schon hier ist die Anschaulichkeit des gewöhnlichen Bewusstseins durchbrochen. Unschärfe der Zeit bedeutet Unsicherheit über den Abstand von Vorher und Nachher, mithin eine Aufhebung der Direktkausalität. Unschärfe der Energie besagt, dass für eine genaue Zeitdistanz der Erhaltungssatz nicht zu sichern ist. In beiden Fällen wird der Determinismus aufgegeben. Noch radikaler aber muss in Annäherung an die Bildekräfte des Lebendigen das gehirngebundene Tagesbewusstsein durchbrochen werden. Wir sprachen von der Fiktion, mit der Leber denken zu sollen. Der wissenschaftlich wie menschlich herausragende Atomphysiker Wolfgang Pauli (1900–1958) hat eben dies in einer schweren Lebenskrise erfahren. Die Nachtseite der menschlichen Existenz gehört untrennbar zu dem, was er seine «Hintergrundsphysik» nannte. Diese versuchte er an den Gedanken des Archetypus von Carl Gustav Jung (1875–1961) anzuschließen, der ihn seinerseits von dem im Goethe'schen Weimar aufgewachsenen romantischen Arzt Gotthilf Heinrich Schubert (1780–1860) übernommen hatte, welcher sich offensichtlich an den «Archaeus» des Paracelsus (1493/4–1541) anlehnte. Anders als bei Jung quollen für Pauli die unbewussten Archetypen nicht einfach kollektiv in das Traumleben, sondern er entdeckte, dass sie sich wechselweise mit dem Bewusstsein entwickeln. Die Tag- und die Nachtseite des Menschen, untrennbar verbunden durch diesen Rhythmus, beeinflussen und verwandeln sich gegenseitig. Das Typenkonzept wird zum Entwicklungskonzept. Nun wird nicht mehr mit der Großhirnrinde, sondern mit dem Zeitleib gedacht. Aber es bedurfte der schweren Krise, um diese Erfahrung ins Bewusstsein zu heben:

«Die Rückwirkung des Bewusstseins auf die Bilder des Unbewussten, welche von der umgekehrten Wirkung der Bilder auf das Bewusstsein im Sinne einer *Komplementarität* nicht zu trennen sein dürfte, scheint mir gerade das Wesen [...] der Entwicklung der menschlichen Erkenntnis auszumachen.»[39]

Auch Goethe kannte diese Schwellenerfahrungen als schwere Erschütterungen des Normalbewusstseins und sprach von der Angst, in die ihn das «Gewahrwerden der Urphänomene» versetzen kann.[40] Und nicht minder gibt es solche Schilderungen von Steiner vom Erschrecken über das lebendige Denken.[41] Mit dem Betrachten sinnesgebundener Bilder ist diese Dramatik normalerweise noch nicht erreichbar. Die prächtige Phänomenwelt der bildschaffenden Methoden lässt sich gut mit den Mitteln der heutigen Naturwissenschaft verständlich machen, wenn man sie goetheanistisch ordnet.[42] Aber noch immer hat sich nicht überall herumgesprochen, dass sie nicht das leisten, was man lange von ihnen erhoffte: den physischen Nachweis für die Geistigkeit des Lebens zu liefern. Jochen Bockemühl hat einmal mündlich ganz zutreffend darauf hingewiesen, dass die lebende Pflanze selbst von ihrem Leben schon mehr sichtbar macht, als die abgetöteten Säfte ihrer zerstörten Form vermögen. Zwar gibt auch ihr Chemismus noch vieles kund, doch stellt dieser immer schon einen Reduktionismus des Lebens dar. Nicht über die bereits erstarrten Bilder, die bestenfalls ein Abbild sein können, sondern über die Zeit- und Rhythmenforschung in der Welt- und Selbstwahrnehmung eröffnet sich der nähere Zugang zur direkten Lebensforschung. Damit ist die direkte Erfahrung der Lebenskräfte zwar noch nicht geschildert, aber der Weg dorthin ist nun freigelegt.

Neutronen – Protonen – Elektronen (2021)

28.8.2021

Strahlung $n^0 \rightleftarrows p^+ + e^-$ Wasserstoffatom

Neutronen: physische Stabilität
schweres Elementarteilchen

Protonen: Protonenübergabe bei allen
Säure/Basen-Reaktionen: H^+

Elektronen: astralisch
minimale Masse, maximale Ladung
Redox-Reaktionen e^-
Energie-Wechsel stark
→ Verbrennung etc.

Edelgase: Ichqualität → Helium der Sonne

7 Hauptgruppen und Perioden

Edelgasordnung: $\boxed{2 \cdot n^2}$

I. Periode: $2 \cdot 1^2 = 2$
II. + III. $2 \cdot 2^2 = 8$
IV. + V. $2 \cdot 3^2 = 18$
V. + VII $2 \cdot 4^2 = 32$
50
72

Differenzen: 2, 6, 10, 14, 18, 22
jeweils: 4, 4, 4, 4, 4 } 4 Äonen?

4 Äonen

Anmerkungen und Literaturhinweise

Siglen für Johann Wolfgang von Goethe

dtv = Johann Wolfgang von Goethe. Gesamtausgabe. 45 Bände. (Deutscher Taschenbuchverlag) München ^{1}1961, zitiert nach ^{2}1974.

Em = S. Projekt Gutenberg (www.projekte-gutenberg.org): Johann Peter Eckermann – Gespräche mit Goethe in den letzten Jahren seines Lebens.
S. auch: Eckermann, J. P.: Gespräche mit Goethe in den letzten Jahren seines Lebens, 1823–1832. 3 Bde., Bd. 1 u. 2: (Brockhaus) Leipzig 1836. Bd. 3: (Brockhaus) Leipzig 1848.

HA = Hamburger Ausgabe. Goethes Werke in 14 Bänden. Trunz, E. (Hrsg.). (Beck) München ^{15}1993.

WA = Goethes Werke. Herausgegeben im Auftrage der Großherzogin Sophie von Sachsen. Weimarer Ausgabe. (Sophien-Ausgabe). (Böhlau u. Nachf.) Weimar 1887–1919. Reprint (dtv) München 1987.

Siglen für Rudolf Steiner

GA = Bibliographie-Nummer innerhalb der Rudolf Steiner Gesamtausgabe des Rudolf Steiner Verlages. Basel, Schweiz.

GA 1 Einleitungen zu Goethes Naturwissenschaftlichen Schriften. Zugleich eine Grundlegung der Geisteswissenschaft (Anthroposophie). Dornach ^{4}1987.

GA 2 Grundlinien einer Erkenntnistheorie der Goetheschen Weltanschauung mit besonderer Rücksicht auf Schiller. Dornach ^{8}2003.

GA 6 Goethes Weltanschauung. Dornach ^{8}1990.

GA 9 Theosophie. Einführung in übersinnliche Welterkenntnis und Menschenbestimmung. Dornach ^{32}2003.

GA 13 Die Geheimwissenschaft im Umriss. Dornach ^{30}1989.

GA 15 Die geistige Führung des Menschen und der Menschheit. Geisteswissenschaftliche Ergebnisse über die Menschheits-Entwickelung. Dornach ^{10}1987.

GA 21 Von Seelenrätseln. Anthropologie und Anthroposophie, Max Dessoir über Anthroposophie, Franz Brentano (Ein Nachruf). Skizzenhafte Erweiterungen. Dornach [5]1983.

GA 28 Mein Lebensgang. Dornach [9]2000.

GA 35 Philosophie und Anthroposophie. Gesammelte Aufsätze 1904–1923. Dornach [2]1984.

GA 36 Der Goetheanum-Gedanke inmitten der Kulturkrisis der Gegenwart. Gesammelte Aufsätze 1921–1925 aus der Wochenschrift «Das Goetheanum». Dornach 1961.

GA 55 Die Erkenntnis des Übersinnlichen in unserer Zeit und deren Bedeutung für das heutige Leben. Dornach [2]1983.

GA 60 Antworten der Geisteswissenschaft auf die großen Fragen des Daseins. Dornach [2]1983.

GA 82 Damit der Mensch ganz Mensch werde. Die Bedeutung der Anthroposophie im Geistesleben der Gegenwart. Dornach [2]1994.

GA 93 Die Tempellegende und die Goldene Legende als symbolischer Ausdruck vergangener und zukünftiger Entwickelungsgeheimnisse des Menschen. Aus den Inhalten der Esoterischen Schule. Dornach [3]1991.

GA 93a Grundelemente der Esoterik. Dornach [3]1987.

GA 96 Ursprungsimpulse der Geisteswissenschaft. Christliche Esoterik im Lichte neuer Geist-Erkenntnis. Dornach [2]1989.

GA 99 Die Theosophie des Rosenkreuzers. Dornach [7]1985.

GA 100 Menschheitsentwicklung und Christus-Erkenntnis. Dornach [3]2006.

GA 101 Mythen und Sagen. Okkulte Zeichen und Symbole. Dornach 1992.

GA 105 Welt, Erde und Mensch deren Wesen und Entwickelung sowie ihre Spiegelung in dem Zusammenhang zwischen ägyptischem Mythos und gegenwärtiger Kultur. Dornach [5]1983.

GA 106 Ägyptische Mythen und Mysterien im Verhältnis zu den wirkenden Geisteskräften der Gegenwart. Dornach [5]1992.

GA 113 Der Orient im Lichte des Okzidents. Die Kinder des Luzifer und die Brüder Christi. Dornach [5]1982.

GA 130 Das esoterische Christentum und die geistige Führung der Menschheit. Dornach [4]1995.

GA 150 Die Welt des Geistes und ihr Hereinragen in das physische Dasein. Das Einwirken der Toten in die Welt der Lebenden. Dornach [2]1980.

GA 151 Der menschliche und der kosmische Gedanke. Dornach [6]1990.

GA 152 Vorstufen zum Mysterium von Golgatha. Dornach [3]1990.

GA 163 Zufall, Notwendigkeit und Vorsehung. Imaginative Erkenntnis und Vorgänge nach dem Tode. Dornach [2]1986.

GA 164 Der Wert des Denkens für eine den Menschen befriedigende Erkenntnis. Das Verhältnis der Geisteswissenschaft zur Naturwissenschaft. Dornach [1]1984.

GA 168 Die Verbindung zwischen Lebenden und Toten. Dornach [4]1995.

GA 169 Weltwesen und Ichheit. Dornach [3]1998.

GA 173c Zeitgeschichtliche Betrachtungen. Teil III: Die Wirklichkeit okkulter Impulse. Dornach [4]2010.

GA 175 Bausteine zu einer Erkenntnis des Mysteriums von Golgatha. Kosmische und menschliche Metamorphose. Dornach [3]1996.

GA 184 Die Polarität von Dauer und Entwicklung im Menschenleben. Die kosmische Vorgeschichte der Menschheit. Dornach [3]2002.
GA 191 Soziales Verständnis aus geisteswissenschaftlicher Erkenntnis. Dornach [3]1989.
GA 199 Geisteswissenschaft als Erkenntnis der Grundimpulse sozialer Gestaltung. Dornach [2]1985.
GA 201 Entsprechungen zwischen Mikrokosmos und Makrokosmos. Der Mensch – eine Hieroglyphe des Weltenalls. Dornach [2]1987.
GA 202 Der Mensch in seinem Zusammenhang mit dem Kosmos, Band II. Die Brücke zwischen der Weltgeistigkeit und dem Physischen des Menschen. Die Suche nach der neuen Isis, der göttlichen Sophia. Dornach [4]1993.
GA 205 Menschenwerden, Weltenseele und Weltengeist. Erster Teil: Der Mensch als leiblich-seelische Wesenheit in seinem Verhältnis zur Welt. Dornach [2]1987.
GA 225 Drei Perspektiven der Anthroposophie. Kulturphänomene geisteswissenschaftlich betrachtet. Dornach [2]1990.
GA 231 Der übersinnliche Mensch – anthroposophisch erfasst. Dornach [4]1999.
GA 237 Esoterische Betrachtungen karmischer Zusammenhänge. Dritter Band: Die karmischen Zusammenhänge der anthroposophischen Bewegung. Dornach [8]1991.
GA 254 Die okkulte Bewegung im neunzehnten Jahrhundert und ihre Beziehung zur Weltkultur. Dornach [4]1986.
GA 257 Anthroposophische Gemeinschaftsbildung. Dornach [4]1989.
GA 268 Mantrische Sprüche. Seelenübungen II. 1903–1925. Dornach 1999.
GA 293 Allgemeine Menschenkunde als Grundlage der Pädagogik. Dornach [9]1992.
GA 295 Erziehungskunst. Seminarbesprechungen und Lehrplanvorträge. Dornach [4]1984.
GA 300a Konferenzen mit den Lehrern der Freien Waldorfschule in Stuttgart 1919–1924. Erster Band. Das erste und zweite Schuljahr. Dornach [4]1975.
GA 300b Konferenzen mit den Lehrern der Freien Waldorfschule in Stuttgart 1919–1924. Zweiter Band. Das dritte und vierte Schuljahr. Dornach [4]1975.
GA 300c Konferenzen mit den Lehrern der Freien Waldorfschule in Stuttgart 1919–1924. Dritter Band. Das fünfte und sechste Schuljahr. Dornach [4]1975.
GA 302 Menschenerkenntnis und Unterrichtsgestaltung. Dornach [5]1986.
GA 304a Anthroposophische Menschenkunde und Pädagogik. Dornach [1]1979.
GA 314 Physiologisch-Therapeutisches auf Grundlage der Geisteswissenschaft. Zur Therapie und Hygiene. Dornach [4]2011.
GA 316 Meditative Betrachtungen und Anleitungen zur Vertiefung der Heilkunst. Vorträge für Ärzte und Studierende der Medizin. Dornach [5]2008.
GA 320 Geisteswissenschaftliche Impulse zur Entwicklung der Physik. Erster naturwissenschaftlicher Kurs: Licht, Farbe, Ton – Masse, Elektrizität, Magnetismus. Dornach [4]2000.
GA 322 Grenzen der Naturerkenntnis. Dornach [5]1981.
GA 326 Der Entstehungsmoment der Naturwissenschaft in der Weltgeschichte und ihre seitherige Entwicklung. Dornach [3]1977.
GA 327 Geisteswissenschaftliche Grundlagen zum Gedeihen der Landwirtschaft. Landwirtschaftlicher Kurs. Dornach [8]1999.
GA 349 Vom Leben des Menschen und der Erde. Über das Wesen des Christentums. Dornach [3]2006.
GA 350 Rhythmen im Kosmos und im Menschenwesen. Wie kommt man zum Schauen der geistigen Welt? Dornach [3]1991.

Was alles ist Chemie? – Eine pädagogische Aufgabe

Anmerkungen:

1 Nietzsche 1979: 248f. Werke 2: Die fröhliche Wissenschaft. Fünftes Buch. 373: Wissenschaft als Vorurteil.
2 Steiner, R., GA 300c: 156f. Konferenz vom 30.4.1924.
3 Bockemühl 1961.
4 Goethe, dtv 38: 22. Gebirgsgestaltung im Ganzen und Einzelnen (1824).
5 Zur Linden 1978: 129.
6 Näheres davon für den Chemieunterricht findet der Leser in dem Band «Chemie an Waldorfschulen» mit Beiträgen vom Autor, Armin Scheffler und Ulrich Wunderlin, herausgegeben von der Pädagogischen Forschungsstelle beim Bund der Freien Waldorfschulen, Stuttgart 2004.

Literatur

Bockemühl, J.: Lebensrhythmen im Pflanzen- und Tierreich. Sternkalender 1962/1963: 66-71. Dornach 1961.
Nietzsche, F.: Werke I-V. Herausgegeben von Karl Schlechta. (Ullstein) Frankfurt am Main 1979/80.
Zur Linden, W.: Geburt und Kindheit. Pflege – Ernährung – Erziehung. (Vittorio Klostermann) Frankfurt a. M. [10]1978.

Vom Wesen der Substanzen in den Naturreichen

Anmerkungen

1 Steiner, R., GA 202. Vorträge vom 23., 24., 25. und 26.12.1920.
2 Steiner, R., GA 322.
3 Steiner, R., GA 28. Kapitel I: Kindheitserlebnisse.
4 Goethe, HA 9: 45. Dichtung und Wahrheit. 1. Teil, 1. Buch.
5 Dennert 1927.
6 Goethe, WA IV 3: 197. Brief an Frau von Stein vom 9. Dezember 1777 abends.
7 Goethe, WA IV 3: 200. Brief an Frau von Stein vom 10./11.12.1777.
8 Goethe, HA 1: 149ff. Zueignung.
9 Falk 1832: 52-63.
10 Falk 1832: 27.

11 Böttiger 1982: 41 6. November 1796 bei Herder.
12 Goethe, HA 13: 255f. Über den Granit.
13 Steiner, R., GA 302: 36. Vortrag vom 13.6.1921.
14 Steiner, R., GA 300c: 156f. Konferenz vom 30.4.1924.
15 Wolff 1759.
16 Bolk 1926. Gehlen 1986.
17 Schad 1981. Der Aufsatz mit Kugelgranit-Abbildungen ist im vorliegenden Band enthalten.
18 Steiner, R., GA 293. Vortrag vom 23.8.1919.
19 Mesarović u. Pestel 1974.
20 Zur Linden 1978: 129.

Literatur

Bolk, L.: Das Problem der Menschwerdung. (Fischer) Jena 1926.

Böttiger, K. A.: Literarische Zustände und Zeitgenossen. Begegnungen und Gespräche im Klassischen Weimar. Herausgegeben von Klaus Gerlach und René Sternke. (Aufbau-Verlag) Berlin [2]1998.

Dennert, Fr.: Goethe und der Harz (Harzer Heimatbücher 2). (Hermann Schwanecke) Quedlinburg 1927.

Falk, J. D.: Goethe aus näherm persönlichen Umgange dargestellt. (F.A. Brockhaus) Leipzig 1832.

Gehlen, A.: Der Mensch. Seine Natur und seine Stellung in der Welt. (Aula) Wiesbaden [13]1986.

Mesarović, M. u. Pestel, E.: Menschheit am Wendepunkt. 2. Bericht an den *Club of Rome* zur Weltlage. (Deutsche Verlags-Anstalt) Stuttgart 1974.

Schad, W.: Sphärische Urgesteine – Kugelgranite. Die Drei 51(7/8): 478-490. Stuttgart 1981.

Wolff, C. F. (1759): Theoria generationis. Halle. Reprint, aus dem Lateinischen übersetzt und herausgegeben von P. Samassa. Teil 1 u. 2 in: Ostwald's Klassiker Nr. 84, 85. (W Engelmann) Leipzig 1896.

Zur Linden, W.: Geburt und Kindheit. Pflege – Ernährung – Erziehung. (Vittorio Klostermann) Frankfurt a. M. [10]1978.

Erfahrungen und Vorschläge zum Chemieunterricht in der Waldorfschule

Anmerkungen

1 Kolisko 1932.
2 Julius 1960; 1965.

3 Steiner, R., GA 82: 246f. Siehe auch: Meine holländische und englische Reise (1). Bericht Rudolf Steiners über den Hochschulkurs in Den Haag, in: Das Goetheanum vom 7.5.1922.

4 Kolisko 1921; 1922; 1923.

5 Theberath 1921; 1922.

6 Halla 1922.

7 Rabel 1921.

8 Steiner, R., GA 257: 41f. Vortrag vom 30.1.1923.

9 Steiner, R., GA 300c: 32. Konferenz vom 24.4.1923.

10 Steiner, R., GA 300a: 222f. Konferenz vom 22.9.1920. Siehe auch Schmidt 1998.

11 Wegener 1912; 1915.

12 Steiner, R., GA 300c: 43f. Konferenz vom 25.4.1923. – Rudolf Steiner riet damals dem Waldorflehrer Walter Johannes Stein, für die Lehrerbibliothek Alfred Wegeners Buch von 1915 anzuschaffen. Mündliche Mitteilung von Friedrich Kipp, einem damaligen Schüler, an den Autor um 1980.

13 Steiner, R., GA 93: 195. Vortrag vom 21.10.1905. GA 101: 133f. Vortrag vom 21.10.1907. Vgl. auch: Bindel u. Blickle 1948.

14 Steiner, R., GA 257. Vortrag vom 28.2.1923.

15 Bindel u. Blickle 1948; 1952; 1967.

16 Goethe, HA 13: 219-250. Principes de Philosophie zoologique, 1830.

17 Steiner, R., GA 96. Vortrag vom 29.1.1906. GA 168. Vortrag vom 18.2. 1916. GA 350. Vortrag vom 7.7.1923.

18 Stockmeyer 1988: 14.

19 Dietz 1989.

20 Steiner, R., GA 130: 173. Vortrag vom 2.12.1911. GA 254: 235. Vortrag vom 1.11.1915.

21 Steiner, R., GA 1: 274f. XVI: Goethe als Denker und Forscher. 2. Das «Urphänomen».

22 Goethe, WA IV 16: 265f. Brief an Zelter vom 4.8.1803.

23 Steiner, R., GA 326. Vortrag vom 6.1.1923.

24 Steiner, R., GA 1: 149. IX Goethes Erkenntnistheorie.

25 Goethe, HA 8: 260. Wilhelm Meisters Wanderjahre, 2. Buch, 9. Kapitel.

26 Goethe, HA 8: 476. Wilhelm Meisters Wanderjahre, 3. Buch, Aus Makariens Archiv.

27 Steiner, R., GA 105. Vortrag vom 6.8.1908.

28 Steiner, R., GA 300c: 157. Konferenz vom 30.4.1924.

29 Hooft 1992.

30 Frisch 1992.

31 Schoppmann 1991.

32 Schad 1971. Scheffler 1996. Mackensen u. Schoppmann 1997.

33 Siehe «Naturwissenschaft im Unterricht», Jg. 1997.

Literatur

Bindel, E. u. Blickle, A.: Das Periodische System der Elemente als Schöpfungsurkunde. Die Drei 18 (2/3): 90-107. Stuttgart 1948.

Bindel, E. u. Blickle, A.: Zahlengesetze in der Stoffeswelt und in der Erdentwicklung. In:

Wachsmuth, G. (Hrsg.): Beiträge zur Substanzforschung, Bd. 1: 149-181. Dornach, Stuttgart 1952.
Bindel, E. u. Blickle, A.: Berührungsstellen zwischen Naturwissenschaft und Anthroposophie. Beiträge zu einer Erweiterung der Heilkunst nach geisteswissenschaftlichen Erkenntnissen 20(4): 101-114. 1967.
Dietz, W.: Chemie – Ergebnisse aus dem Epochenunterricht in der 7. und 8. Klasse. (Verlag der Kooperative Dürnau) Dürnau 1989.
Frisch, K.: Oxalsäure und Ameisensäure. Zum Verständnis einer Lehrplan-Angabe Rudolf Steiners für den Chemieunterricht der 12. Klasse. Erziehungskunst 56(6/7): 577-599. 1992.
Halla, F.: Über die Stellung der Anthroposophie zur Atomtheorie. Die Drei 2(G/H): 631-635. 1922.
Hooft, A. v.: Die Ameisensäure in Mensch und Natur. Herausgegeben von der Forschungsstelle beim Bund der Freien Waldorfschulen, Kassel. Kassel 1992.
Julius, F.: Stoffeswelt und Menschenbildung. Teil I: Chemie an einfachen Phänomenen dargestellt. (Freies Geistesleben) Stuttgart 1960.
Julius, F.: Grundlagen einer phänomenologischen Chemie. Teil II: Zum Chemieunterricht der Oberstufe. (Freies Geistesleben) Stuttgart 1965.
Kolisko, E.: Erwiderung auf den vorstehenden Aufsatz «Geist und Materie». Die Drei 1(11): 1119-1121. 1921.
Kolisko, E.: Hypothesenfreie Chemie im Sinne der Geisteswissenschaft. In: Änigmatisches aus Kunst und Wissenschaft, Bd. 1/2. Stuttgart 1922.
Kolisko, E.: Zum Atomismusproblem. Die Drei 3(1): 70-77. 1923.
Kolisko, E.: Vom ersten Unterricht in der Chemie. (Freie Waldorfschule) Stuttgart-Ost 1932. Ebenso: Vom ersten Unterricht in der Chemie. Erziehungskunst 6(1/2): 62-72. 6(3): 118-128. 6(6): 253-264. Stuttgart 1932. Sonderdruck der Artikelserie aus der Zeitschrift Erziehungskunst (6. Jahrgang, 1932) unter dem Titel: Vom ersten Unterricht in der Chemie. Zur Pädagogik Rudolf Steiners. (Waldorfschul-Spielzeug- und Verlagsgesellschaft) Stuttgart 1932.
Mackensen, M. v. u. Schoppmann, R.: Kleesäure, Ameisensäure, Harnsäure. Chemie als Folge, nicht als Ursache der Welterscheinungen. (Bildungswerk Beruf und Umwelt, Kassel) Kassel 1997.
Rabel, G.: Fragen und Einwände. 1. Über die Stellung der Anthroposophie zur Atomtheorie. 2. Über Geist und Materie. Die Drei 1(11): 1107-1114. 1921.
Schad, W.: Von der Eigenart beseelter Substanzen – Voraussetzungen zum Verständnis tierischer Heilmittel. Weleda-Korrespondenzblätter für Ärzte 79: 52-60. 1971. Verbesserter Wiederabdruck in «Mensch und Heilmittel», Weleda-Korrespondenzblätter für Arzte 100: 103-112. 1981.
Scheffler, A.: Von der Wandlungskraft des Feuers – Zum Chemie-Unterricht. S. 373-410. In: Tycho de Brahe-Jahrbuch für Goetheanismus 1996. (Tycho Brahe-Verlag) Niefern-Öschelbronn 1996.
Schmidt, Th.: Die Wissenschaftlichkeit der Astronomie im Unterricht. Erziehungskunst 62(1): 15-26. 1998.
Schoppmann, R.: Ameisensäure und Kleesäure Ein Beitrag zur Chemie-Epoche der 12. Klasse. Erziehungskunst 55(6): 559-571. 1991.
Stockmeyer, E. A. K.: Angaben Rudolf Steiners für den Waldorfschulunterricht. Manuskript-

druck der Pädagogischen Forschungsstelle beim Bund der Freien Waldorfschulen. Stuttgart 1988.
Theberath, H.: Erwiderung auf den vorstehenden Aufsatz «Über die Stellung der Anthroposophie zur Atomtheorie». Die Drei 1(11): 1114-1119. 1921.
Theberath, H.: Zur Diskussion über die Atomtheorie. Die Drei 2(G/H): 628-631. 1922.
Wegener, A.: Die Entstehung der Kontinente. Petermanns Mitteilungen 58: 185-195; 253-256; 305-309. 1912.
Wegener, A.: Die Entstehung der Kontinente und Ozeane. (Vieweg u. Sohn) Brauchschweig 1915.

Leider nicht zum Chemie-Unterricht

Anmerkungen

1 Kranich 1998.
2 Schad 1998.

Literatur

Kranich, E.-M.: Zum Chemie-Unterricht. Erziehungskunst 62(4): 450-451. Stuttgart 1998.
Schad, W.: Zum Chemie-Unterricht in der Waldorfschule. Erziehungskunst 62(3): 264-277. Stuttgart 1998.

Für eine vernunftgemäße Chemie

Anmerkungen

1 Goethe, HA 12: 529. Maximen und Reflexionen 1212.
2 Steiner, R., GA 93a: 72. Vortrag vom 4.10.1905. GA 293: 156. Vortrag vom 1.9.1919.
3 Steiner, R., GA 173c: 162. Vortrag vom 21.1.1917.
4 Steiner, R., GA 231: 60f. Vortrag vom 13.11.1923.
5 Goethe, WA IV 49: 209ff. Brief an Heinrich Wilhelm Ferdinand Wackenroder vom 21.1.1832.
6 Goethe, WA IV 22: 373. Brief an Friedrich Albert Gotthelf von Ende vom 29.4.1812.
7 Spronsen 1969: 1. Krätz 1992: 207.
8 Steiner, R., GA 300b: 42f. Konferenz vom Sonntag, 11.9.1921, 17 Uhr.

9 Steiner, R., GA 151: 36. Vortrag vom 21.1.1914. Siehe auch: GA 237. Vortrag vom 4.8.1924.
10 Schad 2004.
11 Zeeck et al. 1997: 16ff.
12 Goethe, HA 13: 48. Erläuterung zu dem aphoristischen Aufsatz «Die Natur»: «[...] die Anschauung der zwei großen Triebräder aller Natur: der Begriff von Polarität und von Steigerung [...].»
13 Schmutz 1986: 12ff.
14 Pflug 1984: 127.
15 Goethe, HA 13: 232f. Principes de Philosophie zoologique, 1830.
16 Goethe, HA 13: 27. Einwirkung der neueren Philosophie, 1817.
17 Schulz 1975.
18 Gehlig 1995.
19 Gleason 1960.
20 Winkler 1955: 222.
21 Lieber 1957.
22 Robbins 1983.
23 Mohr 1954: 202f.
24 Mohr 1954: 193f.
25 Lange galt Wismut als das schwerste stabile Element. Doch ist es nach neuesten Nachprüfungen metastabil mit einer Halbwertszeit von $1{,}9 \pm 0{,}2 \times 10^{19}$ Jahren. Vgl.: Marcillac et. al. 2003.
26 Das Periodensystem ist heute bis Element 118 lückenlos gefüllt. Es fehlen also keine 9 Elemente mehr. Die 7. Periode wurde im Jahr 2016 offiziell durch die IUPAC (International Union of Pure and Applied Chemistry) vervollständigt. Das Element 118 heißt Oganesson (Og), schließt die Edelgas-Gruppe ab und ist ein synthetisches, extrem kurzlebiges Element. Es wird nach den Elementen 119 (Ununennium) und 120 gesucht, um die 8. Periode zu eröffnen. Man vermutet zuweilen, dass es bei noch höheren Ordnungszahlen Bereiche geben könnte, in denen Elemente trotz hoher Protonenzahl wieder langlebiger werden. Das System ist also nach oben hin theoretisch unbegrenzt, nur durch die Kernstabilität limitiert.
27 Vgl. Janet 1927.
28 Bindel u. Blickle 1952.
29 Steiner, R., GA 13: 137-298. Kapitel: Die Weltentwicklung und der Mensch.
30 Goethe, HA 13: 439. Dritte Abteilung. Chemische Farben. XXXIV. Chemischer Gegensatz. §492.
31 Goethe, WA IV 22: 316. Brief an Heinrich von Trebra vom 7.4.1812.
32 Goethe, WA IV 23: 210. Brief an Johann Döbereiner vom 26.12.1812.
33 Nach: Hollemann u. Wiberg 1955: 156f.
34 Steiner, R., GA 205: 88f. Vortrag vom 1.7.1921.
35 Clark 1973: 250.
36 Goethe, WA II 6: 295f. Vorarbeiten zu einer Physiologie der Pflanzen. Betrachtung über Morphologie überhaupt.
37 Pflug 1984.
38 Fortlage 1869.
39 Steiner, R., GA 60. Vortrag vom 8.12.1910.

40 Roßlenbroich 1994.
41 Hummel 1992.
42 Mandera 1987. Strüh 1987.
43 Harsch u. Bussemas 1985.
44 Steiner, R., GA 300a: 100. Konferenz vom 26.9.1919.
45 Spinoza 2015: 89. Ethik Teil I: Von Gott. Appendix.
46 Siehe die Abbildungen 4 bis 6 des Aufsatzes: «Erfahrungen und Vorschläge zum Chemieunterricht in der Waldorfschule».
47 Steiner, R., GA 300c: 32. Konferenz vom 24.4.1923.
48 Schad 2000: 107.
49 Schad 1981.
50 Steiner, R.: GA 2: 95. Kapitel 15: Die unorganische Natur.
51 Steiner, R.: GA 205: 90f. Vortrag vom 1.7.1921.
52 Der Dotter ist im Eiklar durch die Hagelschnüre beweglich aufgehängt. Da die Keimscheibe ein geringeres spezifisches Gewicht hat als der restliche Dotter, fungiert sie wie eine Boje. Dreht man das Ei um seine Längsachse, rotiert der Dotter im Inneren mit, bis die Keimscheibe wieder am höchsten Punkt liegt.
53 Lee u. Yang 1956. Siehe auch: Wachtel u. Jendrusch 1993: 158ff.
54 Senger 1987.
55 Goethe, HA 12: 370. Maximen und Reflexionen 35.
56 Steiner, R., GA 15: 66. Vortrag vom 8.6.1911.
57 Hagenbach 1941. Hartmann 1949.
58 Böttiger 1982: 41. 6. November 1796 bei Herder.
59 Goethe, HA 13: 253-258. Über den Granit.
60 Steiner, R., GA 302: 36. Vortrag vom 13.6.1921.
61 Steiner, R., GA 349: 19. Vortrag vom 17.2.1923.
62 Steiner, R., GA 295: 163f. Erster Lehrplanvortrag. 6.9.1919, vormittags.

Literatur

Bindel, E. u. Blickle, A.: Zahlengesetze in der Stoffeswelt und in der Erdentwicklung. In: Wachsmuth, G. (Hrsg.): Beiträge zur Substanzforschung, Bd. 1: 149-181. Dornach, Stuttgart 1952.

Böttiger, K. A.: Literarische Zustände und Zeitgenossen. Begegnungen und Gespräche im Klassischen Weimar. Herausgegeben von Klaus Gerlach und René Sternke. (Aufbau-Verlag) Berlin ^{2}1998.

Clark, R. W.: Albert Einstein. Leben und Werk. (W. Heyne) München 1973.

Fortlage, C.: Acht Psychologische Vorträge. (Mauke) Jena 1869.

Gehlig, R.: Selbstleuchten und Atmung. S. 235-274. In: Tycho de Brahe-Jahrbuch für Goetheanismus 1995. (Tycho Brahe-Verlag) Niefern-Öschelbronn 1995.

Gleason, S.: Ultraviolet guide to minerals. (Ultra-Violet Products, Inc.) San Gabriel, Kalifornien 1960. Zitiert nach Schulz 1975.

Hagenbach, A.: Johann Jakob Balmer. S. 272-273. In: Fueter, E. (Hrsg.): Große Schweizer Forscher. (Atlantis) Zürich 1941.

Harsch, G. u. Bussemas, H. H.: Bilder, die sich selber malen. Der Chemiker Runge und seine «Musterbilder für Freunde des Schönen». (DuMont) Köln 1985.
Hartmann, L.: Johann Jakob Balmer. Physikalische Blätter 5(1): 11-14. Weinheim 1949.
Hollemann, A. F. u. Wiberg, E.: Lehrbuch der anorganischen Chemie. (de Gruyter) Berlin 1955.
Hummel, R. E.: Liefert die Kupferchlorid-Kristallisations-Methode einen Nachweis für die Gestaltkräfte des Lebendigen? Elemente der Naturwissenschaft Nr. 57: 112-121. Dornach 1992.
Janet, Ch.: La structure du noyau de l'atome considérée dans la classification périodique des éléments chimiques. Imprimerie Départementale de l'Oise, Beauvais 1927.
Krätz, O.: Goethe und die Naturwissenschaften. (Callwey) München 1992.
Lee, T. D. und Yang, C. N.: Question of parity conservation in weak interactions. Physical Review 104(1): 254-258. 1956. (Doi: 10.1103/PhysRev.104.254)
Lieber, W.: Die Fluoreszenz von Mineralien. Der Aufschluss. Sonderheft 5. Heidelberg 1957.
Mandera, R.: Gibt es einen Zugang zur Formensprache des Steigbildes? Elemente der Naturwissenschaft 46(1): 48-68. Dornach 1987.
Marcillac, P. de. et al.: Experimental detection of ⊠-particles from the radioactive decay of natural bismuth. Nature 422: 876-878. 24.4.2003.
Mohr, C.: Anorganisches Grundpraktikum. (Verlag Chemie) Weinheim 1954.
Pflug, H. D.: Die Spur des Lebens. Paläontologie – chemisch betrachtet. Evolution, Katastrophen, Neubeginn. (Springer) Berlin, Heidelberg 1984.
Robbins, M. A.: The collectors book of fluorescent minerals. (van Nostrand Reinhold Company) New York 1983.
Roßlenbroich, B.: Die rhythmische Organisation des Menschen. Aus der chronobiologischen Forschung. (Freies Geistesleben) Stuttgart 1994.
Schad, W.: Bergkristalle – Thema mit Variationen. Erziehungskunst 45(1): 5-17. Stuttgart 1981.
Schad, W.: Spiral-Asymmetrien bei Tier und Mensch. S. 93-110. In: Tycho de Brahe-Jahrbuch für Goetheanismus 2000. (Tycho Brahe-Verlag) Niefern-Öschelbronn 2000.
Schad, W.: Unterwegs zu einem postmaterialistischen Naturbegriff – auf geistiger Grundlage. S. 85-102. In: Benedikter, R. (Hrsg.): Postmaterialismus. Bd. 4: Die Natur. (Passagen) Wien 2004.
Schmutz, H.-U.: Die Tetraederstruktur der Erde. Ein Beitrag zu einer geozentrischen Morphologie. (Freies Geistesleben) Stuttgart 1986.
Schulz, M.E.: Lumineszenz von Mineralien und Gesteinen. Der Aufschluss 26: 49-60. Heidelberg 1975.
Senger, C.: Auswirkungen biologisch-dynamischer Quarze auf Wachstum und Qualität verschiedener Kulturpflanzen. Dissertation Göttingen 1987.
Spinoza, B. de: Ethik in geometrischer Ordnung dargestellt. Lateinisch–Deutsch. Übersetzt und herausgegeben von Wolfgang Bartuschat. (Felix Meiner) Hamburg [4]2015.
Spronsen, J. W. van: The periodic system of chemical elements. A history of the first hundred years. (Elsevier) Amsterdam 1969.
Strüh, H.-J.: Grundlegende Phänomene bei der Ausbildung der Steigbildformen, Bildtypen und pharmazeutische Prozesse. Elemente der Naturwissenschaft 46(1): 22-47. Dornach 1987.

Wachtel, S. u. Jendrusch, A.: Der Linksdrall in der Natur. Eine Entdeckung und ihr Schicksal. S. 158 ff. (dtv) München 1993.
Winkler, H. G. F.: Struktur und Eigenschaften der Kristalle. (Springer) Berlin ²1955.
Zeeck, A. et al.: Chemie für Mediziner. (Urban und Schwarzenberg) München ³1997.

Zur Klärung der Begriffe im Umgang mit der Chemie

Anmerkungen

1 Steiner, R., GA 199: 253-270. Vortrag vom 11.9.1920.
2 Steiner, R., GA 326: Vorträge vom 2., 3. und 6.1.1923. Insbesondere die Seiten: 109, 120 und 144.
3 Steiner, R., GA 82: 207ff. Vortrag vom 12.4.1922.
4 Steiner, R., GA 150: 15ff. Vortrag vom 14.3.1913.
5 Steiner, R., GA 191: 271. Vortrag vom 15.11.1919.
6 Steiner, R., GA 184: 202. Vortrag vom 4.10.1918.
7 Goethe, HA 1: 320. Alterswerke. Sprüche IV.
8 Goethe, HA 12: 367. Maximen und Reflexionen 16.
9 Steiner, R., GA 1: 274f. XVI: Goethe als Denker und Forscher. 2. Das «Urphänomen».
10 Steiner, R., GA 93a: 72. Vortrag vom 4.10.1905.
11 Steiner, R., GA 184: 176. Vortrag vom 22.9.1918.
12 Steiner, R., GA 173c: 162. Vortrag vom 21.1.1917.
13 Steiner, R., GA 300a: 99f. Konferenz vom 26.9.1919, 16.00 Uhr.
14 Steiner, R., GA 237: 154f. Vortrag vom 4.8.1924.
15 Steiner, R., GA 316.
16 Steiner, R., GA 201: 142. Vortrag vom 25.4.1920.
17 Steiner, R., GA 314: 90f. Vortrag vom 26.10.1922.
18 Steiner, R., GA 113: 130. Vortrag vom 29.8.1909.
19 Goethe WA II 10: 173. Wunderbares Ereignis.
20 Schad 2004: 25.
21 Steiner, R., GA 55: 49ff. Vortrag vom 25.10.1906.
22 Kolisko 1921: 8.
23 Bindel u. Blickle 1948; 1952; 1967.
24 Steiner, R., GA 99.
25 Goethe, Em 13.2.1829: Goethe zu Eckermann.
26 Steiner, R., GA 300b: 42f. Konferenz vom Sonntag, 11.9.1921, 17 Uhr.

Literatur

Bindel, E. u. Blickle, A.: Das Periodische System der Elemente als Schöpfungsurkunde. Die Drei 18(2/3): 90-107. Stuttgart 1948.

Bindel, E. u. Blickle, A.: Zahlengesetze in der Stoffeswelt und in der Erdentwicklung. S. 109-131. In: Wachsmuth, G. (Hrsg.): Beiträge zur Substanzforschung, Bd. 1. (Philosophisch-Anthroposophischen Verlag am Goetheanum, Dornach / Hybernia, Stuttgart) Dornach / Stuttgart 1952.

Bindel, E. u. Blickle, A.: Berührungsstellen zwischen Naturwissenschaft und Anthroposophie. Beiträge zu einer Erweiterung der Heilkunst nach geisteswissenschaftlichen Erkenntnissen. 20(4): 101-114. 1967.

Kolisko, E.: Unveröffentlichter Vortrag vom 28.2. 1921. Kolisko-Bibliografie, Nr. 167. Bibliothek der Freien Hochschule für anthroposophische Pädagogik, Stuttgart.

Schad, W.: Für eine vernunftgemäße Chemie. S. 23-55. In: Chemie an Waldorfschulen. Herausgegeben von der Pädagogischen Forschungsstelle beim Bund der Freien Waldorfschulen. Stuttgart 2004.

Von der Universalität des Lichtes

Anmerkungen

1 Julius 1984.

2 Planck sprach im Jahr 1900 bei der Vorstellung seines Strahlungsgesetzes von «Energieelementen» oder ganz allgemein von «Quanten». Er glaubte, dass die atomaren Oszillatoren (die Teilchen in der Wand des Hohlraums, des schwarzen Körpers) Energie nur in Portionen aufnehmen und abgeben können. Sobald die Energie jedoch als Licht abgestrahlt wurde, breitete sie sich in seinen Augen als kontinuierliche, elektromagnetische Welle im Raum aus. Erst Albert Einstein hat den Begriff «Lichtquant» im Jahre 1905 geprägt. Er verwendete das Wort, um die teilchenhafte Struktur des Lichts zu beschreiben. Planck und andere führende Forscher hielten Einsteins Idee von Lichtteilchen lange für einen theoretischen Fehltritt.

3 Bubner 1959.

4 Steiner, R., GA 1: 295. XVI: Goethe als Denker und Forscher. Kapitel 5: Der Goethesche Raumbegriff.

5 Bühler 1972.

6 Über lange Zeit war Florigen ein hypothetisches Konzept, das 1936 von Michail Tschailachjan postuliert wurde. Als systemischer Botenstoff sollte es, wenn die Umweltbedingungen (u.a. die Tageslänge) optimal sind, in den Blättern erzeugt und über die Leitungsbahnen des Phloems zur Sprossspitze transportiert werden. Erst ab den 2000er Jahren identifizierten Forscher das FT-Protein als das gesuchte mobile Signal. An der

Sprossspitze angekommen, ist das FT-Protein Teil des Florigen-Aktivierungskomplexes, der an die an der Blüte beteiligten Gene bindet und deren Transkription aktiviert.

7 Portmann 1958.

8 Z.B.: Steiner, R., GA 36: 286. 16.9.1922.

9 Goethe, WA IV 3: 199ff. Brief an Charlotte von Stein vom 10./11.12.1777. Und: HA 13: 348. Zur Farbenlehre. Didaktischer Teil. §75.

10 Steiner, R., GA 268: 109.

Literatur

Bubner, R.: Materie und Raum – Probleme einer kosmischen Architektur. Die Drei 29(2): 57-71. Stuttgart 1959.

Bühler, W.: Nordlicht, Blitz und Regenbogen. Metamorphosen des Lichtes. (Philosophisch-Anthroposophischer Verlag) Dornach [2]1972.

Julius, F. H.: Entwurf einer Optik. Zur Phänomenologie des Lichts. Herausgegeben von Johannes Kühl. (Menschenkunde und Erziehung Band 31). (Freies Geistesleben) Stuttgart 1984.

Portmann, A.: Meerestiere und ihre Geheimnisse. (Friedrich Reinhardt) Basel 1958.

Zur Charakteristik der Radioaktivität und die geschichtliche Dimension von Tschernobyl

Anmerkungen

1 Steiner, R., GA 2: 86. E. Das Naturerkennen. Kapitel 15. Die unorganische Natur.

2 Steiner, R., GA 2: 95. E. Das Naturerkennen. Kapitel 15. Die unorganische Natur.

3 Westphal 1953: 59-61.

4 Bubner 1959.

5 Steiner, R., GA 2: 102. E. Das Naturerkennen. Kapitel 16. Die organische Natur.

6 Goethe, HA 3: 148. Faust Zweiter Teil, Zeile 4681ff.

7 McKeen 1986.

8 Hamprecht 1986.

9 Cloos 1958: 11. Kapitel. Von Georg Blattmann wurden die Cloos'schen Darstellungen zur Radioaktivität unbesehen übernommen. S.: Die Christengemeinschaft 1982, Heft 3 und 4.

10 Steiner, R., GA 205: 90f. Vortrag vom 1.7.1921.

11 Der Dotter ist im Eiklar durch die Hagelschnüre beweglich aufgehängt. Da die Keimscheibe ein geringeres spezifisches Gewicht hat als der restliche Dotter, fungiert sie wie eine Boje. Dreht man das Ei um seine Längsachse, rotiert der Dotter im Inneren mit, bis die Keimscheibe wieder am höchsten Punkt liegt.

12 Man et al. 1983.
13 Dankenswerterweise hat Victor Scharnowell solche und ähnliche Kurzschlüsse über das Wesen der Radioaktivität, die sich in den Schriften von Walther Cloos und Georg Blattmann finden, untersucht und als goetheanistisch-wissenschaftlich unhaltbar gekennzeichnet. Siehe: Scharnowell 1981.
14 Steiner, R., GA 327.
15 McKeen 1986.
16 Kühl 1986.
17 Süddeutsche Zeitung vom 30.4.1986, S. 3: «Nichtssagendes, das Schlimmes ahnen lässt.»
18 Im «Rasmussen-Report» von 1975 (US-amerikanische Sicherheitsstudie WASH-1400) war die Wahrscheinlichkeit für den Eintritt eines katastrophalen Unfalls in einem Kernreaktor mit einmal in einer Million Reaktorjahren angegeben worden, vergleichbar der Häufigkeit eines Meteoriteneinschlags in einer Großstadt.
19 Brecht 1984. 14. Bild (Schlussszene).

Literatur

Brecht, B.: Leben des Galilei. (Suhrkamp) Frankfurt am Main 1984.

Bubner, R.: Materie und Raum – Probleme einer kosmischen Architektur. Die Drei 29(2): 57-71. Stuttgart 1959.

Cloos, W.: Lebensstufen der Erde. Beiträge zu einer organischen Gesteins- und Mineralkunde. (Novalis) Freiburg i. Br. 1958.

Hamprecht, B.: Die äußere – und die innere Katastrophe um die Kernenergie. Die Drei 56(Sonderheft): 41-57. Stuttgart Juli 1986.

Kühl, J.: Die radioaktive Strahlung und ihre künstliche Erzeugung. Die Drei 56(Sonderheft): 3-9. Stuttgart Juli 1986.

Man, E. H. et al.: Accumulation of D-aspartic acid with age in the human brain. Science 220(4604): 1407-1408. 24. Juni 1983.

McKeen, Th.: Wirkung der Radioaktivität auf den Menschen. Die Drei 56(Sonderheft): 10-20. Stuttgart Juli 1986.

Westphal, W.: Physik. Ein Lehrbuch. (Springer) Berlin 1953.

Scharnowell, V.: Die Radioaktivität – Keimkraft des Mineralreiches oder Zerfallsprozess instabiler Materie? Privatdruck Dortmund 1981.

Die Radioaktivität in physikalischer, biologischer, psychologischer und spiritueller Hinsicht

Anmerkungen

1 «Der Spiegel» 1986: Heft 19: «Der Super-GAU»; Heft 20: Teil I der Serie mit dem Titel: «Das atomare Erbe»: «Die Geschichte der deutschen Kernkraft»; Heft 21: Teil II; Heft 22: Teil III.
2 Lessing 1780.
3 Steiner, R., GA 9. Kapitel: Wiederverkörperung des Geistes und Schicksal.
4 Busch 1878: Einleitung. Die zweite Strophe lautet:
Eh' man auf diese Welt gekommen
Und noch so still vorliebgenommen,
Da hat man noch bei nichts was bei;
Man schwebt herum, ist schuldenfrei,
Hat keine Uhr und keine Eile
Und äußerst selten Langeweile.
Allein man nimmt sich nicht in acht,
Und schlupp! ist man zur Welt gebracht.
Zuerst hast du es gut, mein Sohn,
Doch paß mal auf, man kommt dir schon!
5 Schad 2007.
6 Goethe, HA 1: 340f. Symbolum, 1815.
7 Goethe, HA 3: 148. Faust Zweiter Teil, Zeile 4681ff.
8 Traube 1986. Siehe auch: Schmidt u. a. 1986.
9 Süddeutsche Zeitung vom 30.4.1986, S. 3: «Nichtssagendes, das Schlimmes ahnen lässt.»
10 Siekert u. Kollert 1986; 1987.

Literatur

Busch, W.: Die Haarbeutel. (Friedrich Bassermann) Heidelberg 1878.
Lessing, G. E.: Die Erziehung des Menschengeschlechts. (Voß) Berlin 1780.
Schad, W.: Goethe als Esoteriker. S. 287-341. In: Schad, W. (Hrsg.): Goethes Weltkultur. (Freies Geistesleben) Stuttgart 2007.
Schmidt, M. u. a.: Die Folgen von Tschernobyl. Eine allgemeine Einführung in die Problematik der Radioaktivität. Herausgeber: Institut für Energie- und Umweltforschung Heidelberg e. V. (ifeu). Reihe: IFEU-Bericht Nr. 43. (Eigenverlag ifeu) Heidelberg Mai 1986.
Sieker, E. u. Kollert, R. (Hrsg.): Tschernobyl und die Folgen. Bd. 1: Fakten, Analysen, Ratschläge. Bd. 2: Informationen und Analysen. (Lamur) Bornheim 1986, 1987.
Traube, K.: Nach dem Super-GAU. Tschernobyl und die Konsequenzen. (Rowohlt) Reinbek bei Hamburg 1986.

Vom Kristalle-Züchten

Anmerkungen

1 Keller 1963.
2 Selawry 1957.
3 Rykart 1971.

Literatur

Keller, E.: Wachstum und Aufbau der Kristalle. Praxis-Schriftenreihe, Abteilung Physik, Band 10. (Aulis Verlag Deubner u. Co KG) Köln 1963.

Rykart, R.: Bergkristall. Form und Schönheit alpiner Quarze. (Ott) Thun u. München 1971.

Selawry, A. u O.: Die Kupferchlorid-Kristallisation in Naturwissenschaft und Medizin. (Fischer) Stuttgart 1957.

Bergkristalle – Thema mit Variationen

Anmerkungen

1 Pfeiffer 1930. Krüger 1950. Bessenich 1951. Selawry 1957.
2 Bessenich 1951.

Literatur

Bessenich, Fr.: Beiträge zur Erforschung der Bildekräfte durch empfindliche Kristallisation. Naturwissenschaftliche Sektion am Goetheanum (Hrsg.). Dornach 1951.

Krüger, H.: Kupferchlorid-Kristallisationen, ein Reagenz auf Bildekräfte des Lebendigen. (Weleda-Verlag) Arlesheim, Schwäbisch Gmünd 1950.

Pfeiffer, E.: Kristalle. Berichte aus den Arbeiten des Naturwissenschaftlichen Forschungs-Laboratoriums am Goetheanum, Dornach (Schweiz). Naturwissenschaftliche Sektion der Freien Hochschule für Geisteswissenschaft am Goetheanum (Hrsg.). (Orient-Occident-Verlag) Stuttgart, Den Haag, London 1930.

Selawry, A. u O.: Die Kupferchlorid-Kristallisation in Naturwissenschaft und Medizin. (Fischer) Stuttgart 1957.

Anmerkungen

1 Goethe, WA IV 3: 200. Brief an Frau von Stein vom 10./11.12.1777.
2 Goethe, HA 13: 253-258. Über den Granit.
3 Falk 1832: 26f. III. Goethes Ansicht der Natur.
4 Böttiger 1982: 41. 6. November 1796 bei Herder.
5 Goethe, HA 13: 255. Über den Granit.
6 Steiner, R., GA 302: 36. Vortrag vom 13.6.1921.
7 Steiner, R., GA 349: 18-24. Vortrag vom 17.2.1923.
8 Steiner, R., GA 60: 329f. Vortrag vom 9.2.1911.
9 Steiner, R., GA 100: 145. Vortrag vom 26.6.1907.
10 Lasius 1789: 93, 97. Raumer 1811. 1835: 420f.
11 Goethe, dtv 38: 112. Chemische Kräfte bei der Gebirgsentwicklung, um 1818.
12 Goethe, WA I 36: 110. Tag- und Jahreshefte 1816.
13 Berg 1937.
14 Thiele 1971.
15 Kalb 1916.
16 Leveson 1966.
17 Simonen 1966. Simon 1968.
18 Cole 1916.
19 Liesegang 1925. Ostwald 1926. In den Ergänzungsbänden oder Beiheften 21 (1925) und 22 (1926) der Kolloid-Zeitschrift (Herausgeber: Wolfgang Ostwald) finden sich zahlreiche Einzelbeiträge Liesegangs zur Diffusion in Gallerten, die er als Modell für die Entstehung von Kugelgraniten heranzog.

Literatur

Berg, G.: Kugelgranite im Riesengebirge. Jahrbuch der Preußischen Geologischen Landesanstalt 58: 677-690. Berlin 1937.

Böttiger, K. A.: Literarische Zustände und Zeitgenossen. Begegnungen und Gespräche im Klassischen Weimar. Herausgegeben von Klaus Gerlach und René Sternke. (Aufbau-Verlag) Berlin ²1998.

Cole, G. A. J.: On the mode of occurrence and origin of the orbicular granite of Mullaghderg, Co. Donegal. Scientific Proceedings of the Royal Dublin Society 15 (New Series): 141-158 (plus Tafeln). Dublin 1916.

Falk, J. D.: Goethe aus näherm persönlichem Umgange dargestellt. (F.A. Brockhaus) Leipzig 1832.

Kalb, G.: Kugeldioritgeschiebe von Finkenwalde bei Stettin. Zentralblatt für Mineralogie, Geologie und Paläontologie, S. 155-158. 1916.
Lasius, G. S. O.: Beobachtungen über die Harzgebirge, nebst einer petrographischen Charte und einem Profilrisse, als ein Beytrag zur mineralogischen Naturkunde. Erster Theil. (Helwingische Hofbuchhandlung) Hannover 1789.
Leveson, O. J.: Orbicular rocks, a review. Bulletin of the Geological Society of America 77: 409-426. New York 1966.
Liesegang, R. E.: Rhythmisches Erstarren. S. 28-35. In: Ostwald, W. (Hrsg.): Zsigmondy-Festschrift. Ergänzungsband zur Kolloid-Zeitschrift 36. (Theodor Steinkopff) Dresden, Leipzig 1925.
Ostwald, W.: Zur Theorie der Liesegang-Ringe. Kolloid-Zeitschrift 40: 144–148. (Theodor Steinkopff) Dresden, Leipzig 1926.
Raumer, K.: Geognostische Fragmente. (Johann Leonhard Schrag) Nürnberg 1811.
Raumer, K.: Lehrbuch der allgemeinen Geographie. (Brockhaus) Leipzig [2]1835.
Simon, W.: Mineralien und Gesteine als geologische Zeitmesser. Der Aufschluss 19(7/8): 165-182. 1968.
Simonen, A.: Orbicular rock in Kuru, Finland. Comptes Rendus de la Société géologuique de Finlande 38: 93-107. Helsinki 1966.
Thiele, O.: Ein Cordierit-Kugeldiorit aus dem westlichen Waldviertel (Nieder-Österreichs). Verhandlungen der Geologischen Bundes-Anstalt, H. 3: 409-423. Wien 1971.

Buchbesprechung: Dankmar Bosse. Die gemeinsame Evolution von Erde und Mensch

Anmerkungen

1 Steiner, R., GA 293: 30-44. Vortrag vom 22.8.1919.
2 Wegener 1915. Wegener stellte seine Theorie der Kontinentalverschiebung erstmals öffentlich am 6. Januar 1912 bei einer Tagung in Frankfurt vor. Im selben Jahr erschienen erste kurze Artikel dazu in der Fachzeitschrift Petermanns Mitteilungen, siehe: Wegener 1912.
3 Steiner, R., GA 300c: 42f. Konferenz vom 25.4.1923.
4 Scheuber u. Giese 1999.

Literatur

Scheuber, P. u. Giese, P.: Einführung in die Geologie und Geomorphologie. (Reihe: Geowissen kompakt). (WBG) Darmstadt 1999.

Wegener, A.: Die Entstehung der Kontinente. Petermanns Mitteilungen 58: 185-195; 253-256; 305-309. 1912.
Wegener, A.: Die Entstehung der Kontinente und Ozeane. (Vieweg u. Sohn) Brauchschweig 1915.

Der Zeitbegriff in der Geologie und das Evolutionsverständnis in der Biologie

Anmerkungen

1 Bosse 2002.
2 Siehe zur näheren Besprechung der Kapitel insbesondere über die Plattentektonik und den Vulkanismus: Schmutz und Kümmell 2003.
3 Steiner, R., GA 293: 30-44. Vortrag vom 22.8.1919.
4 Steiner, R., GA 304a: 18. Vortrag vom 25.3.1923.
5 Steiner, R., GA 6: 24f. Kapitel: Goethe und Schiller.
6 Goethe, HA 12: 491. Maximen und Reflexionen 891-893.
7 Steiner, R., GA 13: 137-298. Kapitel: Die Weltentwickelung und der Mensch.
8 Steiner, R., GA 13: 61. Kapitel: Wesen der Menschheit.
9 Steiner, R., GA 175: 99. Vortrag vom 6.3.1917.
10 Schad 1993.
11 Steiner, R., GA 106. Vortrag vom 9.9.1908.
12 Steiner, R., GA 163: 111ff. Vortrag vom 5.9.1915.
13 Steiner, R., GA 300a: 107. Konferenz vom 26.9.1919.
14 Goethe, WA I 32: 470.
15 Grzimek 1980: 204.
16 Steiner, R. zitiert nach: Hemleben 1971: 17.
17 Falk 1832: 27.
18 Bockemühl 1980: 17.
19 Steiner, R., GA 152: 101-119. Vortrag vom 7.3.1914.
20 Stoye u. Coffin 2000.
21 Steiner, R., GA 201: 151. Vortrag vom 1.5.1920.
22 Steiner, R., GA 13: 137-298. Kapitel: Die Weltentwickelung und der Mensch.
23 Steiner, R., GA 163: 78. Vortrag vom 30.8.1915.
24 Bolk 1926. Poppelbaum 1937. Montagu 1981. Verhulst 1999.
25 Schad 1998.
26 Steiner, R., GA 164. Vortrag vom 20.9.1915.
27 Delor 2003.

Literatur

Bockemühl, J.: Lebenszusammenhänge erkennen, erleben, gestalten. Dornach 1980.

Bolk, L.: Das Problem der Menschwerdung. (Gustav Fischer) Jena 1926. Es handelt sich dabei um die ausgearbeitete Version eines Vortrags, den Bolk am 15. April 1926 auf der XXV. Versammlung der Anatomischen Gesellschaft in Freiburg gehalten hat.

Bosse, D.: Die gemeinsame Evolution von Erde und Mensch. Entwurf einer Geologie und Paläontologie der lebendigen Erde. (Freies Geistesleben) Stuttgart 2002.

Delor, A.: Der Atlantis-Krieg. Zur Frage zu Steiners Aussagen zur Evolution. Ein offener Brief an Wolfgang Schad. Info 3 (7/8): 27-32. 2003.

Falk, J. D.: Goethe aus näherm persönlichem Umgange dargestellt. (F. A. Brockhaus) Leipzig 1832.

Grzimek, B.: Grzimeks Tierleben. Enzyklopädie des Tierreiches, Bd. 8: Vögel 2. (dtv) München 1980.^

Hemleben, J.; Biologie und Christentum. (Urachhaus) Stuttgart 1971.

Montagu, A.: Growing younger: or, the turtle syndrome, terminal retardation, and the fountain of youth. (McGraw-Hill) New York 1981.

Poppelbaum, H.: Tier-Wesenskunde. (Weise) Dresden 1937. (Verlag am Goetheanum) Dornach [2]1954.

Schad, W.: Vom Verstehen der Zeit. S. 233-272. In: Kniebe, G. (Hrsg.): Was ist Zeit? Die Welt zwischen Wesen und Erscheinung. (Freies Geistesleben) Stuttgart [1]1993. Unveränderter Wiederabdruck des Aufsatzes in einer gekürzten Neufassung des Buches: (Freies Geistesleben) Stuttgart 2000.

Schad, W.: Das Denken ohne Entwicklung. Die Drei 68(9): 100-102. Stuttgart 1998.

Schmutz, H.-U. u. Kümmell, S.: Geologische Aspekte zur Evolutionsthematik der Erdenentwicklung. S. 221-246. In: Tycho de Brahe-Jahrbuch für Goetheanismus 2003. (Tycho Brahe-Verlag) Niefern-Öschelbronn 2003.

Stoye, J. u. Coffin, J.: Reproductive biology: A provirus put to work. Nature 403(6771): 715-717. 17.2.2000.

Verhulst, J.: Der Erstgeborene. Mensch und höhere Tiere in der Evolution. (Freies Geistesleben) Stuttgart 1999.

Näher den Sternen. Buchbesprechung: Thomas Schmidt. Astronomie, Kosmologie, Evolution

Anmerkungen

1 Schmidt 2004.
2 Steiner, R., GA 257: 37ff. Vortrag vom 30.1.1923.
3 Heitler 1961.
4 Warm 1995.

Literatur

Heitler, W.: Der Mensch und die naturwissenschaftliche Erkenntnis. (Vieweg) Braunschweig 1961.

Schmidt, Th.: Astronomie, Kosmologie, Evolution. Die Gebärdensprache des Kosmos. (Freies Geistesleben) Stuttgart 2004.

Warm, H.: Die Ordnungsgestalt der Planetenabstände. Das Goetheanum 33: 338-340. 13.8.1995.

Erleuchtete Atmosphäre. Die totale Sonnenfinsternis am 29. März 2006

Anmerkungen

1 Steiner, R., GA 225: 208. Vortrag vom 23.9.1923.
2 Goethe, WA I 2: 290. Rubrik: Epigrammtisch.

Kraft und Kräfte in Physik, Chemie und Biologie

Anmerkungen

1 Schiller 1955: Band 3: 423. Das Kind in der Wiege (1795).
2 Schad 1985: 158.
3 Newton 1687.
4 Steiner, R., GA 199. Vortrag vom 11.9.1920.
5 Steiner, R., GA 320: 32ff. Vortrag vom 23.12.1919.
6 Steiner, R., GA 35: 139. Die psychologischen Grundlagen und die erkenntnistheoretische Stellung der Anthroposophie. 8.4.1911.
7 Goethe, HA 1: 320. Alterswerke IV.
8 Bonamy 1731. Needham 1749. Wolf 1759. Blumenbach 1787.
9 Driesch 1928.
10 Grohmann 1923.
11 Mitteilung von Frau Käthe Grohmann.
12 Steiner, R., GA 9.
13 Steiner, R., GA 9: 37, Fußnote 1. Das Wesen des Menschen. IV: Leib, Seele und Geist.
14 Sextus Empiricus 1986.
15 Lessing 1899: Bd. 6: 147f.; Theologische Streitschriften: Eine Duplik.

16 Vgl.: Leriche 1936. In einer Rede, die Leriche 1936 am Collège de France hielt, heißt es: «La santé, c'est la vie dans le silence des organes.» – Gesundheit ist das Leben im Schweigen der Organe.
17 Steiner, R., GA 293: 30-44. Vortrag vom 22.8.1919.
18 Fischer 2000: 47.
19 Heisenberg 2015: 282-284. 20. Kapitel: Elementarteilchen und Platonische Philosophie (1961 bis 1965).
20 Heuser 1858.
21 Copei 1930.
22 Steiner, R., GA 21: 26. I. Anthropologie und Anthroposophie.
23 Steiner, R., GA 293: 26ff. Vortrag vom 21.8.1919.
24 Belon et al. 1999.
25 Zum Beispiel: Kniebe 2000.
26 Rosslenbroich 1994.
27 Steiner, R., GA 96: 22ff. Vortrag vom 29.1.1906. GA 168: 59f. Vortrag vom 18.2.1916. GA 350: 184f. Vortrag vom 7.7.1923.
28 Schiller 2000.
29 Steiner, R., GA 93: 285ff. Vortrag vom 2.1.1906.
30 Steiner, R., GA 169: 67f. Vortrag vom 20.6.1916. Siehe auch zum «Strader-Apparat»: Beiträge zur Rudolf Steiner Gesamtausgabe Nr. 107. Rudolf Steiner-Nachlassverwaltung (Hrsg.). Dornach Michaeli 1991.
31 Steiner, R., GA 314: 91. Vortrag vom 26.10.1922.
32 Steiner, R., GA 35: 140. Die psychologischen Grundlagen und die erkenntnistheoretische Stellung der Anthroposophie. 8.4.1911.
33 Steiner, R., GA 21: 32. I. Anthropologie und Anthroposophie.
34 Steiner, R., GA 191: 271. Vortrag vom 15.11.1919.
35 Schiller 1955: Band 3: 502.
36 Steiner, R., GA 21: 32f. I. Anthropologie und Anthroposophie. (positives und negatives Plattenbild des Photographen)
37 Schiller 1955: Band 3: 495.
38 Schad 1985.
39 Fischer 2000: 114. Siehe auch: Pauli 1984.
40 Schad 1998: 372.
41 Steiner, R., GA 164: 36ff. Vortrag vom 18.9.1915.
42 Schad 2000: 189ff.

Literatur

Belon, P. et al.: Inhibition of human basophil degranulation by successive histamine dilutions. Inflammation Research 48, Suppl. 1: S17-S18. 1999.

Blumenbach, J. F.: De nisu formativo et generationis negotio nuperae observationes. (Dieterich) Göttingen 1787.

Bonamy, F.: An detur vis plastica. Nantes 1731.

Copei, F.: Der fruchtbare Moment im Bildungsprozess. (Diss. phil. Berlin). (Quelle u. Meyer) Leipzig 1930. 5., unveränderte Aufl., eingeleitet und herausgegeben von Hans Sprenger. (Quelle u. Meyer) Heidelberg 1960.

Driesch, H.: Philosophie des Organischen. (Quelle u. Meyer) Leipzig [4]1928.
Fischer, E. P.: An den Grenzen des Denkens. Wolfgang Pauli – Ein Nobelreisträger über die Nachtzeiten der Wissenschaft. (Herder) Freiburg im Breisgau 2000.
Grohmann G.: Der Kausalitätsbegriff in seinem Verhältnis zum Vitalismus. Eingereicht am 13. März 1923. Universität Leipzig 1923.
Heisenberg, W.: Der Teil und das Ganze. Gespräche im Umkreis der Atomphysik. (Piper Taschenbuch) München [12]2015.
Heuser, P.: Über sinnliche und geistige Erkenntnis auf dem Gebiete der Natur. Jahresbericht des naturwissenschaftlichen Vereins von Elberfeld und Barmen 3: 105-116. Elberfeld 1858.
Kniebe, G. (Hrsg.): Was ist Zeit? Die Welt zwischen Wesen und Erscheinung. (Freies Geistesleben) Stuttgart [1]1993, [2]2000.
Leriche, R: De la Santé à la Maladie; la douleur dans les maladies; où va la médecine? In: L'être humain, Encyclopédie française, Band VI. 1936.
Lessing, G. E.: Lessings Werke in sechs Bänden; mit einem Bildnis Lessings sowie einer Einleitung über Lessings Leben und Schriften. Herausgegeben von: Theodor Matthias. (Hesse) Leipzig 1899.
Needham, J. T.: Observations upon the generation, composition, and decomposition of animal and vegetable substances. Communicated in a letter to Martin Folkes, Esq., President of the Royal Society. London 1749.
Newton, I.: Philosophiae Naturalis Principia Mathematica. Jussu Societatis Regiae ac typis Josephi Streater. London 1687.
Pauli, W.: Physik und Erkenntnistheorie. (Vieweg u. Teubner) Braunschweig 1984.
Rosslenbroich, B.: Die rhythmische Organisation des Menschen. Aus der chronobiologischen Forschung. (Freies Geistesleben) Stuttgart 1994.
Schad, W.: Das Denken in der Naturwissenschaft als ein Weg zum Ätherischen. S. 135-162. In: Bockemühl, J. (Hrsg.): Erscheinungsformen des Ätherischen. (Freies Geistesleben) Stuttgart [1]1977, [2]1985.
Schad, W.: Zeitgestalten der Natur. Goethe und die Evolutionsbiologie. S. 345-382. In: Matussek, P. (Hrsg.): Goethe und die Verzeitlichung der Natur. (Beck) München 1998.
Schad, W.: Für eine vernunftgemäße Chemie. S. 164-201. In: Tycho de Brahe-Jahrbuch für Goetheanismus 2000. (Tycho Brahe-Verlag) Niefern-Öschelbronn 2000.
Schiller, F.: Gesammelte Werke in fünf Bänden. Reinhold Netolitzky (Hrsg.) (Bertelsmann) Berlin 1955.
Schiller, P. E. (Hrsg.): Anregungen und Aufgabenstellungen von Rudolf Steiner für naturwissenschaftliche Forschungen (sog. Schiller-Mappe). S. 5-34. In: Beiträge zur Rudolf Steiner Gesamtausgabe Nr. 122. Rudolf Steiner-Nachlassverwaltung (Hrsg.). Dornach Sommer 2000.
Sextus Empiricus: Grundriss der pyrrhonischen Skepsis. (Suhrkamp) Frankfurt a. M. 1986.
Wolff, C. F.: Theoria generationis. Ad lineamenta sua redacta. Dissertatio inauguralis medica. Halle 1759. Reprint, aus dem Lateinischen übersetzt und herausgegeben von P. Samassa. Teil 1 u. 2 in: Ostwald's Klassiker Nr. 84, 85. (W Engelmann) Leipzig 1896.

Quellennachweise

Was alles ist Chemie? – Eine pädagogische Aufgabe

Erziehungskunst 70(1): 18-24. 2006.
Überarbeitete Fassung des Aufsatzes: Von der Eigenart beseelter Substanzen. Voraussetzungen zum Verständnis tierischer Heilmittel. In: Evolution und Heilmittel. Sondernummer der Weleda-Korrespondenzblätter für Ärzte anlässlich des 50jährigen Bestehens der Weleda-Heilmittelbetriebe 79: 52-60. Arlesheim/Schwäbisch Gmünd 1971. Ein verbesserter Wiederabdruck dieses Aufsatzes erschien 10 Jahre später, in: Mensch und Heilmittel. Sondernummer der Weleda-Korrespondenzblätter für Ärzte 100: 103-112. Arlesheim/Schwäbisch Gmünd 1981.

Substanzordnungen als Zeitenordnung – eine erweiterte Betrachtungsweise des periodischen Systems der Elemente (Referat eines Vortrags)

Bericht der Fortbildungstagung für Apotheker am 7./8. Juli 1973 in der Weleda AG, Schwäbisch Gmünd. Thema: Die Geisteswissenschaft – eine notwenige Ergänzung der Naturwissenschaft – dargestellt am Beispiel der Misteltherapie. Schwäbisch Gmünd 1973.

Vom Wesen der Substanzen in den Naturreichen

Weleda-Korrespondenzblätter für Ärzte 103: 6-23. Arlesheim/Schwäbisch Gmünd Dezember 1981. Nach einem Vortrag anlässlich der Ärztetagung in Schwäbisch Gmünd am 21.6.1980.

Erfahrungen und Vorschläge zum Chemieunterricht in der Waldorfschule

S. 7-22. In: Chemie an Waldorfschulen. Herausgegeben von der Pädagogischen Forschungsstelle beim Bund der Freien Waldorfschulen. Stuttgart 2004. – Nach einem Vortrag vom 4.10.1997 auf den Naturwissenschaftlichen Arbeitstagen der Naturwissenschaftlichen Sektion am Goetheanum in Dornach. Die Vorträge dieser Tagung erschienen unter dem Titel «Handeln und Erkennen in der Chemie» als Sonderheft der «Elemente der Naturwissenschaft» im Frühjahr 2002, herausgegeben von der Naturwissenschaftlichen Sektion durch Armin Scheffler und Hans-Joachim Strüh. Gegenüber diesem Tagungsband ist die hier verwendete Fassung aus dem Jahre 2004 nur leicht verändert. Eine erste, allerdings deutlich gekürzte schriftliche Version des Vortrags von Wolfgang Schad erschien unter dem Titel «Zum Chemie-Unterricht in der Waldorfschule» in: Erziehungskunst 62(3): 264-277. Stuttgart 1998.

Leider nicht zum Chemie-Unterricht

Erziehungskunst 62(7/8): 889-890. Stuttgart 1998.

Für eine vernunftgemäße Chemie

S. 164-201. In: Tycho de Brahe-Jahrbuch für Goetheanismus 2000. (Tycho Brahe-Verlag) Niefern-Öschelbronn 2000.
Veränderter Wiederabdruck: S. 23-55. In: Chemie an Waldorfschulen. Herausgegeben von der Pädagogischen Forschungsstelle beim Bund der Freien Waldorfschulen. Stuttgart 2004.
Im vorliegenden Band: 2004.

Zur Klärung der Begriffe im Umgang mit der Chemie

S. 199-211. In: Rozumek, M. u. Buck, P. (Hrsg.): Das Chemische und die Stoffe – Zugänge zur Chemie. (Verlag am Goetheanum) Dornach 2008.

Von der Universalität des Lichtes

Mitteilungen der wissenschaftlichen Mitarbeiter der Weleda AG, Arlesheim / Schwäbisch Gmünd für Ärzte, die auf Grundlage der durch Geisteswissenschaft erweiterten Heilkunst arbeiten. Nr. 17: 3-17. Arlesheim / Schwäbisch Gmünd, November 1976. (Sommer-Informationstagung 1976 in Schwäbisch Gmünd: Substanzwerden – Substanzverwandlung. Von den vier Elementen zu den Ätherarten: Das Licht – Fortsetzung des Themas von 1975.)

Zur Charakteristik der Radioaktivität
und die geschichtliche Dimension von Tschernobyl

Die Drei 56 (Sonderheft): 21-40. Stuttgart Juli 1986.

Die Radioaktivität in physikalischer, biologischer,
psychologischer und spiritueller Hinsicht

S. 29-49. In: Friedrich, G. (Hrsg.): Nukleare Prozesse – Bewusstseinsprozesse. Die Rolle der Radioaktivität für die Entwicklung des Menschen. Bonner Symposium der Stiftung Rosenkreuz. Birnbach/Westerwald 2013.

Vom Kristalle-Züchten

Erziehungskunst 37(5): 212-222. 1973.

Bergkristalle – Thema mit Variationen

Erziehungskunst 45(1): 5-17. Stuttgart 1981.

Sphärische Urgesteine

Die Drei 51(7/8): 478-490. Stuttgart 1981.

Buchbesprechung: Dankmar Bosse. Die gemeinsame Evolution von Erde und Mensch. Entwurf einer Geologie und Paläontologie der lebendigen Erde. (Freies Geistesleben) Stuttgart 2002

Der Merkurstab 56(3):156-157. 2003.

Der Zeitbegriff in der Geologie und das Evolutionsverständnis in der Biologie

S. 207-219. In: Tycho de Brahe-Jahrbuch für Goetheanismus 2003. (Tycho Brahe-Verlag) Niefern-Öschelbronn 2003.
Eine auszugsweise Fassung erschien unter dem Titel: «Der Zeitbegriff in der Erdgeschichte», in: Die Drei 73(5): 73-76. Stuttgart 2003.
Im vorliegenden Band findet sich die Fassung, die im Tycho de Brahe-Jahrbuch erschienen ist. Der Aufsatz von Wolfgang Schad beinhaltet kritische Anmerkungen zu Dankmar Bosses Buch: Die gemeinsame Evolution von Erde und Mensch. Entwurf einer Geologie und Paläontologie der lebendigen Erde. (Freies Geistesleben) Stuttgart 2002.

Näher den Sternen. Buchbesprechung: Thomas Schmidt. Astronomie, Kosmologie, Evolution. Die Gestensprache des Kosmos. (Freies Geistesleben) Stuttgart 2004

Das Goetheanum 49: 14. Dornach 2.12.2005.

Erleuchtete Atmosphäre. Die totale Sonnenfinsternis am 29. März 2006

Die Drei 76(6): 64-67. 2006.

Kraft und Kräfte in Physik, Chemie und Biologie

Unveröffentlichtes Manuskript von 2001.

Neutronen – Protonen – Elektronen

Entwurf vom 28.08.2021.

Abbildungsnachweise

Erfahrungen und Vorschläge zum Chemieunterricht in der Waldorfschule: *Abb. 1:* Aus: Wahl, H. u. Kippenberg, A.: Goethe und seine Welt. (Insel) Leipzig 1932. *Abb. 2:* Aus: Cohen, E.: Jacobus Henricus van't Hoff. Sein Leben und Wirken. (Akademische Verlagsgesellschaft) Leipzig 1922. *Abb. 3:* Aus: Jacob, F. E. u. Stalder, H. A.: Mineralien aus den Schweizer Alpen. (Lexi-Bildband-Verlag) Vevey 1966. *Abb. 4:* Aus: Kobbe, B.: Das erste Foto von den Bausteinen des Lebens. Bild der Wissenschaft 25(4): 12. 1989. *Abb. 5:* Aus: Kobbe, B.: Die ersten Bilder von Benzolringen. Bild der Wissenschaft 24(10): 34. 1988. *Abb. 6:* Nach: Uyeda, N. et al.: S. 47. In: Nobel Symposium 47: Direct Imaging of Atoms in Crystals and Molecules. Kihlborg, F. (Hrsg.): Chemica Scripta 14. 1978/79. Aus: Günter, J. R.: Entwicklung und neuere Ergebnisse der chemischen Hochauflösungs-Elektronenmikroskopie. Chimia 35(11): 429-434. 1981.

Vom Kristalle-Züchten: *Abb. 5 u. 6:* Aus: Selawry, A. u. O.: Die Kupferchlorid-Kristallisation in Naturwissenschaft und Medizin. (Fischer) Stuttgart 1957.

Bergkristalle – Thema mit Variationen: *Abb. 1, 2 (die beiden Formen links), 3, 4, 6, 11:* Aus: Rykart, R.: Bergkristall. Form und Schönheit alpiner Quarze. (Ott) Thun u. München 1971. *Abb. 9, 10:* Selawry, A. u. O.: Die Kupferchlorid-Kristallisation in Naturwissenschaft und Medizin. (Fischer) Stuttgart 1957.

Erleuchtete Atmosphäre. Die totale Sonnenfinsternis am 29. März 2006: *Karte:* Aus: Espenak, F. u. Anderson, J.: Total Solar Eclipse of 2006 March 29. Seite 59. NASA Solar Eclipse Bulletins. NASA/TP-2004-212762. Verändert. *Abb. 1:* Vladimir Pomortzeff, Image ID: AYMXP6, Total solar eclipse seeing from Cappadocia, Turkey, on March 29, 2006, Alamy.

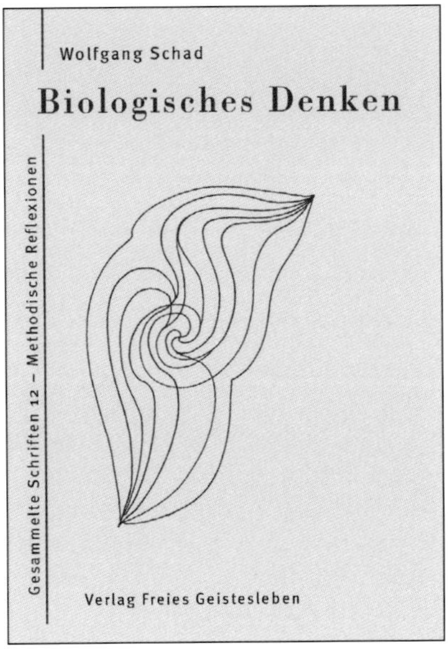

Wolfgang Schad
Biologisches Denken
Gesammelte Schriften 12 –
Methodische Reflexionen
442 Seiten, gebunden mit SU
ISBN 978-3-7725-2352-6

Das Wort Wissenschaft drückt seit jeher aus, dass sie ein besser gesichertes Wissen bietet als Tradition oder Glaube. Dabei geht es vor allem darum, wie Wissen aus Erkennen und Verstehen entspringt, um den methodischen Zugang zum Gegenstand. Dadurch wird Wissen nachvollziehbar. So wäre es eigentlich besser, nicht von «Wissenschaft» zu sprechen, sondern von «Erkenntnisschaft». Um die Vielfalt der Erscheinungen und der Welt zu verstehen, reicht eine Erkenntnismethode allein nicht aus. In den Aufsätzen dieses Bandes kann man Wolfgang Schad dabei begleiten, verschiedene methodische Ansätze zu verfolgen, je nachdem, ob man sich mit der anorganischen Welt, dem Lebendigen, psychischen Phänomenen oder dem Geistigen beschäftigt.

Verlag Freies Geistesleben

Wolfgang Schad
Vom Menschlichen in der Natur
Gesammelte Schriften 5 – Zoologie
431 Seiten, gebunden mit SU
ISBN 978-3-7725-2335-9

Mit diesem Buch lädt uns Wolfgang Schad dazu ein, ihm auf seinen zoologischen Exkursionen in die verschiedensten Lebensräume in Mitteleuropa, Nordamerika und Ostafrika zu folgen und seine Beobachtungen zu teilen: den silberhellen Ton des Glockenfrosches in einer Tongrube, die Grabarbeit des Wald-Mistkäfers, den Feuerflug des Monarch-Schmetterlings, den Atemstrahl des auftauchenden Buckelwals und vieles mehr. Die Begegnungen bleiben nicht vereinzelt stehen. Vielmehr können sich die angetroffenen Tierarten in ihrer Besonderheit und zugleich Zusammengehörigkeit aussprechen. Durch den Einbezug der jeweiligen Einbettung in den Lebensraum wird die Verflechtung von Landschaft und individuellem Organismus erhellt.

Verlag Freies Geistesleben